欢乐数学营

让孩子自主学习
数学

朱用文 著

U0160273

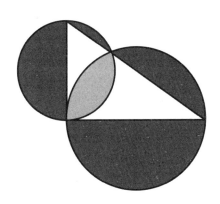

MATHEMATICS

人民邮电出版社

北京

图书在版编目（CIP）数据

让孩子自主学习数学 / 朱用文著. -- 北京 : 人民
邮电出版社, 2024.4
（欢乐数学营）
ISBN 978-7-115-62585-4

Ⅰ. ①让… Ⅱ. ①朱… Ⅲ. ①数学－青少年读物
Ⅳ. ①O1-49

中国国家版本馆CIP数据核字(2023)第166215号

内 容 提 要

很多孩子和家长发现初中数学学习起来不像小学数学那样得心应手，这主要是因为二者有很大的不同，而这些孩子未能找到有效的方法来很好地适应这一转变。初中数学比小学数学更加深入、抽象、系统和复杂，这给孩子们的学习带来了挑战，也增加了家长的焦虑。

针对这一现实问题，本书以介绍学习方法为主线，巧妙而系统地介绍了初中数学的一些主要知识模块与解题技巧，内容涉及算术、代数、几何、函数、概率与统计等方面，注重思维方法的训练以及分析问题和解决问题的能力的培养，为欣赏数学之美并掌握数学学习的艺术敞开法门，为孩子们掌握初中数学的特点、掌握科学有效的学习方法、培养自主学习的能力和习惯、顺利地过渡到并出色地完成初中阶段的数学学习指点迷津。作者也希望本书能给家长以启迪，让他们能够消除焦虑、增强信心，从而为孩子们提供轻松的学习环境和有效的宏观指导，让孩子们自主学习、快乐成长。

本书适合初中生及其家长阅读，对于小升初的学生和家长也具有较大的参考价值。

◆ 著　　　　朱用文
　　责任编辑　刘　朋
　　责任印制　陈　犇

◆ 人民邮电出版社出版发行　　北京市丰台区成寿寺路 11 号
　　邮编　100164　电子邮件　315@ptpress.com.cn
　　网址　https://www.ptpress.com.cn
　　涿州市京南印刷厂印刷

◆ 开本：720×960　1/16
　　印张：19.5　　　　　　　　　2024 年 4 月第 1 版
　　字数：288 千字　　　　　　　2024 年 4 月河北第 1 次印刷

定价：69.90 元

读者服务热线：(010)81055410　印装质量热线：(010)81055316
反盗版热线：(010)81055315
广告经营许可证：京东市监广登字 20170147 号

序　言

　　随着时代的发展，现在的初中数学所牵扯的面非常广泛，令人惊叹。它涵盖了算术、代数、几何、函数、概率与统计等众多数学领域。虽然这些领域在小学数学中或多或少、或明或暗地有所涉及，但是从深度和广度来看，初中数学都有了很大的飞跃，比如数的概念的飞跃、从算术到代数的飞跃、从简单几何图形到复杂组合图形的飞跃、从常量到变量的飞跃、从代数和几何相对独立到代数和几何有机结合的飞跃。此外，还有思维方式的飞跃，特别是从具象思维到抽象思维的飞跃，从简单逻辑推理到相对复杂的逻辑推理的飞跃。

　　这些飞跃使得初中数学相对于小学数学达到了新的水平和新的高度，呈现出更广泛、更深入、更庞大、更抽象、更系统的特点。这给孩子的学习带来了极大的挑战，同时也给部分家长带来了更多的焦虑。小学学得好，不代表初中就能跟得上；小学学得不好，初中未必不能出众。

　　那么，如何让孩子更快地适应并更有效地学习初中数学呢？这就是作者撰写本书的初衷。

　　本书给出的建议很明确，那就是让孩子自主学习数学。

　　为什么要让孩子进行自主学习呢？简单地说，这是提升学习效果的需要，是培养学习能力的需要，是培养独立个性的需要，是培养未来的创新人才的需要。初中数学新课标将数学学习与数学教学合成在一起，整体阐述数学教学的特征，认为教学活动是师生积极参与、交往互动、共同发展的过程，有效的教学活动是"学生学"与"教师教"的统一，学生是学习的主体，教师是学习的组织者、引导者与合作者。

作者认为，学习是孩子的学习，孩子的学习让孩子做主。当然，家长和老师也不是完全放任孩子不管，其职责是做孩子生活上的朋友、学习上的助手，激发他们学习数学的兴趣，引导他们养成良好的学习习惯，指导他们掌握科学的学习方法。

本书以介绍数学学习方法为主线，帮助初中生理解初中数学知识的一些主要模块并掌握一些重要的解题技巧，同时也给家长和教师如何帮助孩子成长提供适当的建议，为孩子顺利过渡到初中阶段的学习并出色地完成初中阶段的数学学业提供指导，为欣赏数学之美以及领悟数学学习的艺术敞开法门。

本书共有 6 章，各章的主要内容如下。

第 1 章是关于数学学习方法的概述，强调学习方法的重要性，认为数学学习本质上是一门艺术，联系法与转化法是最为根本的学习方法。除了正向思维与反向思维的结合之外，本章还特别介绍了一种新的逻辑思维方法——转换推理法，以及与之密切相关的另一种学习方法——情景学习法。最后，还介绍了模式法与探索法。

第 2 章讲述分数的有趣性质、乘方与开方运算，介绍了整除和剩余、同余方程组等初等数论的知识，强调计算能力的重要性，并给出一些非常实用的速算方法，其中包括作者近年来所创立的梅花积方法与九宫速算方法。

第 3 章讲述代数符号的威力以及一些代数公式的抽象美和统一美。本章通过数学实验的方法讲述因式分解，通过转化法讲解代数方程和不等式的解法，最后还通过一些例题讲解了代数解题思路。

第 4 章通过平行、全等、相似等重要知识模块展示几何学的力量和美，通过面积法、坐标法、质点几何学等内容揭示几何与代数的结合之美，通过一些典型例题讲解几何解题思路。

第 5 章从动静结合的观点看待函数，用抽象和具体相结合的方法讲解函数的抽象概念及其具体表示方法，通过转换法理解三角函数、一次函数、反比例函数、二次函数等一些基本而又重要的函数，通过联系法理解函数与方程、函数与不等式的关系，最后对一些有趣的函数例题进行了解析。

第 6 章寄语家长，谈了帮助孩子成长以及辅导孩子学习的若干重要方面，强调做孩子的朋友，让孩子自主学习数学。

　　本书重点强调数学学习方法，其中讲到的数学知识点涉及教学大纲的主要内容，但并不是也不可能是全部内容。对于如何使用本书，作者给出如下具体建议。

　　家长主要阅读首尾两章，大致浏览其余各章，以了解方法主旨为目标。学生在初学阶段可以阅读本书中的大部分内容，也就是没有加星号标记的部分。对于一些较为深入的内容，书中用星号进行标记，其中包括初等数论的部分内容、除法的梅花积方法、面积法、质点几何，以及第 3～5 章的最后一节所介绍的解题思路与例题解析。学生可以在后续的提升阶段有选择性地学习这些内容。

　　当然，间隔一段时间重复阅读本书也是一个好方法，因为这会不断刷新你的认识，加深你的理解。要特别提醒读者朋友的是，我们一定要将注意力集中在理解基础知识上，放在欣赏数学之美以及掌握数学学习的艺术上，要在夯实基础的同时逐步领悟、积累并实践一些有效的学习方法，自主学习、独立思考、勤于探索，在扩展数学知识的同时不断提升思维水平，并逐步培养创新意识和创新能力。

　　让美好的数学伴随天使般的孩子们自主学习并快乐成长！

朱明文
2023 年于烟台大学

目　录

第1章 >>>
谈谈数学学习方法

"工欲善其事，必先利其器。"本书强调数学学习方法的重要性，因为学习方法直接决定学习效果。本章特别论述了联系法与转化法，鼓励正向思维与反向思维的结合使用，介绍了一种新的逻辑思维方法——转换推理法以及与之密切相关的情景学习法，最后提醒学生要善于利用模式法与探索法进行学习。

第 1 节　方法决定效果

学生要自主学习数学，必须了解数学学习方法；家长要指导孩子学习数学，也必须了解数学学习方法。这是因为学习方法直接决定了学习效果。学习得法，事半功倍；学习不得法，事倍功半。数学学习方法，简言之，贵在理解，适当记忆。

1. 理解

所谓理解，就是把握知识之间的联系，既能由此及彼，又能由彼及此，做到纵横交错、新旧交融、融会贯通。围绕某个知识点，所挖掘和掌握的与其他事物的联系越多，越巧妙自然，越新颖奇特，理解便越深刻。也可以说，理解就是联系。

一要注意正反联系。既要以正观反，又要以反察正，正正反反、反反正正，如此才能明辨是非。譬如锐角、直角和钝角，不知锐何以知钝，不晓钝又何以晓锐？又如平行与相交，两条相异直线不相交就意味着平行，不平行就必然会相交。正反相互比较、相映成趣，使得概念更加清晰明了。

二要注意虚实联系。既要由实及虚，又要由虚及实，虚虚实实、实实虚虚，唯此方能对概念理解得深入而透彻。譬如，三角形的概念为头脑中的观念，可视之为虚，而文具盒中的三角板则为实，虚实互映，合二为一，于是三角形的概念在我们的头脑中就真切无比。

三要注意动静联系。既要静中观动，亦要动中察静，动中有静、静中有动、动静结合、动静自如，唯此才能静不僵化、动不晕眩。条件变化如大江东流，蜿蜒曲折，而定理和公式等则如中流砥柱，坚不可摧。譬如，三角形的三个边长可以有无穷的变化，然而其中有定律，即两边之和大于第三边；三角形的三个内角亦有无穷的变化，然而180°是其内角和不变的定数。"天高地迥，觉宇宙之无穷；兴尽悲来，识盈虚之有数。"数学中包含无穷的变化，然而体悟这些变化并玩味其中的不变与定数，自然不是悲苦，反而是快乐的事情。

说到变与不变，就要提到同与不同，因为同就是不变，而变就是不同。理解数学，要善于同中求异、异中求同。比如，全等的两个图形对应的局部都相等，然而它们可能具有不同的位置关系而难以辨识。我们在学习过程中要注意观察各种变化的情形并积累相关经验。全等与相似的关系就是异同关系最好的注脚之一：全等的两个图形必然相似，其边长对应成比例；但相似未必全等，因为比例系数一般不是1。

关于同者，我们要特别提到平行与对称。平行与对称，实际上就是在不同的方位、不同的角度或者不同的场景下展示相同或者相似的元素或内容。注意，这里所谓的平行与对称包括但不限于几何学中的平行与对称概念。平行与不平行、对称与非对称，是艺术与数学中普遍存在的一种美，也是数学学习中应该特别重视的地方。

譬如，两条平行线所对应的内错角相等，这个结论可以根据对顶角相等并结合平行的观点而获得。譬如，圆的切线与半径垂直，如果想象一个篮球被静置于地面上，就容易从对称的观点看到这个垂直关系的必然性。再如，在圆中，等弧对等弦、等弦对等弧，圆的直径平分其垂直弦，垂直平分弦的另一条弦必然是直径……对于这些定理，都可以由圆的高度对称性而获得直观的理解。在代数中，二次多项式的两个根之间也有一种对称关系，就是它们的和与积与它们的顺序无关，而且从函数图像上看，这两个根恰好关于抛物线的对称轴对称。许多代数公式也都展现出形式上的对称美。

要理解和欣赏数学，就应该特别注意数学的平行美与对称美，这是自然界中的平行美与对称美所折射出的绚烂光彩。"木欣欣以向荣，泉涓涓而始流。""接天莲叶无穷碧，映日荷花别样红。""落霞与孤鹜齐飞，秋水共长天一色。""窗含西岭千秋雪，门泊东吴万里船。"如果说自然界的美因季节而变换，那么数学的平行美、对称美则四季皆然，千古不变。

在谈及上述思想方法的具体运用时，我们应该学会使用类比法与归纳法。

所谓类比，就是将从一种事物中发现的某种规律平行地推移到另一种事物上。比如，平面上的一个点到原点的距离的平方等于该点的两个坐标的平方和。将该结论类比到三维空间中，则有：一个点到原点的距离的平方等于它的三个坐标的平方和。类比，让我们能够比较自然地获得新知识，理解新知识。

所谓归纳，就是从一些具体的结论出发总结出一般的结论。

例如，在同一平面内，一条直线将平面分割成两个不同的区域，两条直线将平面至多分割成 4 个不同的区域，3 条直线将平面至多分割成 7 个不同的区域，4 条直线将平面至多分割成 11 个不同的区域。你看到其中的规律了吗？我们注意到 $2+2=4$，$4+3=7$，$7+4=11$，即每次都是用先前的区域数量加上当前直线的条数。假设 n（ $n \geqslant 2$ ）条直线将平面至多分割成 x_n 个不同的区域，则可以得到：$x_n = x_{n-1} + n$。之所以能够有效地进行归纳，正是因为我们能够看到不同的具体对象之间存在一些类似的或者说平行的关系。因此，归纳有助于探索、发现，有助于理解、学习。

2. 记忆

数学，一般理解了就记住了，但对于个别公式、定理和方法，还是应该有意识地加以记忆。

所谓记忆，就是将知识要点存储在自己的头脑中，在需要的时候能够及时、准确地提取和调用。记忆的最好方法就是形象记忆加上适当的反复。

根据德国心理学家艾宾浩斯的保持曲线，我们可以制定时间间隔越来越长的复习策略，比如时间间隔可以是 5 分钟、20 分钟、1 小时、12 小时、1 天、2 天、7 天、14 天等。在复习过程中，要伴随回忆法与自问自答。所谓形象记忆，就是要善于将所要记忆的内容形象化，让其有声有色，充满画面感与动感。

要善于精简所欲记忆的内容，或者善于通过特殊情形来记忆一般内容，这样可以降低记忆成本，提高记忆效率。如要记住勾股定理，只需记住直角三角形的形状以及"勾三股四弦五"这个具体的例子即可。若要记住一些特殊的三角函数值，则首先需要记住文具盒中的两种三角板（见下图）以及勾股定理。

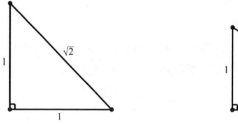 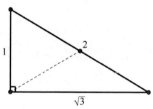

上面的第一个图形是等腰直角三角形，除了直角以外，另外两个角都是 45°。若两条直角边的长度为 1，则斜边的长度为 $\sqrt{2}$。于是，我们得到

$$\sin 45° = \cos 45° = \frac{1}{\sqrt{2}} = \frac{\sqrt{2}}{2},$$

$$\tan 45° = \cot 45° = \frac{1}{1} = 1。$$

若要记住韦达定理，则只需记住"二次方程的两个根的和与积"这句话以及 $10(x-2)(x-3)=0$ 这个具体的例子。在这个例子中，两个根显然是 2 和 3。可见，两个根的和等于 5，积等于 6，而 $10(x-2)(x-3)=10(x^2-5x+6)$。

又如，对于切割线定理，目前暂时不要求你理解，只需要记住它。你只需记住

一个圆加上一条割线和一条切线的图形（见下图），并注意在圆外的那个点到圆周上的三个点的距离中，切线长居中（比例中项）；或者圆外的一点到圆周上的两个割点的距离之积是常数，而当割线变成切线时，两个割点就重合在一起变成了切点，因此切线长需要平方。

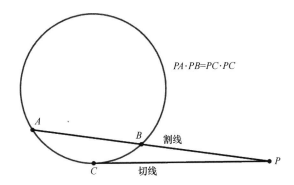

记忆的关键是形象化，而形象化的方法包括特例法、联想法、串联法、编码法、记忆宫殿法、思维导图法等。关于编码法，我简单地谈一下数字编码，就是将 100 以内的自然数逐一进行编码，主要通过读音或者字形的特点将它们对应到特定的具体事物上，然后借助这些编码来记忆其他内容。记忆宫殿法就是在头脑中想象一些熟悉的地点（仿佛罗列的宫殿一般），然后将所要记忆的内容依次放入其中。该方法可见于意大利传教士利玛窦的中文著作《西国记法》，此人与中国明朝数学家徐光启合作翻译过欧几里得的《几何原本》前 6 卷。

1974 年，英国人托尼·博赞在他主持的电视节目《使用你的大脑》中第一次介绍了思维导图，并在 1995 年出版了《思维导图》一书。思维导图是一种围绕一个主题逐渐展开各级相关主题的树状结构图，它利用文字、线条、颜色、图像等展现各个主题以及它们之间的关系，完美地契合了人类的发散思维，成为人们思考和记忆的利器。

对于这些记忆方法，我们可以有选择性地、灵活地加以运用。通常在归纳整理一个章节的内容时，可以运用思维导图。

3. 数学学习是一门艺术

简而言之，数学学习方法以理解为主，记忆为辅。理解的核心乃是联系，记忆的关键就是形象。所谓形象记忆法，就是建立知识点与形象之间的对应关系，本质上也是建立联系。

因此，一言以蔽之，学习之法就是联系之法。新旧联系、正反联系、虚实联系、动静联系、异同联系、局部联系整体、具体联系抽象、未知联系已知……千丝万缕、错综复杂、精彩纷呈，势必带给你无限的愉悦。

这种愉悦完全不亚于倾听中国古曲《高山流水》和贝多芬的交响乐《命运》，不亚于阅读王勃的《滕王阁序》和观赏王羲之的《兰亭序》，也不亚于欣赏张择端的《清明上河图》和达·芬奇的《蒙娜丽莎》。虽然这些艺术门类不一，然而其中的动静、虚实、正反、大小、开合、明暗等都呈现出对立的统一、统一的对立。这与数学学习方法有异曲同工之妙。

从这个意义上说，数学学习实际上就是一门艺术。联系与转化总是包括一对对矛盾，如正与反、新与旧、大与小、抽象与具体、特殊与一般、已知与未知，等等。运用对立统一的规律，将这些矛盾的方面在头脑中紧密地联系起来并实现它们彼此之间的转化，就是数学学习的艺术。

本书试图以初中数学为背景，阐述数学学习的艺术，让孩子们体会数学学习的乐趣，同时也让家长们获得指导孩子学习数学的有效方法。

第 2 节　联系法与转化法

如前所述，学习数学的重要方法就是建立联系，通过联系来理解知识，通过联系来记忆知识。知识之间的联系为思维的转化提供了条件。因此，联系法和转化法如影随形。

1. 新旧之间的联系与转化

每当我们学习新知识的时候，实际上就会面对新与旧这一对矛盾。此时，新旧知识之间的联系与转化就成为重要的学习方法。我们可以通过旧知识来理解新知识，也可以借助新知识更加深入地理解旧知识。一旦可以用新知识来刷新旧知识，旧知识就是新知识；一旦理解了新知识，新知识也就变成了旧知识。这就是新旧知识之间的转化。

　　例如，假设你已经会解一元一次方程，现在刚刚开始学习二元一次方程。相对而言，前者是旧知识，后者是新知识。为了理解后者，就要注意它与前者的关系。事实上，解二元一次方程的基本思想就是将二元化成一元，即将后者转化为前者。

　　看一个例子。下面给出一个二元一次方程组：

$$\begin{cases} x - y = 1, \\ 2x + y = 5。 \end{cases}$$

为了消去变元 y，我们可以将上述两个等式相加，从而得到

$$3x = 6。$$

这是一元一次方程，我们很容易求得其解为

$$x = 2。$$

再将这个结果代回到原来的第一个方程中，就得到

$$2 - y = 1。$$

这是关于 y 的一元一次方程，我们可以解得

$$y = 1。$$

因此，原来的二元一次方程组的解为

$$\begin{cases} x = 2, \\ y = 1。 \end{cases}$$

　　我们看到，为了求解二元一次方程组，只需将其转化成一元一次方程。这就是新旧知识之间的转化。如果我们的头脑中有新旧转化的思想，就很容易学习新的数学知识。

　　以上是旧知识帮助我们理解新知识的例子。下面来看一个通过新知识刷新旧知识的例子。

我们知道，三角形的面积等于底与高的乘积的一半，这是小学数学中的知识点。可是，为什么是这样呢？这是因为三角形的面积等于相应的平行四边形面积的一半。如果我们有了初中数学中关于三角形全等的新知识，就可以理解平行四边形可被对角线分割成两个全等的三角形，或者反过来，两个全等的三角形可以拼合成一个平行四边形，如下图所示。由此才能真正明白为什么三角形的面积等于平行四边形面积的一半。

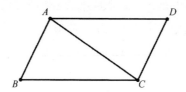

进一步的问题又来了，为什么平行四边形的面积等于底与高的乘积呢？这是因为可以通过割补的方法将任何一个平行四边形变成矩形。然而，只有借助三角形全等的知识才能严格说明平行四边形与相应矩形的面积相等（见下图）。总之，有了三角形全等的新知识，才能真正理解三角形的面积公式。

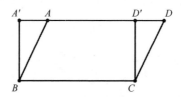

2. 动静之间的联系与转化

数学体现动静之美。体察动静之间的联系与转化，是学习数学的良好方法和一大窍门。

数学中的任何公式和定理都是在某些变化的条件之下给出的某种固定的规律，这是动中有静；任何给定的公式和定理总是适用于许多变化的情况，这就是静中有动。我们要体会这种动静结合的美妙，以便加深对相关结论的理解。

例如，随便画出一个三角形，它的三个内角的大小似乎有无限种变化的可能，如下图所示。但是，这里也有不变的东西，那就是同一个三角形的三个内角之和等于 180°。

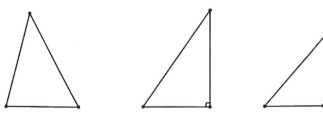

为了理解这个结论，我们可以通过构造平行线，将一个三角形的三个内角转化到同一个顶点处，如下图所示。

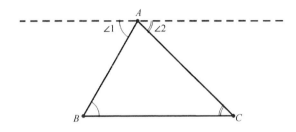

在上图中，由于平行线的内错角相等，我们有 $\angle 1 = \angle B$，$\angle 2 = \angle C$。因此，$\angle A + \angle B + \angle C = \angle A + \angle 1 + \angle 2 = 180°$。

在上述的分析过程中，我们运用了转化法，将分散在三个顶点处的三个内角转化到了同一个顶点 A 处。之所以可以实现这种转化，是因为角的大小并没有发生变化。这里体现的就是动静结合的美妙。

有一些习题需要处理动点、动直线、抛物线族、双曲线族等动态问题。这类问题最好的解决办法就是化动为静。例如，对于将军饮马问题，可将一些变化的折线长度转化为一条固定线段的长度。也有一些静态问题可以通过动态的方法来解决，这就是化静为动。例如，可以通过方程和函数来确定某些具体的数值或者关系。无论是化动为静还是化静为动，都是动静转化法。

3. 抽象具体转化法

抽象代表一般，是对具体事物的概括和总结，涵盖了众多特殊事物，也凝结了人们对于这些事物的共性的认识。如果离开了这些具体的事物，抽象的概念就难以捉摸。而一旦将概念与具体的事物联系起来，这些原本抽象的东西就变得容易理解和把握了。

　　例如，对于前面提到的三角形的内角和等于180°的问题，我们如何才能够有一个简单、直观的认识呢？这里告诉大家一种非常简单的方法，那就是用一条对角线将一个正方形分割成两个全等的三角形，如下图所示。

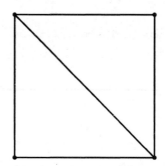

　　由于正方形的每个角都是直角，等于90°，因此它的内角和等于360°，所以经平分后得到的两个三角形的内角和都等于180°。这里的三角形实际上是等腰直角三角形，非常特殊。以上说明不能当作证明，但的确是一种十分有效的理解方法，使得我们比较直观地感受到三角形内角和的大小。这就是将抽象的概念具体化的益处。

　　对于正比例函数、反比例函数、二次函数等相对抽象的概念，我们可以通过一些具体的例子来理解。

　　例如，在同一时间和地点，物体的高度与其影子的长度构成正比例函数，物体越高，影子越长。如下图所示，物体 AB 的高度是 $A'B'$ 的高度的两倍，其影子 BC 的长度也恰好是影子 $B'C'$ 的长度的两倍。

　　又如，匀速走完固定路程的时间与速度构成反比例函数，速度越快，所需时间越短，反之亦然。假设小明同学从家到学校一般需要 20 分钟，如果某一天由于交通原因，他的平均速度只有平时速度的一半，那么他就需要 40 分钟才能到学校。

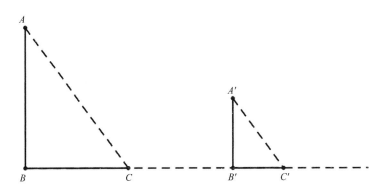

再如，圆的面积公式为 $S = \pi R^2$，这是半径 R 的二次函数。若半径等于 1，则圆的面积等于 π；若半径等于 2，则圆的面积等于 4π；若半径等于 3，则圆的面积等于 9π。

抽象化意味着对具体事物之间的共性的把握，是认识事物的一种重要方式，也是学习的重要手段。如果只认识具体的事物而不会抽象，我们对于事物的认识就无法获得飞跃，我们的思维水平就得不到应有的提高。

例如，我们容易理解如下事实：匀速走完固定路程的时间与速度成反比，完成某项工作的时间与工作效率成反比，一定面积的矩形的长与宽成反比，固定电压下的电流与电阻成反比，天平平衡时两端物体的质量与两端到支点的距离成反比……如果我们不能由此抽象出反比例函数的概念，那么我们对于这些事实的认识就永远是孤立的、零星的，永远停留在具体的层面。因此，我们应该通过分析、比较、归纳等来对同一类事物加以抽象。

以上我们谈论了两个方面，具体化使我们的认识从抽象到具体，抽象化使我们的认识从具体到抽象。由抽象到具体，再由具体到抽象，不断反复，随之而来的就是理解的不断深入和问题的不断解决。

数形结合是数学学习中经常采用的方法之一，实质上是抽象具体转化法的一个特例。数量关系比较抽象，几何图形比较具体和直观，然而二者可以相互对照、相互联系、相互转化。将二者有机地结合起来，不仅可以理解知识和解决问题，还可以让我们通过这种相映成趣的关系体会数学的美妙。

在统计学中，我们经常用饼图、柱形图、直方图等各种直观的图形来呈现抽象的数据，这是数形结合的典型例子。例如，某班学生投票选举班长，甲、乙、丙、丁4位候选人以及其他学生的得票情况如下表所示。

候选人	票数
甲	20
乙	15
丙	10
丁	2
其他	3

上表中的数字可用以下饼图表示。

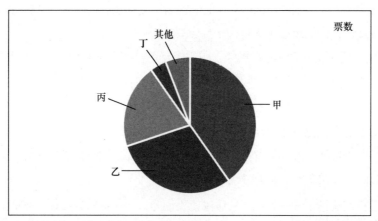

上表中的数字也可以用以下柱形图表示。

下面看一道例题。为了求 $|x+1|+|x-2|$ 的最小值，可以采用数形结合的方法，将问题转化为求数轴上的点 x，使其到点 -1 与 2 的距离之和最小。参看下面的两个图，其中一个表示点 x 在区间 $[-1,2]$ 以外，另一个表示点 x 在区间 $[-1,2]$ 以内，后者取得最小值。

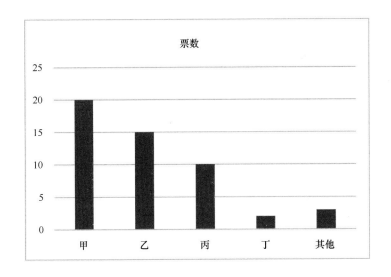

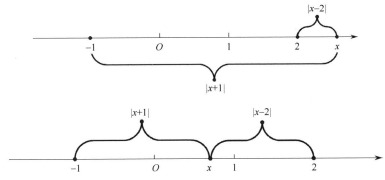

　　显然，当点 x 位于点 -1 与 2 之间时，距离之和最小，而且这个最小距离就是点 -1 与 2 之间的距离。因此，$|x+1|+|x-2|$ 的最小值为 3。我们看到，用数形结合的方法解决该问题直观明了。

第 3 节　正向思维与反向思维

　　任何事物都有正反两个不同的方面，只看到正面或者反面都是片面的。只有既看到正面又看到反面，看到正反两个方面的联系和转化，才能了解事物的整体和全貌。关注事物的正反两个方面之间的联系和转化，这样的学习方法就是正反之间的联系转化法。当我们改变思维方向的时候，就出现了正向思维与反向思维。

1. 正反之间的联系转化法

这种学习方法要求我们从正反两个不同的方面来理解知识之间的关系。满足某些条件是什么样子？不满足这些条件又会怎样？正面是否可以转化为反面？反面又如何转化成正面？只有回答了这些问题，才能真正理解所处理的知识对象。

例如，勾股定理的条件是直角三角形。如果不是直角三角形，则会怎样呢？比如，钝角三角形和锐角三角形会如何？利用勾股定理，从直角三角形的条件出发，可以推知三条边之间的平方和关系，那么反过来是否也正确呢？也就是说，勾股定理的逆命题是否也成立？在学习勾股定理的时候，我们就要用这些问题来问自己。只有正确地回答并理解了这些问题，我们才能较好地理解勾股定理。

有一种很特殊的逻辑推理方法，就是所谓的反证法。该方法从假设结论不成立出发推出一个矛盾的结果，由此可以断言原结论的正确性。反证法实际上是正反之间的联系转化法的一个特例，因为它是从结论的反面抵达了结论的正面。

例如，我们可以通过反证法证明 $\sqrt{2}$ 是无理数。

假设 $\sqrt{2}$ 是有理数，可以令 $\sqrt{2} = \dfrac{a}{b}$，其中 a，b 是正整数。如果 a，b 有公因数，那么它们可以约分。因此，可以假定 a，b 已经不能再继续约分了。

将等式 $\sqrt{2} = \dfrac{a}{b}$ 的两边平方后得到 $2 = \dfrac{a^2}{b^2}$，即 $a^2 = 2b^2$。可见，a^2 是一个偶数，进而得知 a 是一个偶数。于是，可以假设 $a = 2c$ 并将其代入 $a^2 = 2b^2$ 中，化简后得到 $b^2 = 2c^2$。可见，b^2 是一个偶数，进而得知 b 是一个偶数。

现在，a 和 b 都是偶数，因此它们可以继续约分。前面已经说过，a 和 b 已经被约分到不能继续约分了。这就产生了矛盾。之所以产生这个矛盾，是因为我们假设 $\sqrt{2}$ 是有理数。可见，这个假设是错误的，即 $\sqrt{2}$ 不是有理数，而是无理数。

在研究一些例题和习题的时候，我们也可以通过删除或者增加一些条件来看问题是否还能够解决。这实际上也是以一种特殊的方式采用正反之间的联系转化法，因为我们是从有无某些条件的反面出发来研究结论的正确与否，从而理解正面条件的必要与否。

2. 正向思维与反向思维

正向思维与反向思维是相对的。如果规定某个方向是正向思维，那么相反方向的思维就是反向思维。正向思维通常与常规思维相对应，而反向思维则往往是批判性思维、创新思维。我们既鼓励正向思维训练，也特别重视反向思维能力的培养，因为后者是创新的源泉和发展的动力。

爱因斯坦的这个思想实验可以视为反向思维的经典例子：正在上升或下降的电梯里的球掉到似乎静止的地板上，等同于地板撞向似乎静止的球。

在数学史上，非欧几何的产生是一个成功地利用反向思维的十分典型的例子。

欧氏几何的第五公设就是所谓的平行公理，它等价于下述命题：在平面上，过已知直线外的一点可以作唯一的直线平行于已知直线。非欧几何就是通过摒弃该公设而得到的新几何学，主要包括罗巴切夫斯基几何与黎曼几何。前者是由俄国数学家尼古拉斯·伊万诺维奇·罗巴切夫斯基（1792—1856）于 1826 年创立的，而后者则是由德国数学家伯恩哈德·黎曼（1826—1866）在 1854 年创立的。

罗巴切夫斯基几何将平行公理换成下列公设：在平面上，过已知直线外的一点可以作两条不同的直线平行于已知直线。黎曼几何将平行公理换成下列公设：在平面上，任何两条直线都相交，因此过已知直线外的一点不可能作出一条直线平行于已知直线。黎曼几何中还有另外一条公理：直线可以无限延长，但总的长度是有限的。

我们知道，在欧氏几何中，三角形的内角和等于 180°。那么我们可以质疑该定理吗？事实上，在非欧几何中，这条定理并不成立。在罗巴切夫斯基几何中，三角形的内角和小于 180°，而在黎曼几何中，三角形的内角和大于 180°。为了让大家理解后者，这里考虑球面上的三角形。

假设将一个西瓜按照互相垂直的三个方向切三刀，就可以得到一个球面三角形 ABC，其中三个角都是直角，如下图所示。因此，该三角形的内角和等于

$$3 \times 90° = 270°。$$

我们看到，非欧几何有太多不合常规的东西。之所以认为它们不合常规，是因为我们将欧氏几何绝对化了，头脑过于僵化了。其实，在其他一些几何模型中，我们会看到这些"非常规"的东西的合理性。爱因斯坦利用黎曼几何成功地创立了广义相对论，无可辩驳地证明了非欧几何的威力。但是，如果没有反向思维，没有挑战传统的精神、思想和勇气，是不可能创造出非欧几何这种非凡的数学理论的。

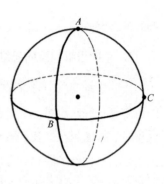

在平时的学习中，我们既应该重视正向思维，又必须重视反向思维，并特别强调二者的有机结合。

第 4 节　情景学习与转换推理

在理性思维活动中，有我们熟悉的归纳推理与演绎推理。现在介绍一种新的推理方式，叫作转换推理或者变换推理，它归功于马丁·西蒙。这可以说是联系转化法的一种重要情形。

1. 何谓转换推理

西蒙及其同事在 1994 年做了一个教育学实验：老师在黑板上随便画一个阿米巴（变形虫）形状的人物轮廓，要求学生寻找计算轮廓线所围区域面积的策略。有一个小组的学生提出用一根绳子拟合图形的轮廓线，接着在不改变绳子长度的前提下，用绳子围成一个矩形，然后测量矩形的长和宽，从而计算出所要求的面积。听到这个建议后，不管老师的评论，学生们就找来绳子、皮带等物品，立即着手实施这个策略。

学生们所做的事情显然不是归纳推理，因为他们并没有画出不同的图形并估算其面积，也就是说他们并没有太多的信息可用于归纳推理。那么，他们做的是演绎推理吗？

我们稍加思考就会发现，周长相等的区域的面积未必相等。比如，一个长和宽分别为 4 和 2 的矩形的周长等于 12，一个边长为 3 的正方形的周长也是 12。然而，这个矩形的面积和正方形的面积并不相等，因为前者为 8，后者却为 9。再如，相同周长的圆与正方形的面积永远不可能相等，这是因为圆周率并不等于 4。这些都是经过演绎推理可以得到的结果。可见，学生们的策略并不符合逻辑。也就是说，学生们的思维过程并不是演绎推理。

虽然学生们的策略是错误的，但是他们表现出了巨大的热情。他们通过动手操作，似乎要发展一种感觉，看看当绳子围成的区域从不规则的图形变成规则的矩形时，它们的面积是否保持不变。学生们似乎有一种自发地追求这种认知方式的愿望。西蒙称这种认知方式为转换推理。

2. 更多的例子

下面再看几个转换推理的例子。

【例 1】采用角-边-角方式作三角形，何时能得到等腰三角形？

所谓等腰三角形就是有两条边相等的三角形，其中相等的两条边叫作腰。例如，我们常见的三角板中就有一个是等腰三角形。下面采用角-边-角方式作三角形，如下图所示。先画一条固定的线段 *AB* 作为固定边，接着在线段的一个端点 *A* 画一条射线与固定边形成固定的角度（第一个角），然后在线段的另一个端点 *B* 以任意的角度（第二个角）画其他射线，它们与第一条射线相交得到三角形的顶点 *C*，*D*，*E*，*F*，*G*，…，观察所形成的三角形 *CAB*，*DAB*，*EAB*，*FAB*，*GAB* 等的边长的变化，看看当第二个角等于多少时，所得到的三角形是等腰三角形。注意，我们以 *AB* 为三角形的底边。

角度的不断变化导致三角形的两条边也在变化。随着第二个角越来越大，第一个角的对边越来越短，到达某个临界位置后又越来越长。这一系列变化图景呈现在我们眼前，让我们真切地体会到这两个角相等的时候所得到的才是等腰三角形。简言之，等角对等边；反过来也正确，即等边对等角。注意，这些结论都是通过上述的变化过程反映出来的，因此我们说该过程所采用的推论方式就是转换推理。

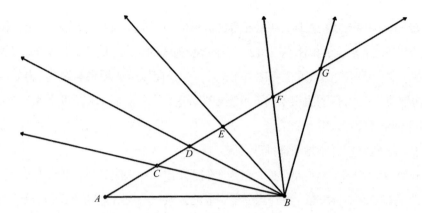

【例 2】直角三角形的两条直角边之和大于在其中一条直角边上取一点所得到的折线长度。如下图所示，∠B 是直角，点 P，Q 是线段 AB 上的两个点。用演绎推理的方法不难证明：折线 ABC 的长度大于折线 APC 的长度，而后者大于折线 AQC 的长度。

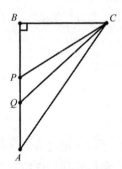

现在用转换推理的方式来看看这个问题。

设想点 A 是小明家，点 C 是学校，△ABC 所围成的区域恰好是一片小树林。小明通常从家出发走常规的道路 ABC 去上学。但是，有一次为了赶时间，小明在点 P 转弯，穿过小树林去上学，走出了折线 APC。很显然，折线 APC 比折线 ABC 要短。不仅如此，小明越早进入小树林，路程就越短。比如，折线 AQC 比折线 APC 还要短。这里用到的就是转换推理。

【例 3】在 A 罐中，将浓度为 50% 的酒精溶液和浓度为 75% 的酒精溶液混合；在 B 罐中，将浓度为 65% 的酒精溶液和浓度为 95% 的酒精溶液混合。我们可以比较 A 罐和 B 罐中酒精的相对浓度吗?

也许你会说, 因为浓度 65% 高于 50%, 浓度 95% 高于 75%, 所以 B 罐中溶液的浓度高于 A 罐。但是, 无论是 A 罐还是 B 罐, 所混合的两种溶液的比例是未知的, 因此混合后所得到的溶液的浓度是难以确定的。下面采用转换推理的方式来思考这个问题。

为了得到 A 罐中混合后的溶液, 假设将两个水龙头连接到 A 罐上, 其中一个水龙头给 A 罐注入浓度为 50% 的酒精溶液, 而另一个注入浓度为 75% 的酒精溶液。这两个水龙头的流量可以连续调节。如果第一个水龙头完全打开, 而第二个水龙头完全关闭, 那么 A 罐中酒精溶液的浓度就是 50%; 如果第一个水龙头稍微关闭一点点, 而第二个水龙头稍微打开一点点, 那么 A 罐中酒精溶液的浓度就略高于 50%; 如果第一个水龙头完全关闭, 而第二个水龙头完全打开, 那么 A 罐中酒精溶液的浓度就是 75%; 如果第一个水龙头稍微打开一点点, 而第二个水龙头稍微关闭一点点, 那么 A 罐中酒精溶液的浓度就略低于 75%。可见, A 罐中酒精溶液的浓度介于 50% 与 75% 之间, 而且可以是这两个数值之间的任何数值。

同理, B 罐中酒精溶液的浓度介于 65% 与 95% 之间, 而且可以是这两个数值之间的任何数值。最后得到结论: A 罐中酒精溶液的浓度既可能高于 B 罐也可能低于 B 罐, 两个罐子中酒精溶液的浓度还可能相等。

【例 4】为了破除"商小于被除数"的错误认知, 我们可以看如下一些具体例子。

$$4 \div 2 = 2 , \quad 4 \div 1 = 4 , \quad 4 \div \frac{1}{2} = 8 , \quad 4 \div \frac{1}{4} = 16 。$$

容易看出, 随着除数变小, 商越来越大。商可以等于被除数, 也可以小于或者大于被除数, 甚至商可以无限增大。

转换推理法能够帮助我们更好地理解这个问题。

设想将 4 千克砂糖平均分给一些人。如果将每 2 千克砂糖作为一份分给一个人, 那么 4 千克砂糖总共可以分给 2 个人; 如果将每 1 千克砂糖作为一份分给一个人, 那么 4 千克砂糖总共可以分给 4 个人; 如果将每 0.5 千克 ($\frac{1}{2}$ 千克) 砂糖作为一份分给一个人，那么 4 千克砂糖总共可以分给 8 个人；如果将每 0.25 千克（$\frac{1}{4}$ 千克）砂糖作为一份分给一个人，那么 4 千克砂糖总共可以分给 16 个人。我们容易感知到，每一份砂糖越少，能分到砂糖的人就越多。如上的转换推理让我们深切地感受到商可能小于被除数，也可能与被除数相等，还可能大于被除数，而且当除数足够小的时候，商可以足够大。

至此，我们可以理解西蒙给转换推理所下的定义：转换推理是对一个或一组对象的一个或者一组操作的心理或物理执行，使人们能够想象这些对象所经历的转换以及这些操作的结果集。转换推理的核心是考虑一个动态过程的能力，该动态过程产生一个新状态或一系列连续的状态。转换推理并不局限于对转换的心理成像，物理执行也可以用来检查转换结果。

转换推理可以用于理解数学，而且特别适用于探究性学习。

3. 情景学习

通过上面的一系列例子，我们已经看到，为了使用转换推理，往往需要创设一种情景，这就自然地引导出了情景学习的话题。创设情景的方式当然是多种多样的，可以是心理实验，也可以是物理实验。在现代技术条件下，我们可以通过计算机乃至网络做数学实验，以便更好地运用转换推理，更加有效地进行学习。

第 5 节　模式法与探索法

所谓模式法就是将所学知识概括成几个典型的模式、模型或者范式，从而提高学习效率。这些模式可以是对一些条件和方法的描述，也可以是一些典型的结论或者例题，它们代表知识的重点，可以起到提纲挈领的作用。为了获得这些模式，通常需要针对一定的知识范围进行比较全面的复习、整理、分析、类比、归纳和凝练。

但是，学习也不能一味地强调现成的模式，否则就容易导致僵化，因此还必须要采用探索法。所谓探索法就是研究式学习，即像研究人员那样对问题进行深入的钻研和思考，付出热情，收获惊喜。探索是研究、发现、创新，是在复杂中探寻简单，在平凡中发现非凡，在新地方邂逅老朋友，在老地方开拓新天地。我们提倡将模式法与探索法有机结合在一起使用。

1. 模式的典型性

既然我们所寻找或者建立的模式是知识的重点，能够担负起引领学习的作用，它就必须简洁、凝练、个性鲜明，具有典型性。

比如，作为平行线的模式之一，三角形及其中位线就是一个完美的例子，非常具有代表性。三角形的中位线必然与底边平行，由此就出现了平行关系。如果已知三角形的一个中点，就可以自然地想到要构造中位线。即使没有中点，有时我们也可以取两个中点来构造中位线，由此获得平行关系。

2. 模式的一般性

模式不能只针对个别特例，而应具有一定的概括性和普遍性，否则就失去了其本来的意义，不能帮助我们提高学习效率。虽然模式有一定的具体条件，但是这些条件必然代表一类事物。模式可能只是一道例题，但是它应该可以代表一类习题。我们以后碰到类似的条件或者题目时，就可以照葫芦画瓢，迅速找到解决问题的方案。比如，平面几何中的将军饮马、费马点、胡不归、阿氏圆等模型都非常具有代表性，各自可以用于解决一大类问题。

3. 模式的全面性

对于一个相对完整的知识单元，我们所建立的一些模式应该具有全面性。也就是说，模式集合应该能够比较完整地概括这一部分的知识内容，至少包括所有要点和关键点。不然，我们在今后的学习中还会碰到太多未知情景以及太多陌生而又具体的问题。如此一来，我们的思维负担就会过重，学习效率就会大打折扣。

拿两个两位数的乘法来说，十位数相同、个位数互补的确是一个很好的模式，因为这样的两个两位数的乘积很简单，就是将十位数加上 1 之后乘以十位数所得的积写在左边（占据百位与千位），同时将个位数与个位数的积写在右边（占据个位与十位）。例如，在计算 53×57 时，我们注意到这两个数的十位数相同，都是 5，个位数互补，即 $3+7=10$ ，符合上述乘法模式。由于 $5 \times (5+1) = 30$ ， $3 \times 7 = 21$ ，我们可以立刻直接报出答案 3021 ，即 $53 \times 57 = 3021$ 。尽管如此，对于两位数与两位数的乘法，这个模式并不具有全面性，因为还有大量其他例子不符合该模式。

4. 探索法

除了模式法，我们还需要探索法。

数学研究人员都明白，对于自己通过探索得来的知识，我们的印象会特别深刻，理解特别到位，记忆也特别牢靠。我们在学习中可以利用探索法，自主地研究一点小问题。这些问题可以来自书本或老师，也可以来自个人的思考；可以源于某个现成的公式、定理或者题目，也可以源于对现成概念或理论中某些要素的改变和重组。

在探索过程中，可以综合运用分析、综合、归纳、演绎、转换推理、反证法、猜想、联想、类比、联系转化法、抽象法、具体法、实验法等各种方法和手段。即使对于课本上现成的结论或公式，你要是能够独立证明，也能够加深理解，还能够获得极大的乐趣和信心，从而不断促进后续的学习。

我们可以借助现代信息技术来探索一些数学问题，在此举一个很简单的例子，以管窥探索法之妙趣。

如下图所示， $AB//CD$ ， P 是 CD 上的一个动点。

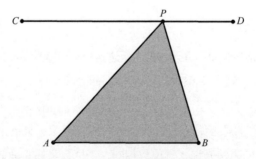

下面我们结合上述图形来研究一些简单的数学问题。

问题一：线段 PA 和 PB 与 $\angle PAB$ 和 $\angle PBA$ 的大小的关系如何？

问题二： $\triangle PAB$ 的面积有什么特点？

问题三：$\triangle PAB$ 的周长是否或何时有最小值？

不要急着从理论上回答上述问题，我们先通过作图软件进行探索。

生成点 P 的动画，让点 P 在线段 CD 上来回移动，同时测量 PA 和 PB 的长度，测量 $\angle PAB$ 和 $\angle PBA$ 的度数，测量 $\triangle PAB$ 的面积和周长。

根据数据的变化，容易得到上述问题的解答：在 $\triangle PAB$ 中，较长的边所对的角较大；$\triangle PAB$ 的面积不变；当 $PA=PB$ 时，其周长取得最小值。

大家一定要亲自去做上述实验。

通过这个例子我们就能体会到，利用计算机和作图软件，不仅能够画出好的图形，还能够有效地探索几何问题。事实上，计算机还特别容易进行大量的计算并对数据进行可视化处理，而且能够画任意函数的图像，从而便于我们探索函数的有关问题。

计算机作图软件很多。关于如何利用网络画板进行中学数学实验，可以参看《少年数学实验（第 2 版）》（张景中、王鹏远著，人民邮电出版社，2022 年）。类似的作图软件还有 Geogebra，它具有代数计算和几何作图等诸多功能，大家可以在线使用，也可以下载、安装后使用。

国家中小学智慧教育平台可供免费注册使用，其上有很多用于自主学习和探索的网络资源。此外，还可以通过 ChatGPT 进行学习和探索，重要的是要善于连续提出相关的数学问题，从而与 AI 系统进行有效的互动。

探索法和模式法似乎存在冲突，但其实只要运用得当，二者不仅不会互相制约，反而会互相促进。模式法可以帮助我们迅速解答相关问题，从而大大节省宝贵的学习时间，由此也让我们有更多的时间专注于创新思维的培养和探索性学习。有了一些现成的模式，我们才能尽快识别未知的模式，进而建立新的模式。现成的模式是创新的基础和前提。有些模式不是现成的，需要我们去探索、总结和获取。如何获取？如果没有创新思维能力，没有有效的探索，我们就不能找到高质量的模式。探索法是新模式的摇篮。

第2章 ▶▶▶
切莫忽视算术基础

为了顺利地踏上中学数学的学习之旅，巩固和发展自己的算术基础十分重要。本章讲述分数及其重要性质、乘方与开方运算，特别介绍了整除和剩余、同余方程组等初等数论的知识。另外，本章还介绍了一些非常实用的速算方法，以提升我们的计算能力。

第 1 节 分数的运算与重要性质

分数是中小学衔接阶段的重要知识点，它使得数系的概念从整数扩大到了有理数，且与除法、比、比例、有理数、分式等概念密切相关，具有许多很有趣的性质。对于从小学生到初中生的蜕变，分数是一个非常合适的突破口。

1. 分数的基本性质

如果将一个月饼平均分成 2 份，那么其中的 1 份就是 $\frac{1}{2}$ 个月饼；如果将一个月饼平均分成 4 份，那么其中的 2 份就是 $\frac{2}{4}$ 个月饼；如果将一个月饼平均分成 6 份，

那么其中的 3 份就是 $\dfrac{3}{6}$ 个月饼。由于每次都刚好是半个月饼，上述 3 个分数是相等的，即

$$\frac{1}{2}=\frac{2}{4}=\frac{3}{6}。$$

由此得到

$$\frac{1}{2}=\frac{1\times 2}{2\times 2}=\frac{1\times 3}{2\times 3}。$$

可见，分子与分母乘以相同的数，所得的分数是相等的。反过来，分子与分母除以相同的数，所得的分数也是相等的。这就是分数的基本性质。

将分数的基本性质写成公式就是：若 k 与 b 都是非零的整数，则 $\dfrac{ka}{kb}=\dfrac{a}{b}$。

例如，根据该性质，有

$$\frac{2}{3}=\frac{4}{6}=\frac{6}{9}=\frac{8}{12}=\frac{10}{15}=\frac{12}{18}=\frac{14}{21}=\cdots。$$

2. 分数的运算

分数可以做加法、减法、乘法、除法等基本的算术运算。

六等分一个月饼，先从中取出 2 份，再取出 3 份，那么两次一共取出了 5 份。用分数的语言叙述这个过程就是 $\dfrac{2}{6}$ 个月饼加上 $\dfrac{3}{6}$ 个月饼等于 $\dfrac{5}{6}$ 个月饼。由此，我们得到

$$\frac{2}{6}+\frac{3}{6}=\frac{5}{6}=\frac{2+3}{6}。$$

可见，同分母的两个分数之和等于同分母的分数，其分子是原先的两个分子之和，写成一般的公式就是

$$\frac{b}{a}+\frac{c}{a}=\frac{b+c}{a}。$$

由于 $\dfrac{3}{6} = \dfrac{1}{2}$，由前述等式还可以得到

$$\frac{2}{6} + \frac{1}{2} = \frac{2}{6} + \frac{3}{6}。$$

可见，分母不同的两个分数之和可以化成分母相同的两个分数之和。将两个分母不同的分数化成分母相同的分数的过程就叫通分，其理论根据就是分数的基本性质。

任何两个分数一定可以通分。

例如，为了将分数 $\dfrac{2}{3}$ 与 $\dfrac{1}{5}$ 通分，只要将第一个分数的分子和分母同时乘以 5，而将第二个分数的分子和分母同时乘以 3 即可。事实上，有

$$\frac{2}{3} = \frac{2 \times 5}{3 \times 5} = \frac{10}{15}, \quad \frac{1}{5} = \frac{1 \times 3}{5 \times 3} = \frac{3}{15}。$$

为了考虑分数的乘法，先看分数与整数的乘法。

例如，$\dfrac{2}{7} \times 3$ 就是 3 个 $\dfrac{2}{7}$ 相加，即

$$\frac{2}{7} \times 3 = \frac{2}{7} + \frac{2}{7} + \frac{2}{7} = \frac{2+2+2}{7} = \frac{2 \times 3}{7} = \frac{6}{7}。$$

由此得出

$$\frac{b}{a} \times c = \frac{b \times c}{a}。 \tag{1}$$

再看分数与另外一个单位分数的乘积。

如果将一个月饼七等分并取其中 2 份，就得到 $\dfrac{2}{7}$ 个月饼。$\dfrac{2}{7} \times \dfrac{1}{3}$ 相当于取 $\dfrac{2}{7}$ 个月饼的 $\dfrac{1}{3}$。如何取得这 $\dfrac{1}{3}$ 呢？我们知道，$\dfrac{2}{7} = \dfrac{2 \times 3}{7 \times 3} = \dfrac{6}{21}$，这相当于将一个月饼平均分成 21 份并取其中的 6 份。6 份的 $\dfrac{1}{3}$ 就是 2 份。因此，$\dfrac{2}{7} \times \dfrac{1}{3}$ 等于 $\dfrac{2}{21}$，即

$$\frac{2}{7}\times\frac{1}{3}=\frac{2\times1}{7\times3}。$$

由此得到较为一般的结论：

$$\frac{a}{b}\times\frac{1}{c}=\frac{a}{b\times c}。 \tag{2}$$

将式（1）与式（2）合起来，便得到两个分数相乘的方法：

$$\frac{a}{b}\times\frac{d}{c}=\frac{a\times d}{b\times c}。 \tag{3}$$

可见，两个分数相乘，分子乘以分子，分母乘以分母即可。

最后看分数的除法。

因为 $\frac{2}{7}$ 除以 3 就是 $\frac{2}{7}$ 乘以 $\frac{1}{3}$，所以

$$\frac{2}{7}\div3=\frac{2}{7}\times\frac{1}{3}=\frac{2}{7\times3}=\frac{2}{21}。$$

反过来，$\frac{2}{21}$ 除以 $\frac{1}{3}$ 等于 $\frac{2}{7}$，即

$$\frac{2}{21}\div\frac{1}{3}=\frac{2}{7}=\frac{2\times3}{7\times3}=\frac{2}{21}\times3。$$

可见

$$\frac{a}{b}\div c=\frac{a}{b}\times\frac{1}{c},$$

$$\frac{a}{b}\div\frac{1}{d}=\frac{a}{b}\times d。$$

将这两个公式合起来，便得到两个分数相除的一般方法：

$$\frac{a}{b}\div\frac{c}{d}=\frac{a}{b}\times\frac{d}{c}。$$

$\frac{d}{c}$ 称为 $\frac{c}{d}$ 的倒数。我们看到，互为倒数的两个分数的分子和分母恰好颠倒过来了。例如，$\frac{2}{3}$ 与 $\frac{3}{2}$ 互为倒数。上面的除法公式意味着除以一个分数，等于乘以其

倒数。例如，

$$\frac{8}{9} \div \frac{2}{3} = \frac{8}{9} \times \frac{3}{2} = \frac{8 \times 3}{9 \times 2} = \frac{4 \times 6}{3 \times 6} = \frac{4}{3}。$$

最后一步叫作约分（分子和分母同时除以大于 1 的数），将分数化成了最简分

数 $\frac{4}{3}$。所谓最简分数就是不可以再约分的分数。

3. 分数与比的关系

分数与比有着密切的关系。两个数的比值与对应的分数相等，即

$$a : b = \frac{a}{b}。$$

如果两个比的比值相等，即

$$a : b = c : d,$$

那么就说这 4 个数 a，b，c，d 成比例，其中 a，d 叫作比例的外项，b，c 叫作比例的内项。例如 $1 : 2 = 3 : 6$，因此 1，2，3，6 成比例。

既然比值实际上等于分数，4 个数 a，b，c，d 成比例就等同于相应的分数相等，即

$$\frac{a}{b} = \frac{c}{d}。$$

在上述分数等式的两端同时乘以 $b \times d$，得到

$$a \times d = c \times b。$$

可见，若 4 个数成比例，则外项的乘积等于内项的乘积。

该结论反过来也对，我们只需将上述推导过程反过来即可。

用分数的语言叙述：$\frac{a}{b} = \frac{c}{d}$ 等价于 $a \times d = c \times b$，即两个分数相等等同于 4 个数的交叉乘积相等。

4. 分数的其他有趣性质

我们假定数 A，a，B，b 均不为 0，且 $A \neq a$，$B \neq b$。

反比性：若 $\dfrac{A}{a} = \dfrac{B}{b}$，则 $\dfrac{a}{A} = \dfrac{b}{B}$。

反比性用比例的语言叙述就是比例的前后项颠倒，4 个数保持成比例；用分数的语言叙述就是分子和分母颠倒，两个分数仍然相等。例如，既然 $\dfrac{2}{1} = \dfrac{6}{3}$，就有 $\dfrac{1}{2} = \dfrac{3}{6}$。

假设 $\dfrac{A}{a} = \dfrac{B}{b}$，则根据分数的基本性质，有 $Ab = aB$，即 $aB = Ab$。因此，$\dfrac{a}{A} = \dfrac{b}{B}$，反比性得证。类似地，可以证明如下的同比性。

同比性：若 $\dfrac{A}{a} = \dfrac{B}{b}$，则 $\dfrac{A}{B} = \dfrac{a}{b}$。

结合反比性，还可以进一步推出 $\dfrac{b}{a} = \dfrac{B}{A}$。

同比性用比例的语言叙述就是比例的内项（或者外项）交换次序，4 个数保持成比例；用分数的语言叙述就是分子构成的分数等于分母构成的分数。例如，既然 $\dfrac{2}{1} = \dfrac{6}{3}$，就有 $\dfrac{2}{6} = \dfrac{1}{3}$。

如下图所示，将成比例的 4 个数依次放置在正方形的 4 个顶点，那么由反比性与同比性可知，平行对边所对应的 4 个数都成比例。

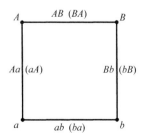

合比性：若 $\dfrac{A}{a}=\dfrac{B}{b}$，则 $\dfrac{A+a}{a}=\dfrac{B+b}{b}$。

在等式 $\dfrac{A}{a}=\dfrac{B}{b}$ 的两边同时加 1，立即得到 $\dfrac{A+a}{a}=\dfrac{B+b}{b}$，合比性得证。该性质表明：分子加上分母后，等式仍然成立。

分比性：若 $\dfrac{A}{a}=\dfrac{B}{b}$，则 $\dfrac{A-a}{a}=\dfrac{B-b}{b}$。

在等式 $\dfrac{A}{a}=\dfrac{B}{b}$ 的两边同时减去 1，立即得到 $\dfrac{A-a}{a}=\dfrac{B-b}{b}$，分比性得证。该性质表明：分子减去分母后，等式仍然成立。

利用反比性，将合比性与分比性合起来，就得到如下的合分比性。

合分比性：若 $\dfrac{A}{a}=\dfrac{B}{b}$，则 $\dfrac{A+a}{A-a}=\dfrac{B+b}{B-b}$。

例如，因为 $\dfrac{3}{2}=\dfrac{6}{4}$，所以 $\dfrac{3+2}{3-2}=\dfrac{6+4}{6-4}$，即 $\dfrac{5}{1}=\dfrac{10}{2}$。

等比性：若 $\dfrac{A_1}{B_1}=\dfrac{A_2}{B_2}=\cdots=\dfrac{A_n}{B_n}=\lambda$，则 $\dfrac{k_1A_1+k_2A_2+\cdots+k_nA_n}{k_1B_1+k_2B_2+\cdots+k_nB_n}=\lambda$，其中 k_1, k_2, $\cdots$, k_n 是除 0 外的任意整数。

例如，既然 $\dfrac{1}{2}=\dfrac{2}{4}=\dfrac{3}{6}=\dfrac{4}{8}$，就有 $\dfrac{1+2+3+4}{2+4+6+8}=\dfrac{1}{2}$，即 $\dfrac{10}{20}=\dfrac{1}{2}$。

第 2 节　乘方与开方

本节讨论有理数的乘方与开方运算，所得结果分别叫作方幂与方根。这些重要的代数运算已经属于初中数学的内容。

1. 乘方

所有的因子都相同的乘法运算叫作乘方运算，相同因子的个数叫作指数或方次数，这个相同的因子叫作底数，运算的结果叫作方幂（简称幂）。

对于给定的有理数 a 与正整数 n，a 的 n 次方（或者叫作 n 次方幂）记为 a^n，定义如下：

$$a^n = \overbrace{a \times a \times \cdots \times a}^{n},$$

其中 a 叫作底数，n 叫作指数或者方次数。

例如，2 的四次方为

$$2^4 = 2 \times 2 \times 2 \times 2 = 16 \, 。$$

-2 的五次方为

$$(-2)^5 = (-2) \times (-2) \times (-2) \times (-2) \times (-2) = -32 \, 。$$

$\dfrac{2}{3}$ 的三次方为

$$\left(\frac{2}{3}\right)^3 = \frac{2}{3} \times \frac{2}{3} \times \frac{2}{3} = \frac{8}{27} \, 。$$

-5 的二次方为

$$(-5)^2 = (-5) \times (-5) = 25 \, 。$$

二次方也叫作平方，而三次方也叫作立方，这是因为正方形的面积恰好等于边长的二次方，而立方体的体积恰好等于棱长的三次方。

乘方运算的底数可以推广到任意实数。

2. 方幂的性质

首先讨论同底数的两个方幂的乘积。

例如，a^2 与 a^3 的乘积等于什么？因为

$$a^2 = a \times a \, ,$$

$$a^3 = a \times a \times a \, ,$$

所以

$$a^2 \times a^3 = \overbrace{a \times a}^{2} \times \overbrace{a \times a \times a}^{3} = \overbrace{a \times a \times a \times a \times a}^{5} = a^5 = a^{2+3},$$

即

$$a^2 \times a^3 = a^{2+3} 。$$

一般地，我们得到如下性质。

性质（1）：$a^m \times a^n = a^{m+n}$。

这条性质告诉我们，同底数的两个方幂的乘积还是同底数的方幂，而指数等于原来的两个指数之和。简言之，幂相乘，指数和。

其次，我们看同底数的两个方幂的除法。

根据上述例子，立即得到

$$a^5 \div a^2 = a^3 ,$$

即

$$a^5 \div a^2 = a^{5-2} 。$$

一般地，我们得到如下性质。

性质（2）：$a^m \div a^n = a^{m-n}$。

这条性质告诉我们，同底数的两个方幂的商还是同底数的方幂，而指数等于原来的两个指数的差。简言之，幂相除，指数差。

接下来，我们研究一个方幂的方幂。以 a^2 的三次方为例，有

$$(a^2)^3 = a^2 \times a^2 \times a^2 = (a \times a) \times (a \times a) \times (a \times a) = \overbrace{a \times a \times a \times a \times a \times a}^{6} = a^6 = a^{2 \times 3} 。$$

可见，

$$(a^2)^3 = a^{2 \times 3} 。$$

一般地，我们得到如下性质。

性质（3）：$(a^m)^n = a^{m \times n}$。

这条性质告诉我们，某个底数的方幂的方幂还是同底数的方幂，而指数等于原来的两个指数的乘积。简言之，幂之幂，指数积。

下面研究将底数分解为两个数的乘积时方幂的变化规律。

若底数为 $a \times b$，则其 n 次方为

$$(a \times b)^n = \overbrace{(a \times b) \times (a \times b) \times \cdots \times (a \times b)}^{n}$$

$$= \overbrace{a \times a \times \cdots \times a}^{n} \times \overbrace{b \times b \times \cdots \times b}^{n} = a^n \times b^n 。$$

因此，我们得到如下性质。

性质（4）：$(a \times b)^n = a^n \times b^n$。

类似地，我们还可以得到如下性质。

性质（5）：$(a \div b)^n = a^n \div b^n$。

以上两条性质表明：若底数相乘或相除，则幂也跟着相乘或相除。简言之，底乘除，幂乘除。

最后，我们看一道例题。

【例】计算：$(12^3 \div 6^5)^2 \times \left(-\dfrac{2}{3}\right)^9 \times \left(\dfrac{81}{16}\right)^3$。

解：首先，计算 $12^3 \div 6^5$。

$$12^3 \div 6^5 = (2 \times 6)^3 \div 6^5$$

$$= 2^3 \times 6^3 \div 6^5$$

$$= 2^3 \div 6^2$$

$$= 2^3 \div (2 \times 3)^2$$

$$= 2^3 \div (2^2 \times 3^2)$$

$$= 2 \div 3^2$$

$$= \frac{2}{3^2} 。$$

其次，计算 $\left(-\dfrac{2}{3}\right)^9$ 和 $\left(\dfrac{81}{16}\right)^3$。

$$\left(-\frac{2}{3}\right)^9 = -\frac{2^9}{3^9} ,$$

$$81^3 = (9^2)^3 = 9^6 = (3^2)^6 = 3^{12} ,$$

$$16^3 = (4^2)^3 = 4^6 = (2^2)^6 = 2^{12}。$$

$$\left(\frac{81}{16}\right)^3 = \frac{81^3}{16^3} = \frac{3^{12}}{2^{12}}。$$

因此，原式等于

$$\left(\frac{2}{3^2}\right)^2 \times \left(-\frac{2^9}{3^9}\right) \times \frac{81^3}{16^3}$$

$$= \frac{2^2}{3^4} \times \left(-\frac{2^9}{3^9}\right) \times \frac{3^{12}}{2^{12}}$$

$$= -\frac{2^{11} \times 3^{12}}{2^{12} \times 3^{13}}$$

$$= -\frac{1}{2 \times 3}$$

$$= -\frac{1}{6}。$$

3. 开方

开方是乘方运算的逆运算。粗略地讲，从一个方幂求其底数的运算就叫作开方运算，而所求得的结果就叫作方根。

设 a 是一个给定的实数，n 是一个正整数，若实数 x 的 n 次方等于 a，即 $x^n = a$，则 x 称为 a 的 n 次方根，当其唯一时可以记为 $\sqrt[n]{a}$。二次方根也叫作平方根，三次方根也叫作立方根。非负的平方根叫作算术平方根，记为 $\sqrt{a}$。因此，对于任意的实数 a，有

$$\sqrt{a^2} = \begin{cases} a, & 若 a \geqslant 0; \\ -a, & 若 a < 0。 \end{cases}$$

例如，因为 2 的三次方等于 8，所以 2 是 8 的立方根。因为 ±3 的平方等于 9，所以 ±3 是 9 的平方根，而其中的 +3 是 9 的算术平方根。0 是 0 的算术平方根，也是 0 的立方根、四次方根等。±1 是 1 的二次方根、四次方根、八次方根等。

将根号下的数换成任意的代数表达式，得到的就是根式。如 $\sqrt{a^3 + 1}$ 是一个二次根式。

4. 方根的性质

根据方根的定义，我们立即得到如下性质。

性质（1）：$\left(\sqrt[n]{a}\right)^n = a$。

设 $\sqrt[n]{a} = x$，$\sqrt[n]{b} = y$，则 $x^n = a$，$y^n = b$。于是，$(xy)^n = x^n y^n = ab$（注意，这里省略了乘号）。因此，$\sqrt[n]{a \times b} = xy = \sqrt[n]{a} \times \sqrt[n]{b}$，故有如下性质。

性质（2）：$\sqrt[n]{a \times b} = \sqrt[n]{a} \times \sqrt[n]{b}$。

类似地，可以得到如下性质。

性质（3）：$\sqrt[n]{\dfrac{a}{b}} = \dfrac{\sqrt[n]{a}}{\sqrt[n]{b}}$。

设 $\sqrt[n]{a} = b$，$\sqrt[m]{b} = x$。则 $x^m = b$，$b^n = a$。于是，$a = b^n = (x^m)^n = x^{mn}$。因此，$\sqrt[mn]{a} = x = \sqrt[m]{\sqrt[n]{a}}$，故有如下性质。

性质（4）：$\sqrt[m]{\sqrt[n]{a}} = \sqrt[mn]{a}$。

对于方根，重点要求掌握二次方根与三次方根。注意，上述 a 和 b 的取值范围应保证根式有意义。

【例】化简：$(\sqrt{24} + \sqrt{0.5}) \times \sqrt{3} - \sqrt{\dfrac{3}{8}}$。

解：原式 $= \left(2\sqrt{6} + \dfrac{1}{2}\sqrt{2}\right) \times \sqrt{3} - \dfrac{1}{4}\sqrt{6}$

$= 2\sqrt{18} + \dfrac{1}{2}\sqrt{6} - \dfrac{1}{4}\sqrt{6}$

$= 6\sqrt{2} + \dfrac{1}{4}\sqrt{6}$。

第 3 节　整除与剩余*

"数学王子"高斯说："数学是科学之王，数论是数学之王。"关于整数的理论就是所谓的数论，而初等数论也叫作算术。本节以及接下来的一节都是关于初等数论的内容。

1. 质数与互质

如果两个整数的乘积等于第三个数，那么这两个整数都叫作第三个整数的因数，同时可以说这两个整数分别整除第三个数。例如，因为 $2 \times 3 = (-2) \times (-3) = 1 \times 6 = (-1) \times (-6) = 6$，所以 ± 1、± 2、± 6 都是 6 的因数，它们都整除 6。若 a 整除 b，则可以记为 $a|b$，比如 $2|6$，$-3|6$。

如果一个大于 1 的自然数除了 1 和自身外没有其他正的因数，那么这个数就叫作质数（或者素数），否则就叫作合数。例如，6 是一个合数，而 2，3 为质数。注意，1 既不是合数也不是质数。

算术基本定理断言：任何大于 1 的整数都可以唯一地分解成一些质数的乘积。

例如，$360 = 2 \times 2 \times 2 \times 3 \times 3 \times 5 = 2^3 \times 3^2 \times 5$。

如果一个正整数 n 是合数，那么存在大于 1 的正整数 a 和 b，使得 $n = ab$。若 $a > \sqrt{n}$ 且 $b > \sqrt{n}$，则 $n = ab > \sqrt{n} \cdot \sqrt{n} = n$，这个关系式显然不成立。因此，$a \leqslant \sqrt{n}$ 或者 $b \leqslant \sqrt{n}$。可见，a 或者 b 至少有一个质因数（既是质数又是因数的数）不超过 $\sqrt{n}$。因为 a 或者 b 的质因数显然都是 n 的因数，所以 n 至少有一个质因数不超过 $\sqrt{n}$。因此，我们得到如下结论。

如果一个正整数 n 是合数，那么 n 至少有一个质因数不超过 $\sqrt{n}$。

反过来，我们得到判别质数的如下方法。

如果 $\sqrt{n}$ 以内的质数都不能整除 n，那么 n 是一个质数。

例如，因为 $5^2 < 31 < 6^2$，所以 $5 < \sqrt{31} < 6$。$\sqrt{31}$ 以内的质数只有 2，3，5，但是它们都不能整除 31，因此 31 是一个质数。

两个整数的相同因数叫作它们的公因数。两个给定的整数的所有公因数中的最大者叫作它们的最大公因数。a 与 b 的最大公因数可以记为 (a,b)。如果两个整数的最大公因数等于 1，那么我们就说这两个整数互质（或者互素）。例如，12 与 18 的最大公因数等于 6，而 12 与 13 互质，因此，$(12,18) = 6$，$(12,13) = 1$。

互质有如下一些基本性质。

（1）若 $(a,b)=1$ 且 $(a,c)=1$ ，则 $(a,bc)=1$ 。

（2）若 $(a,b)=1$ ， $a|c$ 且 $b|c$ ，则 $ab|c$ 。

（3）若 $(a,b)=1$ 且 $a|bc$ ，则 $a|c$ 。

（4） $(a,b)=1$ ，当且仅当存在整数 m 与 n ，使得 $ma+nb=1$ 时。

2. 剩余系

20 除以 6 等于多少？商 3 余 2，即

$$20=3\times6+2 ，$$

其中余数 2 满足以下条件： $0<2<6$ 。

类似地，−20 除以 6，商 −4 余 4，即

$$-20=(-4)\times6+4 ，$$

其中余数 4 满足以下条件： $0<4<6$ 。

一般地，对于整数 a 与正整数 b ，我们说 a 除以 b 时商为 q ，余数为 r ，是指下式成立：

$$a=q\times b+r ，$$

其中余数 r 满足以下条件： $0\leqslant r<b$ 。此时，也说 a 模 b 的剩余为 r 。

若整数 a 与 b 模 k 的剩余为同一个数，则称 a 与 b 模 k 同余，记为

$$a\equiv b\bmod k 。$$

例如，由于

$$-9=(-2)\times5+1 ，$$

$$16=3\times5+1 ，$$

−9 与 16 模 5 同余，即 $-9\equiv16\bmod5$ 。

显然， $a\equiv b\bmod k$ ，当且仅当 $k|(a-b)$ 时。如在上述例子中， $-9-16=-25$ ，而 $5|(-25)$ 。

加、减、乘等运算保持同余关系，即若 $a\equiv b\bmod k$ 且 $c\equiv d\bmod k$ ，则

（1）$a+c \equiv b+d \bmod k$；

（2）$a-c \equiv b-d \bmod k$；

（3）$a \times c \equiv b \times d \bmod k$。

此外，同余还有如下性质：

（4）$a \equiv a \bmod k$；

（5）若 $a \equiv b \bmod k$，则 $b \equiv a \bmod k$；

（6）若 $a \equiv b \bmod k$，且 $b \equiv c \bmod k$，则 $a \equiv c \bmod k$；

（7）若 $an \equiv bn \bmod k$，且 $(n,k)=1$，则 $a \equiv b \bmod k$。

我们证明一下性质（7）。假设 $an \equiv bn \bmod k$，且 $(n,k)=1$，则显然有 $(a-b)n = an-bn \equiv 0 \bmod k$，即 $k \mid (a-b)n$。由于 $(k,n)=1$，根据互质的性质（3）得到 $k \mid (a-b)$，即 $a \equiv b \bmod k$。性质（7）得证。

全体整数可以按照模 k 同余的关系划分成一些不相交的类的并集，所有模 k 同余的整数都归于同一个类（叫作模 k 剩余类），而不同类的任意两个数彼此都不是模 k 同余的。显然，全体模 k 剩余类的数目恰好等于 k，而所有这些剩余类所对应的余数分别为 1，2，…，$k-1$。所有这些类所构成的集合叫作模 k 的完全剩余类集，其中每一个剩余类各派出一个数作为代表构成一个数的系统，叫作模 k 的完全剩余系。在任意一个完全剩余系中删除与 k 不互质的数，即只保留与 k 互质的数，所得到的数的系统称为既约剩余系。既约剩余系所对应的那些剩余类所构成的集合叫作模 k 的既约剩余类集。

例如，计算可得

$$\cdots \equiv -5 \equiv -2 \equiv 1 \equiv 4 \equiv 7 \equiv \cdots \bmod 3 ，$$

$$\cdots \equiv -4 \equiv -1 \equiv 2 \equiv 5 \equiv 8 \equiv \cdots \bmod 3 ，$$

$$\cdots \equiv -3 \equiv 0 \equiv 3 \equiv 6 \equiv 9 \equiv \cdots \bmod 3 。$$

可见，模 3 的剩余类有 3 个：第一个类位于上述第一行，对应的余数都是 1；第二个类位于上述第二行，对应的余数都是 2；第三个类位于上述第三行，对应的余数都是 0。注意：1，2，3 构成模 3 的一个完全剩余系，而 1，2 是模 3 的一个既约剩余系；7，2，-3 也构成模 3 的一个完全剩余系，而 7，2 也是模 3 的一个既约剩余系。

又如，0，1，2，3，4，5 构成模 6 的一个完全剩余系，而 1，5 是模 6 的一个既约剩余系。

3. 欧拉函数

给定正整数 n，将所有小于 n 且与之互质的正整数的个数记为 $\phi(n)$，称为欧拉 ϕ 函数（以下简称欧拉函数）。显然，模 n 的既约剩余系中所含的数的个数为 $\phi(n)$。如 $\phi(3) = \phi(6) = 2$，$\phi(8) = 4$。一般地，对于任意的质数 p，我们可以得到以下公式：

$$\phi(p^n) = p^n - p^{n-1}。$$

这是因为 p^n 及其以内与 p^n 不互质的数一定是 p 的倍数，它们是 $1p$，$2p$，$3p$，$\cdots$，$p^{n-1} \cdot p = p^n$，共计 p^{n-1} 个数。

关于欧拉函数，还有一个重要结论：如果正整数 m 和 n 互质，那么 $\phi(mn) = \phi(m)\phi(n)$。

【例】计算模 360 的既约剩余系中代表的数目。

解： 由于 $360 = 2^3 \times 3^2 \times 5$，根据上述两个公式，360 的既约剩余系中代表的数目为

$$\phi(360) = \phi(2^3 \times 3^2 \times 5) = \phi(2^3)\phi(3^2)\phi(5)$$
$$= (2^3 - 2^2)(3^2 - 3^1)(5^1 - 5^0) = 4 \times 6 \times 4 = 96。$$

第 4 节　韩信点兵与同余方程组*

1. 韩信点兵的故事

淮安民间流传着一则韩信点兵的故事。

韩信带 1500 名兵士打仗，战死四五百人，其余的人站成 3 人一排时多出 2 人，站成 5 人一排时多出 4 人，站成 7 人一排时多出 3 人。韩信很快说出生还的士兵共有 1004 人。

假设生还的士兵人数为 x，根据上述故事得到如下同余方程组：

$$\begin{cases} x \equiv 2 \bmod 3, \\ x \equiv 4 \bmod 5, \\ x \equiv 3 \bmod 7 \,. \end{cases}$$

将 $x = 1004$ 代入上述同余方程组，3 个同余式全都成立，因此 $x = 1004$ 是该同余方程组的一个解。这种个别的解叫作上述同余方程组的特解。注意到 $3 \times 5 \times 7 = 105$，实际上 $x = 1004 + 105k$（k 为任意整数）都是该同余方程组的解。这种代表全部解的一般形式的解叫作上述同余方程组的通解。当然，因为原有士兵 1500 人，战死人数为 $400 \sim 500$，所以生还的士兵恰好为 1004 人。

那么，韩信究竟是怎样计算出正确的人数的呢？

2. 中国剩余定理

关于如何求解同余方程组，有如下的中国剩余定理（又叫孙子定理）。

中国剩余定理：设 m_1，m_2，$\cdots$，m_k 是两两互质的正整数，令 $M = m_1 \times m_2 \times \cdots \times m_k$，$M_i = M / m_i (i = 1, 2, \cdots, k)$，则存在整数 y_i，使得 $y_i M_i \equiv 1 \bmod m_i (i = 1, 2, \cdots, k)$，且同余方程组

$$\begin{cases} x \equiv a_1 \bmod m_1, \\ x \equiv a_2 \bmod m_2, \\ \cdots\cdots \\ x \equiv a_k \bmod m_k \end{cases}$$

的通解为

$$a_1 y_1 M_1 + a_2 y_2 M_2 + \cdots + a_k y_k M_k + tM \,,$$

其中 t 为任意整数。

证明： 因为 m_1，m_2，$\cdots$，m_k 两两互质，所以对于 $i = 1, 2, \cdots, k$，m_i 与 M_i 互质，于是存在整数 x_i 与 y_i，使得 $x_i m_i + y_i M_i = 1$，即 $y_i M_i \equiv 1 \bmod m_i$。根据同余的性质进一步得到 $a_i y_i M_i \equiv a_i \bmod m_i$。当 $i \neq j$ 时，显然有 $(M_j, m_i) = 1$，即 $M_j \equiv 0 \bmod m_i$。因此，$a_1 y_1 M_1 + a_2 y_2 M_2 + \cdots + a_k y_k M_k \equiv a_i y_i M_i \equiv a_i \bmod m_i$。

记 $L = a_1 y_1 M_1 + a_2 y_2 M_2 + \cdots + a_k y_k M_k$，则 L 是给定的同余方程组的一个特解。由于 $M \equiv 0 \bmod m_i$，$L + tM \equiv a_i \bmod m_i$，其中 t 是任意整数。可见，$L + tM$ 都是给

定的同余方程组的解。

下面假设 N 是给定的同余方程组的任意一个解，则对于 $i = 1,\ 2,\ \cdots,\ k$ ，$N \equiv a_i \bmod m_i$ 。由于 $L \equiv a_i \bmod m_i$ ，所以 $N - L \equiv 0 \bmod m_i$ ，即 $m_i \mid (N - L)$ 。由于 $m_1,\ m_2,\ \cdots,\ m_k$ 两两互质，根据互质的性质得到：$m_1 \times m_2 \times \cdots \times m_k \mid (N - L)$ ，即 $M \mid (N - L)$ 。因此，$N \equiv L \bmod M$ 。故存在整数 t ，使得 $N = L + tM$ 。

综上所述，给定的同余方程组的通解为 $L + tM$ ，其中 t 是任意整数。定理得证。

3. 中国剩余定理的应用

现在可以利用中国剩余定理来破解韩信点兵的秘密。

取 $m_1 = 3$ ，$m_2 = 5$ ，$m_3 = 7$ ，则 $M = 3 \times 5 \times 7 = 105$ 。$M_1 = 5 \times 7 = 35$ ，$M_2 = 3 \times 7 = 21$ ，$M_3 = 3 \times 5 = 15$ 。因为

$$-23 \times 3 + 2 \times 35 = 1 ，$$
$$-4 \times 5 + 1 \times 21 = 1 ，$$
$$-2 \times 7 + 1 \times 15 = 1 ，$$

所以

$$70 \equiv 1 \bmod 3 ，$$
$$21 \equiv 1 \bmod 5 ，$$
$$15 \equiv 1 \bmod 7 。$$

进一步得到

$$2 \times 70 \equiv 2 \bmod 3 ，$$
$$4 \times 21 \equiv 4 \bmod 5 ，$$
$$3 \times 15 \equiv 3 \bmod 7 。$$

于是得到一个特解：

$$L = 2 \times 70 + 4 \times 21 + 3 \times 15 = 269 。$$

根据中国剩余定理，这个同余方程组的通解为

$$L + tM = 269 + 105t 。$$

根据条件，生还人数介于 1000 与 1100 之间，因此

$$1000 \leqslant 269 + 105t \leqslant 1100 。$$

可见，$t = 7$，而 $269 + 105t = 269 + 105 \times 7 = 1004$，这正是故事中韩信点兵的人数。

中国古代数学文献《孙子算经》中有这样一道算术题："今有物不知其数，三三数之剩二，五五数之剩三，七七数之剩二，问物几何？"这段话的意思是：一个数除以 3 余 2，除以 5 余 3，除以 7 余 2，求这个数。这样的问题与上述的韩信点兵其实是同一类问题，都要求解同余方程组。

设同余方程组为

$$\begin{cases} x \equiv a \bmod 3, \\ x \equiv b \bmod 5, \\ x \equiv c \bmod 7 。 \end{cases}$$

利用中国剩余定理，得到的通解为

$$70a + 21b + 15c + 105t ,$$

其中 t 是任意整数。明代数学家程大位在《算法统宗》中将该解答公式写成如下的歌诀：

三人同行七十稀，

五树梅花廿一枝。

七子团圆月正半，

除百零五便得知。

作为中国剩余定理的另一个应用，下面这道例题颇有意思。

【例】证明：对于任意 3 个不同的质数，一定可以找到 3 个连续的自然数，使得它们可以分别被这 3 个质数整除。

证明：假设这 3 个质数分别是 p, q, r。由中国剩余定理可知，以下同余方程组一定有正整数解 x。

$$\begin{cases} x \equiv 0 \bmod p, \\ x \equiv -1 \bmod q, \\ x \equiv -2 \bmod r 。 \end{cases}$$

因为 $x \equiv 0 \bmod p$，所以 $p \mid x$；因为 $x \equiv -1 \bmod q$，即 $x + 1 \equiv 0 \bmod q$，所以

$q|(x+1)$；因为 $x \equiv -2 \bmod r$，即 $x+2 \equiv 0 \bmod r$，所以 $r|(x+2)$。现在我们找到了连续自然数 x，$x+1$，$x+2$，它们分别被 p，q，r 整除。证明完毕。

4. 9 与 11 作为模数

以 9 与 11 分别作为模数求剩余非常有意思，也很有用。

因为 $10 \equiv 1 \bmod 9$，所以

$$10^n = \underbrace{10 \times \cdots \times 10}_{n} \equiv \underbrace{1 \times \cdots \times 1}_{n} \equiv 1 \bmod 9 。$$

对于任意的一个多位数，比如说 2345，求其模 9 剩余就很容易。

$$
\begin{aligned}
2345 &\equiv 2 \times 1000 + 3 \times 100 + 4 \times 10 + 5 \times 1 \\
&\equiv 2 \times 1 + 3 \times 1 + 4 \times 1 + 5 \times 1 \\
&\equiv 2 + 3 + 4 + 5 \bmod 9 。
\end{aligned}
$$

这表明求一个多位数的模 9 剩余等于求该多位数的各位数字之和的模 9 剩余。

因为 $10 \equiv -1 \bmod 11$，所以

$$10^{2n} = \underbrace{10 \times \cdots \times 10}_{2n} \equiv \underbrace{(-1) \times \cdots \times (-1)}_{2n} \equiv 1 \bmod 11 ，$$

$$10^{2n+1} = 10^{2n} \times 10 \equiv 1 \times (-1) \equiv -1 \bmod 11 。$$

对于任意的一个多位数，比如说 2345，求其模 11 剩余就很容易。

$$
\begin{aligned}
2345 &\equiv 2 \times 10^3 + 3 \times 10^2 + 4 \times 10^1 + 5 \times 10^0 \\
&\equiv 2 \times (-1) + 3 \times 1 + 4 \times (-1) + 5 \times 1 \\
&\equiv -2 + 3 - 4 + 5 \bmod 11 。
\end{aligned}
$$

这表明求一个多位数的模 11 剩余等于求该多位数的各位数字的代数和,（从右往左数的）奇数位取正号，偶数位取负号。或者说，求一个多位数的模 11 剩余等同于每相邻两位数作差。

第 5 节　不让计算拖后腿

小学数学离不开计算，初中数学也不例外。如果要问小学数学对初中数学有什

么影响，那么可以说算术计算能力对于提高初中数学成绩至关重要。也许在初中生看来小学算术似乎是小儿科，但是很多初中生由于缺乏快速而准确的算术计算能力，考试时不能很好地发挥自己的水平，与高分擦肩而过，真的十分可惜。对此，家长和孩子都必须高度重视，千万别让计算拖了学习的后腿。

1. 计算能力直接影响考试和学习

也许你会说，小小的计算错误，根本没有什么了不起，完全不必大惊小怪。真的如此吗？比如，在证明一道几何题时，若在中间过程中算出某个直角三角形的一个角是 30°，那么接下来的证明思路很清晰，就是该角所对应的直角边是斜边的一半，由此容易继续寻找或构造全等三角形以完成证明。设想一下，假如你在中间过程中错误地计算出那个角是 45°，那么直角边与斜边的关系就不是 1∶2，在接下来的解题过程中，无论你怎样绞尽脑汁，都不可能找到正确的思路。可见，有时某些中间过程的计算错误有可能让后续的解题过程难以为继，让你的思路进入死胡同。退一万步讲，即使计算错误仅仅导致最终答案错误，这也会导致丢分。初中数学中有许多题目需要较多的思考，如果在考试过程中计算速度跟不上，就不能节省出足够的时间来思考其他题目，势必严重影响考试结果，有时甚至会出现答不完卷的情况。

2. 数学家的心算故事

数学家未必都是心算能手，但是有些数学家具有超强的记忆力与惊人的心算能力。约翰·冯·诺依曼（1903—1957，美籍匈牙利人）就是这样的一位人物。许多文献都记载过下列著名的苍蝇难题：两列火车相距 20 英里（1 英里约等于 1.6 千米），各自以 10 英里/时的速度相向而行，同时一只苍蝇以 15 英里/时的速度在两列火车之间来回飞行，直到它被两列火车挤碎。问苍蝇总共飞行了多长距离？

解决该问题的较慢的方法是分别计算苍蝇的每一段行程并对无穷级数求和；比较快的方法是苍蝇只有 1 小时的飞行时间，因此总路程必然等于 15 英里。

当有人向冯·诺依曼提出这个问题时，他马上给出了答案。这让提问者很失望，以为他以前听说过这个问题。冯·诺依曼却说："我所做的不过是对几何级数求和。"这就意味着他用较慢的方法进行心算，却在瞬间给出了正确答案。由此可见，他的计算速度是惊人的。

心算离不开记忆。冯·诺依曼从小就表现出超强的记忆力。他不仅能记住客人从电话簿中随机选择的任何一页中的全部信息，还能够完整地背诵歌德的诗剧《浮士德》。

冯·诺依曼超强的记忆力以及神奇的心算能力使得他后来成为了伟大的数学家、计算机科学家和经济学家。

接下来要讲的也是一个广为流传的故事，故事的主人翁卡尔·弗里德里希·高斯（1777—1855）是德国人，被誉为"数学王子"。他在数学、天文学、大地测量、电磁学等领域都有重大的发现，其成功离不开超乎常人想象的心算能力。高斯在幼年时就在课堂上通过心算快速计算出从 1 到 100 的所有自然数之和，令老师吃惊。他的方法是：$1+100=101$，$2+99=101$，$3+98=101$，$\cdots$，$50+51=101$，因此 $1+2+3+\cdots+100=50\times101=5050$。

初中生务必高度重视算术计算能力的提高，最好学一点心算或者速算方法，别让计算拖学习的后腿。在本章接下来的几节中，我将给大家介绍一些非常实用的算术速算方法，其中包括我近年来所创立的梅花积方法和九宫速算方法。若想要系统地学习速算理论，可以阅读《速算达人是这样炼成的》（朱用文著，人民邮电出版社，2023 年）。

第 6 节　实用加减法速算方法

加减法有一些非常实用的速算方法，这里介绍补数法、典型的加法速算公式、九宫图重心法等。

1. 巧用补数

如果两个数之和是 10 的方幂，那么这两个数就叫作彼此的补数。例如，因为

$3+7=10$，所以 3 与 7 互为补数；因为 $85+15=100$，所以 85 与 15 互为补数；因为 $333+667=1000$，所以 333 与 667 互为补数。一个数的补数可以通过在其上方添加波浪线来表示，如 $\tilde{3}=7$，$\widetilde{85}=15$，$\widetilde{667}=333$。

补数可以用于加法的速算。

例如，$1+3+4+7+6+5+9=(1+9)+(3+7)+(4+6)+5=10+10+10+5=35$，$85+67+15=(85+15)+67=100+67=167$，$333+356+667+989=(333+667)+(989+11)+(356-11)=1000+1000+345=2345$。

假设 $a+b=10^n$，则 $b=10^n-a=\tilde{a}$，$a=10^n-b=\tilde{b}$。于是，对于任意数 x，有
$$x+a=x+10^n-b=10^n+(x-b)=10^n+(x-\tilde{a})，$$
$$x-a=x-(10^n-b)=(x+b)-10^n=(x+\tilde{a})-10^n。$$

这两个公式表明，加上一个数等于减去其补数并进位，而减去一个数等于加上其补数并退位。这里通过补数运算，将加法转化为减法，将减法转化为加法。总之，补数可使加减法互相转化。

例如，$6+8+8+9=36-2-2-1=36-5=31$，$29+97+87+98=329-3-13-2=329-18=311$，$286+978+987+998=3286-22-13-2=3264-15=3264-20+5=3244+5=3249$，$8272-98-993-29=8172+2-993-29=8174-993-29=7174+7-29=7181-29=7181-30+1=7151+1=7152$。

2. 在数位上使用负数

通常多位数的每位数字都是非负数，但是若根据补数概念，容许数位上出现负数，则有利于快速计算。这是一种非常新颖和有效的计算技巧。

比如，392 的十位上的数是 9，其补数为 1，因此如果百位上进位 1，那么十位上的 9 就应该变成 -1。为了方便，我们将负号写在数字的上面，如 -1 将写成 $\bar{1}$。这样一来，我们就可以将 392 改写成 $4\bar{1}2$，后者是十位上带负数的三位数。类似地，我们可以将 1929 写成 $2\bar{1}3\bar{1}$，将 28937 写成 $3\bar{1}\bar{1}4\bar{3}$，等等。

在多位数的加减法中，我们可以使用这种技巧改写数字，从而提高加减法运算速度。请看如下例题。

【例 1】$369 + 392 = 37\overline{1} + 4\overline{1}2 = 761$，这是因为在个位上有 $\overline{1} + 2 = -1 + 2 = 1$，而在十位上有 $7 + \overline{1} = 7 - 1 = 6$。

【例 2】$45678 + 28937 = 457\overline{3}8 + 3\,\overline{1}\,\overline{1}4\overline{3} = 74615$。

【例 3】$3267 + 6289 - 4928 = 3267 + 63\,\overline{1}\,\overline{1} - 4928 = 9556 - 5\overline{1}3\overline{2} = 9556 + \overline{5}1\overline{3}2 = 4628$。

3.　一些典型的加法速算公式

这里提供一加法模式，它们可以作为公式使用，从而极大地提高计算加法的速度。

<1234>公式：$1 + 2 + 3 + 4 = 10$。

<6789>公式：$6 + 7 + 8 + 9 = 30$。

弱冠公式：$8 + 9 + 3 = 20$，$8 + 8 + 4 = 20$，7+8+5=20，$6 + 6 + 8 = 20$，$7 + 7 + 6 = 20$，$6 + 6 + 8 = 20$。

五指公式：$4 + 4 + 4 + 4 + 4 = 20$，$3 + 4 + 4 + 4 + 5 = 20$，$3 + 3 + 4 + 5 + 5 = 20$，$2 + 3 + 4 + 5 + 6 = 20$；$6 + 6 + 6 + 6 + 6 = 30$，$5 + 6 + 6 + 6 + 7 = 30$，$4 + 6 + 6 + 6 + 8 = 30$，$3 + 6 + 6 + 6 + 9 = 30$，$5 + 5 + 6 + 7 + 7 = 30$，$4 + 5 + 6 + 7 + 8 = 30$，$8 + 8 + 8 + 8 + 8 = 40$，$7 + 8 + 8 + 8 + 9 = 40$，$7 + 7 + 8 + 9 + 9 = 40$。

五指公式的条件是 5 个加数关于中位数具有"对称性"，且中位数是偶数，结论是它们的和恰好等于中位数折半再乘以 10。例如，$5 + 6 + 6 + 6 + 7 = 6 + 6 + 6 + 6 + 6 = 30$，其中 6 折半是 3，再乘以 10 就是 30。

下面看这些公式的一些应用。

【例 1】$2 + 6 + 1 + 4 + 3 = (1 + 2 + 3 + 4) + 6 = 10 + 6 = 16$，用到了<1234>公式。

【例 2】$2 + 6 + 5 + 7 + 9 + 8 = (6 + 7 + 8 + 9) + (2 + 5) = 30 + 7 = 37$，用到了<6789>公式。

【例 3】$3 + 9 + 5 + 8 = (8 + 9 + 3) + 5 = 20 + 5 = 25$，用到了弱冠公式。

【例 4】$3 + 9 + 7 + 5 + 8 + 9 + 7 = (7 + 7 + 8 + 9 + 9) + (3 + 5) = 40 + 8 = 48$，用到了五指公式。

既然可以快速计算一位数的加法，就可以快速计算多位数的加法，因为只要逐位计算一位数的加法即可。请看下述例题。

【例5】计算 $539+746+717+612+623+628$。首先对个位数应用<6789>公式，得到 $9+6+7+2+3+8=(6+7+8+9)+(2+3)=30+5=35$。个位保留 5，并将 3 进位到十位上，然后对十位数应用<1234>公式，注意计算从刚刚进位得来的 3 开始，即 $3+3+4+1+1+2+2=(1+2+3+4)+(1+2+3)=10+6=16$。十位上保留 6，并将 1 进位到百位上，再对百位数应用五指公式，从进位得来的 1 开始计算，即 $1+5+7+7+6+6+6=(5+6+6+6+7)+(1+7)=30+8=38$。综合起来，我们得到 $539+746+717+612+623+628=3865$。

4. 九宫图重心法

九宫图就是 3×3 格子图，其中按顺序填有数字 1～9，如下图所示。每个格子叫作一个宫。因为一共有 9 个宫，所以称之为九宫图。

1	2	3
4	5	6
7	8	9

可以将九宫凝缩成 9 个点，得到如下图所示的田字格，仍然称之为九宫图。

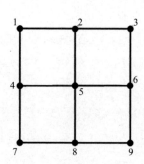

今后我们不一定标记那些数字，但是请注意，这里的关键是用位置代表数，因此我们务必牢记数字和位置的对应关系。九宫图可以用于加减乘除的速算，这样的速算方法叫作九宫图速算法。下面仅仅通过一道例题来介绍九宫图加法速算中的重心法。

【例】 用九宫图计算 $3+3+4+4+4+5+5+9+9+9$。

解： 如下图所示，在九宫图上标出 10 个加数 3，3，4，4，4，5，5，9，9，9。注意，这里有两个二重点和两个三重点。

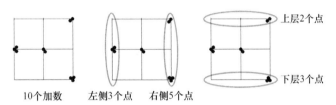

为了求水平重心，我们数各列的点数。左侧的那一列为 3 个点，右侧的那一列为 5 个点，右侧比左侧多 2 个点。因此，10 个点的水平重心在中心点 5 偏右 $\frac{2}{10}$ 格的位置，如下图中的点 A 所示。为了求竖直重心，我们数各行的点数。上面的那一行为 2 个点，下面的那一行为 3 个点，下面比上面多 1 个点。因此，10 个点的水平重心在中心点 5 偏下 $\frac{1}{10}$ 格的位置，如下图中的点 B 所示。合起来看，10 个点的重心在中心点偏右 $\frac{2}{10}$ 格且偏下 $\frac{1}{10}$ 格的位置，如下图中的点 C 所示。

因为九宫图中往右走一小格代表增加 1，而往下走一小格代表增加 3，所以点 C 所对应的数等于 $5+1 \times \frac{2}{10} + 3 \times \frac{1}{10}$。

求 10 个点的重心 C，相当于将这 10 个点集中于点 C 求重量。因此，将点 C 所对应的数乘以 10，就是所要求的 10 个数的总和，即

$$3+3+4+4+4+5+5+9+9+9$$
$$=\left(5+1\times\frac{2}{10}+3\times\frac{1}{10}\right)\times10$$
$$=5\times10+2+1\times3=55。$$

分析上述最后一行中的算式 $5\times10+2+1\times3$，容易看出其中的 10 是总的点数，即加数的个数；2 是右侧比左侧多出的点数，而1是下面比上面多出的点数。可见，重心法是如此简单，只需从九宫图中数出点数，就很容易计算多个数之和。

第 7 节　实用乘法速算方法

乘法有一些系统与非系统的速算方法，我们在这里介绍一些比较实用的方法。

1. 一些特殊数的乘法

为了方便研究，用带有逗号和括号的数字序列表示多位数，如 $(1,2,3)$ 实际上就是 123。如果某个位置上的数不是一位数，那么就表示需要进位。例如，$(1,2,34)=(1,2+3,4)=(1,5,4)=154$，$(1,23,45)=(1+2,3+4,5)=(3,7,5)=375$。

乘数为 9 的乘法可以转化为减法运算。

例如，$123\times9=123\times(10-1)=1230-123=(1,2-1,3-2,0-3)=(1,1,1,-3)$。我们看到，在被乘数 123 前后各补一个 0，然后用 01230 的后一位减去前一位即可，即 $123\times9=(1-0,2-1,3-2,0-3)=(1,1,1,-3)=1107$。

再如，$38476\times9=(3-0,8-3,4-8,7-4,6-7,0-6)=35\overline{43}\,\overline{1}\,6=346284$。

乘数为 99 的乘法也可以转化为减法运算。

例如，$1234\times99=1234\times(100-1)=123400-1234=(1,2,3-1,4-2,0-3,0-4)$。我们看到，在被乘数 1234 的前后各补两个 0，然后用 00123400 的后一位减去前面隔一位的数即可，即 $1234\times99=(1-0,2-0,3-1,4-2,0-3,0-4)=(1,2,2,2,-3,-4)=122166$。

再如，$89463 \times 99 = (8-0, 9-0, 4-8, 6-9, 3-4, 0-6, 0-3) = 894\overline{3}\,\overline{1}\,\overline{6}\,\overline{3} = 8856837$。

乘数为 999 的乘法也可以转化为减法运算。在被乘数的前后各补充 3 个 0，然后用各位减去前面隔两位的数即可。

一般地，乘以 $\underbrace{9\cdots 9}_{n}$ 时，在被乘数的前后各补充 n 个 0，然后用各位减去前面隔 $n-1$ 位的数即可。

下面看乘数为 11 的乘法。

乘数为 11 的乘法可以转化为加法运算。

例如，$456 \times 11 = 456 \times (10+1) = 4560 + 456 = (4, 5+4, 6+5, 0+6)$。我们看到，在被乘数 456 的前后各补充一个 0，得到 04560，然后将每相邻的两位数相加即可，即 $456 \times 11 = (0+4, 4+5, 5+6, 6+0) = (4, 9, 11, 6) = (4, 10, 1, 6) = 5016$。

再如，$5893 \times 11 = (0+5, 5+8, 8+9, 9+3, 3+0) = (5, 13, 17, 12, 3) = 64823$。

乘数为 111 的乘法也可以转化为加法运算。

例如，$4567 \times 111 = 4567 \times (100+10+1) = 456700 + 45670 + 4567 = (4, 5+4, 6+5+4, 7+6+5, 0+7+6, 0+0+7)$。我们看到，在被乘数 4567 的前后各补充两个 0，得到 00456700，然后将每相邻的 3 位数相加即可，即 $4567 \times 111 = (0+0+4, 0+4+5, 4+5+6, 5+6+7, 6+7+0, 7+0+0) = (4, 9, 15, 18, 13, 7) = (4, 10, 6, 9, 3, 7) = 506937$。

一般地，乘以 $\underbrace{1\cdots 1}_{n}$ 时，在被乘数的前后各补充 $n-1$ 个 0，然后每相邻的 n 位相加即可。

若乘数与被乘数都是两位数且个位数都是 5，则乘法比较简单。我们看一个例子，$45 \times 85 = (40+5) \times (80+5) = 40 \times 80 + 5 \times (40+80) + 5 \times 5 = \left(4 \times 8 + \dfrac{4+8}{2}\right) \times 100 + 25$。可见，只需将两个十位数相乘并加上它们的平均数，然后在后面带上 25 即可。

$4 \times 8 + \dfrac{4+8}{2} = 32+6 = 38$，因此 $45 \times 85 = 3825$。

如果两个十位数一奇一偶，那么它们的平均数就是小数，小数点后一位是 5。例如，$45 \times 75 = \left(4 \times 7 + \dfrac{4+7}{2}\right) \times 100 + 25 = (28+5.5) \times 100 + 25 = 3375$。因此，乘积的最后两位是 75 而不再是 25。

归纳一下，个位数等于 5 的两个两位数相乘时，只需将十位数相乘并加上它们的平均数取整后的结果，后面带上 25；平均数是小数时将 25 改成 75。

下面考虑十位数为 5 的两个两位数的乘积。

例如，$54 \times 58 = (50+4) \times (50+8) = 50 \times 50 + (4+8) \times 50 + 4 \times 8 = \left(5 \times 5 + \dfrac{4+8}{2}\right) \times$ $100 + 4 \times 8$。可见，可以将十位数的乘积 5×5 加上个位数的平均数，然后带上个位数的乘积 32，于是得到 $54 \times 58 = (25+6, 32) = 3132$。

最后看一种情况十分特殊的两位数相乘，其中十位数相同，个位数互补。

例如，$74 \times 76 = (70+4) \times (70+6) = 70 \times 70 + (4+6) \times 70 + 4 \times 6 = 7 \times 7 \times 100 + 7 \times$ $100 + 4 \times 6 = (7 \times 7 + 7) \times 100 + 4 \times 6 = 7 \times (7+1) \times 100 + 4 \times 6$。可见，将十位数 7 加上 1 后与 7 相乘，后面留出两位写个位数的乘积即可。因为 $7 \times (7+1) = 7 \times 8 = 56$，$4 \times 6 = 24$，所以可以直接得到答案：$74 \times 76 = 5624$。

再如，$32 \times 38 = ?$ 注意个位数之和为 $2+8=10$，而 $3 \times 4 = 12$，$2 \times 8 = 16$。因此，$32 \times 38 = 1216$。

归纳一下，如果两个两位数的个位数互补，十位数相同，那么它们的乘积很容易得到，将十位数加上 1 再乘以它自身，后面带上个位数的乘积即可。

2. 标准数用于乘法速算

可以选取适当的数作为标准数。一个数与标准数的差称为其增量。例如，若选取 10 为标准数，则 9 的增量为 $9-10=-1$；若选取 100 为标准数，则 102 的增量为 $102-100=2$。可以利用标准数进行乘法的速算，其原理是一个数与另一个数的标准数的乘积相对简单，第一个数与第二个数的增量的乘积较容易计算。

对于靠近 10 的方幂的数的乘法，通常选取 10 的方幂为标准数。请看如下例题。

【例 1】$97 \times 998 = 97 \times (1000-2) = 97 \times 1000 - 2 \times 97 = 97 \times 1000 - 2 \times (100-3)$ $= 97 \times 1000 - 2 \times 100 + 2 \times 3 = 96806$。

上述例子表明，与标准数较为接近的两个数的乘法可以借助标准数与增量进行计算。被乘数与乘数中的一个取原数，另一个取增量，分别乘以与另一个数最为接近的标准数，这两个积相加，然后加上两个增量的乘积。

再看几个例子。

【例 2】 $102\times96 = 102\times100 - 4\times100 + 2\times(-4) = (102 - 4)\times100 - 8 = 9800 - 8 = 9792$。
也可以这样计算： $102\times96 = 2\times100 + 96\times100 + 2\times(-4) = (96 + 2)\times100 - 8 = 9800 - 8 = 9792$。

【例 3】 $92\times93 = 92\times100 - 7\times100 + (-8)\times(-7) = (92 - 7)\times100 + 8\times7 = 8500 + 56 = 8556$。

也可以取其他的数作为标准数，下例中所用的标准数是 60。

【例 4】 $61\times62 = 61\times60 + 2\times60 + 1\times2 = (61 + 2)\times60 + 1\times2 = 63\times60 + 1\times2 = 3780 + 2 = 3782$。

3. 乘法速算基本公式

给定两个三位数 (A,B,C) 与 (a,b,c)，可以模仿普通的乘法竖式来计算它们的乘积。

			A	B	C
		$\times$	a	b	c
			$A\times c$	$B\times c$	$C\times c$
	$A\times b$	$B\times b$	$C\times b$		
$A\times a$	$B\times a$	$C\times a$			
$A\times a$	U	V	W	$C\times c$	

其中，$U = A\times b + B\times a$，是被乘数和乘数中的百位数、十位数的交叉乘积之和；$V = A\times c + B\times b + C\times a$，是被乘数和乘数中的百位数、十位数、个位数的交叉乘积之和；$W = B\times c + C\times b$，是被乘数和乘数中的十位数、个位数的交叉乘积之和。

可见，$(A,B,C)\times(a,b,c) = (A\times a, A\times b + B\times a, A\times c + B\times b + C\times a, B\times c + C\times b, C\times c)$。像这样的公式就是乘法速算基本公式。该公式表明：为了口算多位数的乘积，头乘头，尾乘尾，中间依次是交叉乘积之和。

可以用乘法速算基本公式计算任意两个多位数的乘积。

【例 1】 $211\times322 = (2\times3, 2\times2 + 1\times3, 2\times2 + 1\times2 + 1\times3, 1\times2 + 1\times2, 1\times2) = (6,7,9,4,2) = 67942$。

【例 2】 $68\times59 = (6\times5, 6\times9 + 8\times5, 8\times9) = (30,94,72) = (39,4,72) = (39,11,2) = (40,1,2) = 4012$。

比较上述两个例题，我们看到，只有当交叉乘积之和都比较小的时候，乘法速算基本公式用起来才方便。因此，我们有必要研究进位的规律以及其他速算方法。在乘法速算基本公式的基础上，可以发展出史丰收速算法，还可以发展出剪刀积方法与梅花积方法。

4. 负数用于乘法速算

可以在多位数的数位上使用负数，这往往可以简化乘法运算。

【例 1】$46 \times 29 = 46 \times 3\bar{1} = (4 \times 3, 6 \times 3 + 4 \times \bar{1}, 6 \times \bar{1}) = (12, 18 - 4, -6) = (12, 14, -6) = (13, 3, 4) = 1334$。

【例 2】$38 \times 79 = 4\bar{2} \times 8\bar{1} = (4 \times 8, 4 \times \bar{1} + \bar{2} \times 8, \bar{2} \times \bar{1}) = (32, -20, 2) = (30, 0, 2) = 3002$。

【例 3】$237 \times 89 = 237 \times 1\bar{1}\bar{1} = 23700 - 2370 - 237 = (2, 3 - 2, 7 - 3 - 2, 0 - 7 - 3, 0 - 0 - 7) = (2, 1, 2, -10, -7) = (2, 1, 2, -11, 3) = (2, 1, 0, 9, 3) = 21093$。

【例 4】$2939 \times 47 = 3\bar{1}4\bar{1} \times 47 = (3 \times 4, 3 \times 7 + \bar{1} \times 4, \bar{1} \times 7 + 4 \times 4, 4 \times 7 + \bar{1} \times 4, \bar{1} \times 7) = (12, 17, 9, 24, -7) = (13, 7, 11, 3, 3) = (13, 8, 1, 3, 3) = 138133$。

当然，也可以在普通乘法竖式中使用负数。

例如，$789 \times 191 = ?$ 在 191 的十位上使用负数，我们得到 $191 = 2\bar{1}1$。下面用普通的乘法竖式进行计算，不同之处仅仅在于其中有负数。

$$
\begin{array}{r}
7\ \ 8\ \ 9 \\
\times\quad 2\ \ \bar{1}\ \ 1 \\
\hline
7\ \ 8\ \ 9 \\
\bar{7}\ \ \bar{8}\ \ \bar{9} \\
1\ \ 5\ \ 7\ \ 8 \\
\hline
1\ \ 5\ \ 0\ \ 7\ \ \bar{1}\ \ 9 \\
\end{array}
$$

可见，$789 \times 191 = 1507\bar{1}9 = 150699$。

5. 乘法的梅花积方法

为了化简交叉乘积之和，我们引入梅花积的概念。采用梅花积方法，可以轻松口算任意两个多位数的乘除法。

对于两个数字，如果其乘积的个位数超过 3，就进位，此时十位数增加 1，个位数减去 10 而成为一个负数；如果其乘积的个位数不超过 3，就无须进位，十位数与个位数均不变动。按照这样的规则，所得到的个位数叫作给定的两个数字的梅花积，而相应的十位数叫作梅花积进位。

例如，$3 \times 7 = 21$，个位数等于 1，无须进位，因此 3 与 7 的梅花积是 1，而梅花积进位是 2；$4 \times 7 = 28 = 3\overline{2}$，个位数等于 8，超过 3，需要进位，进位后十位数增加 1 而变成 3，而个位数减去 10 变成 –2，因此 4 与 7 的梅花积是 –2，而梅花积进位是 3。类似地，因为 $8 \times 8 = 64 = 7\overline{6}$，所以 8 与 8 的梅花积是 –6，而梅花积进位是 7；因为 $5 \times 8 = 40$，所以 5 与 8 的梅花积是 0，而梅花积进位是 4；因为 $1 \times 2 = 2$，所以 1 与 2 的梅花积是 2，而梅花积进位是 0；因为 $2 \times 2 = 4 = 1\overline{6}$，所以 2 与 2 的梅花积是 $\overline{6}$，而梅花积进位是 1。

a 与 b 的梅花积记为 $a \otimes b$，梅花积进位记为 $J(a \otimes b)$。因此，根据上述定义得到 $a \times b = (J(a \otimes b), a \otimes b)$。

在使用乘法速算基本公式的时候，将交叉乘积之和中所有数对的乘积都转化成梅花积，并加上下一个数位上的梅花积进位，这就是乘法的梅花积方法。请看下列例题。

【例 1】$64 \times 89 = (6 \times 8, 6 \times 9 + 4 \times 8, 4 \times 9) = (6 \times 8 + J(6 \otimes 9) + J(4 \otimes 8), 6 \otimes 9 + 4 \otimes 8, 4 \times 9) = (48 + 6 + 3, -6 + 2, 36) = (57, -1, 6) = (56, 9, 6) = 5696$。

【例 2】$357 \times 526 = (3 \times 5, 3 \times 2 + 5 \times 5, 3 \times 6 + 5 \times 2 + 7 \times 5, 5 \times 6 + 7 \times 2, 7 \times 6) = (3 \times 5 + J(3 \otimes 2) + J(5 \otimes 5), 3 \otimes 2 + 5 \otimes 5 + J(3 \otimes 6) + J(5 \otimes 2) + J(7 \otimes 5), 3 \otimes 6 + 5 \otimes 2 + 7 \otimes 5 + J(5 \otimes 6) + J(7 \otimes 2), 5 \otimes 6 + 7 \otimes 2, 7 \times 6) = (15 + 1 + 3, -4 - 5 + 2 + 1 + 4, -2 + 0 - 5 + 3 + 2, 0 - 6, 42) = (19, -2, -2, -6, 42) = (18, 7, 7, 4, 42) = (18, 7, 7, 8, 2) = 187782$。

注意：熟悉了梅花积的概念与乘法速算基本公式，上述运算过程完全可以在内心完成。如果能够快速计算梅花积进位，就能够进一步提高乘法口算的速度。

其实，梅花积进位也是有规律可循的，这里涉及两个概念，其中一个叫作"三七同邻"，另一个叫作"隔三差五"。

我们说两个数是三七同邻的，是指它们都介于 3 与 7 之间，且相同或者相邻，即它们至多相差 1，如 3 与 3，3 与 4，4 与 4，7 与 7，等等。对于三七同邻的两个数，它们的梅花积进位等于二者中的较小者减去 2。例如，$J(3 \otimes 4) = 3 - 2 = 1$，$J(7 \otimes 7) = 7 - 2 = 5$。

我们说两个数是隔三差五的，是指它们的差距至少是 5，而当二者中有一个数等于 1 或者 9 时，只要求它们的差距至少为 3，如 2 与 7，2 与 8，3 与 8，1 与 4，1 与 5，6 与 9，5 与 9，等等。对于隔三差五的两个数，它们的梅花积进位等于二者中的较小者。例如，$J(2 \otimes 7) = 2$，$J(6 \otimes 9) = 6$。

除了上述两种情况外，梅花积进位均等于较小者减去 1。例如，$J(5 \otimes 7) = 5 - 1 = 4$，$J(8 \otimes 9) = 8 - 1 = 7$。

总之，梅花积进位等于较小者减去 0，1 或 2。熟悉了这种进位规律，就能够极大地提高用梅花积方法进行乘法口算的速度。

第 8 节　实用除法速算方法*

除法也有许多速算方法，这里介绍一些较为简单、实用的方法。

1. 负数用于除法

负数不仅可以用于乘法，也可以用于除法。

将负数用于除法运算时，就是在普通的除法竖式的基础上，允许其中出现负数，包括在除数与商中使用负数。

【例 1】$2204 \div 29 = 2204 \div 3\overline{1} = 76$，计算过程如下：

$$
\begin{array}{r}
76 \\
3\overline{1}\,)\overline{2204} \\
21\overline{7} \\
\hline
174 \\
18\overline{6} \\
\hline
0
\end{array}
$$

【例 2】$2204 \div 76 = 3\overline{1} = 29$，计算过程如下：

$$\begin{array}{r} 3\bar{1} \\ 76\overline{\smash{)}2204} \\ 228 \\ \hline \bar{8}4 \\ \bar{7}\bar{6} \\ \hline 0 \end{array}$$

【**例 3**】$160128 \div 192 = 160128 \div 2\,\overline{1}2 = 834$，计算过程如下：

$$\begin{array}{r} 834 \\ 2\overline{1}2\,\overline{\smash{)}160128} \\ 16\bar{7}6 \\ \hline 752 \\ 6\bar{3}6 \\ \hline 1\bar{2}48 \\ 848 \\ \hline 0 \end{array}$$

2.　一些特殊的除数

有些除数的除法十分有趣，这些特殊的除数包括 9，99，999，11，111，37 等。

【**例 1**】$2367 \div 9 = 2367 \div 1\bar{1}$，带有负数的除法运算如下：

$$\begin{array}{r} 25\overset{+}{2} \\ 1\bar{1}\overline{\smash{)}2367} \\ 2\bar{2} \\ \hline 56 \\ 5\bar{5} \\ \hline 11 \\ 9 \\ \hline 27 \\ 2\bar{2} \\ \hline 9 \\ 9 \\ \hline 0 \end{array}$$

我们看到这里的除法实际上变成了被乘数相邻两位的加法： $02367 \xrightarrow{0+2=2} 2367 \xrightarrow{2+3=5} 567 \xrightarrow{5+6=11} (11,7) \xrightarrow{11-9=2} 27 \xrightarrow{2+7=9} 9 \xrightarrow{9-9=0} 0$ 。

当该加法的和等于 9 或超过 9 时，需要将商追加 1，如 $\overset{+}{5} = 5+1 = 6$ ，$\overset{+}{2} = 2+1 = 3$ 。因此，上述商为： $2\overset{+}{5}\overset{+}{2} \rightarrow 263$ ，即 $2367 \div 9 = 263$ 。

分析上述计算过程，我们得到除数为 9 时的口算方法：从被除数的最左边开始，商就是当前位，然后将当前位加到后一位上，所得到的和作为暂时的余数，但如果该和等于 9 或超过 9，就必须减去 9，并将当前的商追加 1。简言之，除以 9，邻位加，满 9 追加 1。

比如，在刚才的例子中，$2367 \div 9 \rightarrow 0+2 = 2$ ，$2+3 = 5$ ，$5+6-9 = 2$ （商要追加 1），$2+7-9 = 0$ （商要追加 1），余数是 0，商是 $2\overset{+}{5}\overset{+}{2}$ 。

【例 2】 $12345 \div 9 \rightarrow 0+1 = 1$, $1+2 = 3$, $3+3 = 6$, $6+4-9 = 1$ （商要追加 1），$1+5 = 6$ ，因此 $12345 \div 9 = 13\overset{+}{6}1 = 1371 \cdots\cdots 6$ 。

用类似的方法研究除数为 99 时的除法，得到除以 99 的口算方法：除以 99，隔位加，满 99 追加 1。

【例 3】 $12345 \div 99 = ?$ 口算如下： $12345 \xrightarrow{1+3=4} 2445 \xrightarrow{2+4=6} 465 \xrightarrow{4+5=9} 69$ 。因此，$12345 \div 99 = 124 \cdots\cdots 69$ 。

用允许使用负数的除法，还可以得到除以 11 和 111 的计算方法：除以 11，各位减去前一位，满 11 时商追加 1；除以 111，每相邻的两位分别减去它们的前一位，满 111 时商追加 1。

【例 4】 $836 \div 11 = ?$ 口算如下： $8-0 = 8$, $3-8 = -5$, $6-(-5)-11 = 0$ （商追加 1），商是 $(8, -5+1) = (8, -4) = 76$ ，余数是 0。因此，$836 \div 11 = 76$ 。

【例 5】 $79886 \div 111 = ?$ 口算时用（左数）第二、三位分别减去第一位，以此类推，即 $79886 \rightarrow 2186 \rightarrow \overline{1}66 \rightarrow 77$ ，商是 $72\overline{1} = 719$ ，余数是 77。因此，$79886 \div 111 = 719 \cdots\cdots 77$ 。

用允许使用负数的除法，还可以得到除以 89 的计算规律。注意，$89 = 1\overline{1}\,\overline{1}$ 。除以 89，将被除数的每一位数加到其后两位上，满 89 时商追加 1。

【例 6】 $2418 \div 89 = ?$ 口算时用（左数）第二、三位分别加上第一位，以此类推，

即 $2418 \to 638 \to (9,14)-89=15$ （商 6 追加 1），商是 $2\overset{+}{6}=27$ ，余数是 15 。因此，
$2418 \div 89 = 27 \cdots\cdots 15$ 。

3. 除法的梅花积方法

将梅花积的概念用于除法速算，就得到除法的梅花积方法。该方法大致是乘法运算的逆过程，但是有一定的特殊技巧。

除法的梅花积方法，其计算模仿普通的竖式除法，但是有一些独特之处。从原理上讲，被除数要减去除数与商的乘积，因此应该减去该乘积所对应的所有梅花积以及所有的梅花积进位才行。然而，商是逐位得到的，当商的某一位还不明确时，其所对应的梅花积与梅花积进位就暂时无法算出。因此，我们应区分出含商部分梅花积与缺商部分梅花积。用它们去减各自当前的被除数，就得到两个临时的差，而商的下一位就在这两个差的中间。

【例】$328475 \div 789 = ?$ 我们用除法的梅花积方法，列出以下完整的竖式。

$$
\begin{array}{r}
416 \\
789\overline{)328475} \\
\underline{31} \\
18 \\
\underline{6} \\
12 \\
\underline{8} \\
44 \\
\underline{\overline{5}} \\
49 \\
\underline{47} \\
27 \\
\underline{3} \\
245 \\
\underline{\overline{6}} \\
251
\end{array}
$$

因此，$328475 \div 789 = 416 \cdots\cdots 251$。

下面我们做一些解释。

我们看到，商的最高位与被除数的最高位对齐，该例中商的最高位是 0，省略。
商的个位数相对于被除数的个位数要往左移动，移动的位数恰好等于除数的位数减
去 1。除数 789 是三位数，因此商往左移动了两位。

被除数的最高位 3 小于除数的最高位 7，因此商 0，省略。被除数的前两位是
32，它除以 7 商 4。接着计算含有商 4 的部分梅花积，$4 \times 7 + J(4 \otimes 8) = 28 + 3 = 31$。
注意，这里的 4×7 是普通乘积，它实际上等于 $(J(4 \otimes 7), 4 \otimes 7)$。也就是说，在含商
部分梅花积中，该位商与除数的最高位直接采用普通乘积。然后求差，$32 - 31 = 1$，
见下式。

$$
\begin{array}{r}
4 \\
789{\overline{)328475}} \\
31 \\
\hline
1
\end{array}
$$

将被除数的下一位数 8 拖下来，得到 18。不要急着求下一位（十位上）的商。
由于暂时缺少商的十位数，我们计算该位置的缺商部分梅花积：$4 \otimes 8 + J(4 \otimes 9) =$
$2 + 4 = 6$。作差：$18 - 6 = 12$, 见下式。

$$
\begin{array}{r}
4 \\
789{\overline{)328475}} \\
31 \\
\hline
18 \\
6 \\
\hline
12
\end{array}
$$

现在可以得到十位上的商 1，并计算含该商的部分梅花积：$1 \times 7 + J(1 \otimes 8) =$
$7 + 1 = 8$。作差：$12 - 8 = 4$，见下式。

$$
\begin{array}{r}
41 \\
789 \overline{)328475} \\
31 \\
\overline{18} \\
6 \\
\overline{12} \\
8 \\
\overline{4}
\end{array}
$$

将被除数的下一位数 4 拖下来，得到 44。不要急着求下一位（个位上）的商。由于暂时缺少商的个位数，我们计算该位置的缺商部分梅花积：$1 \otimes 8 + 4 \otimes 9 + J(1 \otimes 9) = -2 - 4 + 1 = -5$。作差：$44 - (-5) = 49$，见下式。

$$
\begin{array}{r}
41 \\
789 \overline{)328475} \\
31 \\
\overline{18} \\
6 \\
\overline{12} \\
8 \\
\overline{44} \\
5 \\
\overline{49}
\end{array}
$$

用 49 除以除数的首位 7，商为 6，注意商不是 7！商往往比普通除法的商要小一点，这是因为后面还有进位项要考虑进来。此时的含商部分梅花积为 $6 \times 7 + J(6 \otimes 8) = 42 + 5 = 47$。作差：$49 - 47 = 2$，见下式。

$$
\begin{array}{r}
416 \\
789\overline{)328475} \\
31 \\
\overline{18} \\
6 \\
\overline{12} \\
8 \\
\overline{44} \\
\overline{5} \\
\overline{49} \\
47 \\
\overline{2}
\end{array}
$$

由于商的个位数已经得出，因此接下来只需计算缺商部分梅花积。

将被除数的十位数 7 拖下来，得到 27。对应于被除数十位数的缺商部分梅花积为 $6\otimes8+1\otimes9+J(6\otimes9)=-2-1+6=3$。作差：$27-3=24$，见下式中的最后三行。

$$
\begin{array}{r}
416 \\
789\overline{)328475} \\
31 \\
\overline{18} \\
6 \\
\overline{12} \\
8 \\
\overline{44} \\
\overline{5} \\
\overline{49} \\
47 \\
\overline{27} \\
3 \\
\overline{24}
\end{array}
$$

将被除数的个位数 5 拖下来，得到 245。对应于被除数个位数的缺商部分梅花

积为 $6 \otimes 9 = -6$。作差：$245 - (-6) = 251$，见前面的完整竖式中的最后三行。其中最后一行 251 就是所求的余数，而所得的商就是最上面的一行 416。

注意，上述计算过程完全可以在心里完成，并不需要动笔。梅花积除法是非常有效的心算方法。当不需要计算余数的时候，一旦得到商的个位数即可停止计算，这样可以省略大约一半的计算步骤。

第3章 ▶▶▶
代数学习有殊方

代数是数学的重要支柱，也是中学数学的主要知识模块之一。首先是数系的扩展，这是中学数学的一个重要特点。为了认识实数，要特别着重理解有理数的概念。有了代数符号以后，就可以进行各种代数运算，并研究其中的一些规律。这就要涉及一些重要的代数式、因式分解等内容。由代数式可以建立方程以及各种不等式，如何求解它们则是代数最为主要的任务，也一直是推动代数发展的动力。最后，我们通过一些例题讲解代数解题思路。

第1节 从一个几何问题看代数符号的威力

什么叫作代数？简单地讲，代数就是用符号代表数。一旦如此，我们就可以像对数字进行运算一样来操作符号。这是一个抽象的过程，也是数学思维的一个巨大飞跃。刚刚踏入中学校门的孩子应该明白，实现这个飞跃对于学好中学数学特别重要。下面通过一个简单的几何问题来看看代数符号的威力。

1. 问题以及代数符号的引入

如下图所示，以直角三角形的两条直角边为直径作两个圆，这两条直角边分别为 4 和 6，求阴影部分的面积。

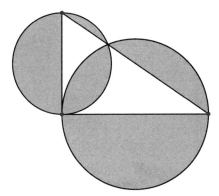

注意，整个图形可以被分割成互不重叠的 7 个区域，我们将它们分别标记为 a，b，c，d，e，f，g，同时也用这些记号表示相应区域的面积，如下图所示。这是重要的一步，我们用符号代表了数。

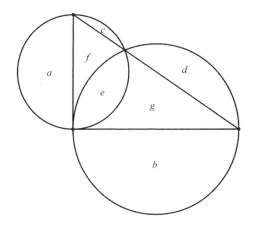

2. 代数计算与问题的解决

为了计算阴影部分的面积，现在分别考察图中的两个圆与直角三角形的组成。

每个圆由 4 个小区域组成，其中小圆由 a，f，c，e 组成，大圆由 e，g，b，d 组成。因此，小圆的面积 S_1 等于 $a+f+c+e$，而大圆的面积 S_2 等于 $e+g+b+d$。于是，大、小圆的面积之和为 $S_1+S_2=(a+f+c+e)+(e+g+b+d)$。由于数的加法

运算满足交换律与结合律，我们可以对上述表达式进行恒等变形，从而得到

$$S_1 + S_2 = (a+b+c+d+e) + (e+f+g)。 \tag{1}$$

直角三角形由 e, f, g 三个小区域组成。因此，直角三角形的面积 S_3 等于这三个小区域的面积之和。

$$S_3 = e+f+g。 \tag{2}$$

注意，式（2）的右边恰好等于式（1）右边的后一部分。现在用式（1）减去式（2），得到 $S_1 + S_2 - S_3 = a+b+c+d+e$，这恰好就是图中阴影部分的面积。

以上分析告诉我们，所要求的阴影部分的面积为两个圆的面积之和减去直角三角形的面积。两个圆的直径分别等于直角三角形的两条直角边 4 和 6，因此它们的半径分别等于 2 和 3，面积分别等于 4π 和 9π。由于直角三角形的两条直角边分别为 4 和 6，因此直角三角形的面积为 12。于是，所要求的阴影部分的面积为 $13\pi - 12$。问题解决了！

用常规的思路直接解决这个问题有相当大的难度，这是因为除了两个半圆的面积容易计算外，其余三个阴影部分（包括两个圆的公共部分与两个弓形）的面积都不太容易计算。然而，通过引入代数记号并做简单的代数运算，我们比较容易地求出了图中阴影部分的总面积。这充分说明了代数符号的威力。

第 2 节　绝对值的概念不绝对

理解绝对值的方法不是绝对的，而是多种多样的，关键是要抓住这个概念与代数、几何乃至生活等的联系。

1. 绝对值的概念

绝对值的概念似乎不难掌握，但是要很好地理解它需要一些方法。我们先看其符号化的定义。任何一个实数 a 的绝对值记为 $|a|$，定义如下：

$$|a| = \begin{cases} a, & \text{当} a \geqslant 0 \text{时；} \\ -a, & \text{当} a < 0 \text{时。} \end{cases} \tag{1}$$

理解该定义的第一步是看几个特例。例如，|2|= 2，|–2|= –(–2) = 2，|0|= 0。我们可以将上述数学定义翻译成日常语言：任何一个非负数的绝对值等于这个数本身，而任何一个负数的绝对值等于其相反数（因此实际上是一个正数）。可见，绝对值始终是非负的，一个数的绝对值就是忽略符号后其数值的大小。比如，无论是+2 还是–2，去掉前面的符号 "+" 与 "–"，得到的都是 2，也就是说+2 和–2 的绝对值都是 2。0 = +0 = –0，去掉其前面的符号 "+" 与 "–"，得到的都是 0，也就是说 0 的绝对值就是 0。如果说数的符号（正号或负号）是相对的，那么忽略了符号的数值就是绝对的数值，故名为绝对值。有了这样的认识之后，对于 "绝对值" 这个名词，我们完全可以顾名思义。

既然绝对值与数的符号无关，那么$|a|=|-a|$始终成立，也就是说数轴上关于原点对称的点的绝对值是相等的。但是，要注意若$|a|=|b|$，则不能保证$a = b$，而只能得到$a = \pm b$。

2. 实例

现实生活中的一些例子可以帮助我们理解绝对值的概念。比如，零上 3 摄氏度与零下 3 摄氏度的绝对值都是 3 摄氏度；向东走 100 米与向西走 100 米，所走的路程的绝对值都是 100 米；绕圆周旋转 45°，无论是顺时针方向还是逆时针方向，所转过的角度的绝对值都是 45°；某同学的期末成绩与期中成绩相比，无论是提高了 10 分还是降低了 10 分，成绩变化幅度的绝对值都是 10 分。

又如，一个小孩在一个台阶上玩耍，从某一级台阶开始向上爬了 4 级台阶，接着又向下爬了 2 级台阶，然后向上爬了 3 级台阶，又向上爬了 1 级台阶，再向下爬了 2 级台阶，又向下爬了 1 级台阶。问他最后处于哪一级台阶？又问他一共爬了多少级台阶？

若以初始位置为原点，规定向上为正，向下为负，则他目前所处的位置是

$$4+(-2)+3+1+(-2)+(-1) = 3 \text{（级）},$$

即比初始位置高出 3 级台阶。如果把上述加数都改写成绝对值，则有

$$|4|+|-2|+|3|+|1|+|-2|+|-1|$$

$$=4+2+3+1+2+1=13。$$

13 就是他所爬台阶的总级数。

3. 几何意义

为了更深入地理解绝对值的概念，我们可以借助几何方法。

任何一个数都可以表示为给定数轴上的一个点。比如，0 对应于坐标原点，而 +2 对应的是在数轴正方向上离原点 2 个单位的点，而-2 对应的则是在数轴负方向上离原点 2 个单位的点。我们看到，每个点到原点的距离恰好就是其绝对值。换言之，任何一个数的绝对值在数轴上恰好代表这个数到原点的距离。

现在考虑两个数之差的绝对值 $|a-b|$ 的几何意义。$a-b$ 代表数 a 和 b 之差，而这个差可能为 0，也可能为正数，还可能为负数。如果忽略符号，那么从该差出发，我们就得到了数轴上的点 a 和 b 之间的距离。然而，$a-b$ 忽略了符号后不正是其绝对值吗？因此，$|a-b|$ 表示数轴上的点 a 和 b 之间的距离。两个点之间的距离具有对称性，也就是说点 a 和 b 之间的距离与点 b 和 a 之间的距离是相等的。因此，$|a-b|=|b-a|$。绝对值与距离的关系，是将来在数学上进一步推广距离概念的基础。这样的思考极大地加深了我们对绝对值概念的理解，为我们应用绝对值解决具体问题打下了良好的基础。请看下面的例题。

【例】设 x 是任意实数，求 $|x-1|+|x-2|$ 的最小值。

解题思路：对于这个问题，我们当然可以用分类讨论的方法进行代数计算。但是，借助绝对值的几何意义，可以有如下更简单的解法。在数轴上，$|x-1|$ 代表点 x 到点 1 的距离，而 $|x-2|$ 则代表点 x 到点 2 的距离，因此 $|x-1|+|x-2|$ 恰好代表点 x 到点 1 与点 2 的距离之和。显然，当点 x 介于点 1 和点 2 之间或者与点 1 或点 2 重合时，其距离之和取最小值，这个最小值等于点 1 和点 2 之间的距离 1。问题得到了完美解答。

4. 绝对值与乘法的关系

容易看到，绝对值与乘法的关系是和谐的，即两个数乘积的绝对值等于它们的绝对值的乘积。

$$|a \times b| = |a| \times |b|。 \tag{1}$$

用归纳法，容易得到：多个数乘积的绝对值也等于这些数的绝对值的乘积。

$$|a_1 \times a_2 \times \cdots \times a_n| = |a_1| \times |a_2| \times \cdots \times |a_n|。 \tag{2}$$

由于乘方运算是乘法的特殊情况，因此乘方的绝对值等于绝对值的乘方。

$$|a^n| = |a|^n。 \tag{3}$$

不过要注意的是，这里的指数 n 可以推广到负数的情形，但是此时指数不能取绝对值。例如，$|3^{-2}| \neq 3^2$。

5. 绝对值与减法的关系

根据和谐的思想，我们自然地提出一个问题：差的绝对值是否等于绝对值的差？也就是说，我们需要探究如下公式的正确性：

$$|a - b| = |a| - |b|。 \tag{4}$$

因为公式（4）的左边是非负的，而右边可能为负数，因此该公式显然不正确。我们会进一步追问，公式（4）在什么时候成立呢？根据刚才所言，首先需要保证 $|a| \geqslant |b|$。其次，若取 $a = 1$，$b = -1$，则 $|a - b| = |1 - (-1)| = 2$，而 $|a| - |b| = 1 - 1 = 0$，可见公式（4）仍然不成立。这给我们的启示是 a 和 b 不能异号（即它们不可以一个为正而另一个为负）。因此，我们得到如下结论：当且仅当 a 和 b 不异号且 $|a| \geqslant |b|$ 时，公式（4）成立。

由于 $|a - b|$ 表示数轴上的点 a 和 b 之间的距离，因此我们得到如下不等式：

$$|a - b| \geqslant |a| - |b|。 \tag{5}$$

6. 绝对值与加法的关系

类似地，考虑绝对值与加法的关系，得到下列不等式恒成立：

$$|a+b| \leqslant |a|+|b| \text{。} \tag{6}$$

此外，当且仅当 a 和 b 不异号时，下列公式成立：

$$|a+b| = |a|+|b| \text{。} \tag{7}$$

由于 $(a-b)+b=a$，容易看出公式（6）与公式（5）实际上是等价的。公式（6）意味着两个数之和的绝对值不超过这两个数的绝对值的和。利用归纳法容易证明任意多个数的和的绝对值亦不超过这些数的绝对值的和：

$$|a_1+a_2+\cdots+a_n| \leqslant |a_1|+|a_2|+\cdots+|a_n| \text{。} \tag{8}$$

将公式（6）中的 a 和 b 分别替换成 $a-b$ 和 $b-c$，则可得到

$$|a-c| \leqslant |a-b|+|b-c| \text{。} \tag{9}$$

结合前面介绍的距离的概念，公式（9）的几何意义是：数轴上的点 a 和 b 之间的距离与点 b 和 c 之间的距离之和不小于点 a 和 c 之间的距离。该几何规律推广到平面上就是三角形的两边之和大于第三边。

7. 绝对值与根式的关系

一个数的平方的算术平方根恰好等于该数的绝对值，即

$$\sqrt{a^2} = |a| \text{，} \tag{10}$$

这是因为算术平方根与绝对值都是非负的。例如，$\sqrt{(-3)^2} = |-3| = 3$。

8. 绝对值与二次函数的关系

采用联系法，我们还可以将绝对值的概念与一元二次函数联系起来。请看下列例题。

【例】假设 $|x^2-4x+3| = m$ 恰有 4 个根，求实数 m 的取值范围。

解题思路：一元二次函数 $y = x^2-4x+3 = (x-1)(x-3)$ 的图像是一条开口朝上的抛物线，其顶点为 $(2,-1)$，与 x 轴的两个交点为 $(1,0)$ 和 $(3,0)$。让绝对值出场，我们考虑 $y = |x^2-4x+3| = |(x-1)(x-3)|$，其图像是将原抛物线位于 x 轴下方的部分做关于 x 轴的对称变换而其余部分保持不变所得到的，参见下图。注意这里的对称性。

经计算可得，$|f(2)|=1$。由下图不难看出，m 的取值范围是：$0<m<1$。

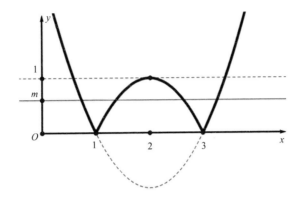

第 3 节 有理数与无理数

数学从它产生的时候起就与测量问题密切相关。对于两个不同的几何对象，我们问它们可以公度吗？这就是说是否（在理论上）存在某种标准的尺度，使得两个量都能够被精确测量？当然有一些可以公度的量，比如正方形的边长与周长、三角形的底边与中位线。但是，也有一些不可公度的量，比如正方形的边长与对角线、圆的周长与直径。对于这些问题，我们稍后会进一步加以说明。无论如何，是否可以公度导致了有理数与无理数概念的出现。粗略地讲，两个可以公度的量之比就是有理数，两个不可公度的量之比就是无理数。

1. 有理数与无限循环小数

严格地说，可以写成两个整数之比的数叫作有理数，否则就叫作无理数。

任意一个无限循环小数都可以采用简单记法，比如 $a = 0.123412341234\cdots$ 可以简记为 $0.\dot{1}23\dot{4}$。将它乘以 10000，可以得到 $10000a = 1234.12341234\cdots$。将这里的两个等式相减，得到 $9999a = 1234$。因此，$a = \dfrac{1234}{9999}$。

一个有限小数当然是有理数。例如，$0.1234 = \dfrac{1234}{10000}$。

可见，有限小数和无限循环小数都是有理数。

反过来，任意给定一个有理数 $\dfrac{m}{n}$。不妨假设 m 和 n 都是正整数且 $n>1$。为了将该有理数表示成小数，可以采用 m 对于 n 的普通除法竖式。每商一位后所得的余数一定是 0，1，2，$\cdots$，$n-1$ 之间的一个数。若余数到某一步为 0，则得到有限小数。如果余数永远不为 0，那么在 n 步之内必然出现重复的余数。一旦某两步的余数相同，接下来的余数就会依次与前面的重复，会出现无限循环的情形。可见，有理数一定是有限小数（包括整数）或者无限循环小数。

综上所述，我们得到：一个实数是有理数，当且仅当它是有限小数或者无限循环小数时。

是否存在无限不循环小数呢？也就是说，是否存在无理数呢？答案是肯定的，因为前面已经证明 $\sqrt{2}$ 就是一个无理数。

2. 有理数与连分数

像下面这样的分数中套有分数的数就是所谓的连分数：

$$a_0 + \cfrac{b_1}{a_1 + \cfrac{b_2}{a_2 + \cfrac{b_3}{a_3 + \ddots}}}。$$

如果上述连分数中的所有分子 $b_1 = b_2 = b_3 = \cdots = 1$，$a_0$ 是整数，a_1，a_2，a_3，$\cdots$ 都是正整数，那么它就叫作简单连分数，记为 $[a_0; a_1, a_2, a_3, \cdots]$。

有限长度的简单连分数当然都是有理数，因为整数经过有限次的加减乘除运算后所得到的结果显然都可以化成一个分数，比如

$$1 + \cfrac{1}{2 + \cfrac{1}{3 + \cfrac{1}{4}}}。$$

从最底层开始计算,

$$3 + \frac{1}{4} = \frac{13}{4} \text{。}$$

$\frac{13}{4}$ 倒过来就是 $\frac{4}{13}$。$\frac{4}{13}$ 加上 2,得到

$$2 + \cfrac{1}{3 + \cfrac{1}{4}} = 2 + \frac{4}{13} = \frac{30}{13} \text{。}$$

$\frac{30}{13}$ 倒过来就是 $\frac{13}{30}$。$\frac{13}{30}$ 加上 1,得到

$$1 + \cfrac{1}{2 + \cfrac{1}{3 + \cfrac{1}{4}}} = 1 + \frac{13}{30} = \frac{43}{30} \text{。}$$

可见,

$$1 + \cfrac{1}{2 + \cfrac{1}{3 + \cfrac{1}{4}}} = \frac{43}{30} \text{。}$$

反过来,为了将既约分数 $\frac{43}{30}$ 表示成简单连分数,可以利用辗转除法,就是用分数的分子除以分母后再反复地用除数除以余数,直到所得的余数为 0。

$$43 \div 30 = 1 \cdots\cdots 13 \text{,}$$
$$30 \div 13 = 2 \cdots\cdots 4 \text{,}$$
$$13 \div 4 = 3 \cdots\cdots 1 \text{,}$$
$$4 \div 1 = 4 \cdots\cdots 0 \text{。}$$

由于除法使得余数越来越小,而正整数不可能无限小,因此我们总会在有限步之内得到余数 0。因为在每一次除法中,被除数与除数的公因数都等于除数与余数的公因数,所以有

$$(43,30) = (30,13) = (13,4) = (4,1) = (1,0) = 1 ,$$

这里的所有括号都表示对其中的数对取最大公因数。这表明 43 与 30 的最大公因数等于上述除法系列中最后一个非零的余数。因为既约分数的分子和分母的最大公因数等于 1，所以 1 必然在上述除法的余数系列中出现。

明白了以上道理，上述的辗转除法只需要计算到余数为 1 时就可以停止。接下来，我们根据以上除法算式（除最后一个外）将 $\dfrac{43}{30}$ 逐步改写成连分数：

$$\frac{43}{30} = 1 + \frac{13}{30} = 1 + \frac{1}{\dfrac{30}{13}} = 1 + \frac{1}{2 + \dfrac{4}{13}}$$

$$= 1 + \frac{1}{2 + \dfrac{1}{\dfrac{13}{4}}} = 1 + \frac{1}{2 + \dfrac{1}{3 + \dfrac{1}{4}}} 。$$

这就得到了 $\dfrac{43}{30}$ 的连分数[1; 2, 3, 4]。

在以上计算中，每次除法运算得到一个关于分数的等式，分子为余数，分母为除数，分子比分母小。接下来的要领是取倒数，就又看到一个较大的数除以较小的数了。到了余数 1，就可以结束计算。

以上已经说明，从既约分数开始利用辗转除法总可以在有限步内得到余数 1，因此对应的改写连分数的过程也在有限步内结束，即可以得到该既约分数的有限连分数表示形式。这就证明了任何一个有理数都可以化成有限长度的简单连分数。

综合前面的讨论，我们得到一个重要结论：一个实数是有理数，当且仅当它可以表示成一个有限长度的简单连分数时。

3. 无理数与连分数

根据前述结论立即得知，一个实数是无理数，当且仅当它不可以表示成一个有限长度的简单连分数时。那么无理数是否一定可以表示成简单连分数呢？答案是肯定的，方法还是采用辗转除法和倒数技巧。由于余数不一定是整数，所以计算可以无限地进行下去。无理数所对应的连分数当然不可能是有限的。因此，我们将上述结论改写成：一个实数是无理数，当且仅当它可以表示成一个无限长度的简单连分数时。

下面设法将 $\sqrt{2}$ 改写成连分数。

因为 $(\sqrt{2}+1)(\sqrt{2}-1)=1$，所以，$\sqrt{2}+1$ 与 $\sqrt{2}-1$ 互为倒数。因此，有

$$\sqrt{2}=1+(\sqrt{2}-1)=1+\frac{1}{1+\sqrt{2}}。$$

在两边加上 1，得到

$$1+\sqrt{2}=2+\frac{1}{1+\sqrt{2}}。$$

从 $1+\sqrt{2}$ 又绕回到了 $1+\sqrt{2}$，但是右边出现了一条分数线。将上述表达式反复迭代，我们得到

$$\sqrt{2}=1+\frac{1}{1+\sqrt{2}}=1+\cfrac{1}{2+\cfrac{1}{1+\sqrt{2}}}=1+\cfrac{1}{2+\cfrac{1}{2+\cfrac{1}{1+\sqrt{2}}}}=1+\cfrac{1}{2+\cfrac{1}{2+\cfrac{1}{2+\cfrac{1}{1+\sqrt{2}}}}}。$$

现在我们看到了规律，其中的 2 可以无限重复下去。因此，我们得到

$$\sqrt{2}=1+\cfrac{1}{2+\cfrac{1}{2+\cfrac{1}{2+\cfrac{1}{2+\ddots}}}}。$$

简言之，$\sqrt{2}=[1;2,2,2,\cdots]$。这就是 $\sqrt{2}$ 的简单连分数表示形式。

由于 2 是无限重复的，这是一个无限长的连分数。这再次证明了 $\sqrt{2}$ 是一个无理数。借助连分数，我们还可以证明圆周率 π 是无理数。

4. 正方形与圆中不可公度的量

现在回到本节开头提到的正方形和圆中不可公度的量。

假设一个正方形的边长为 a（个单位）。根据勾股定理，该正方形的对角线为 $\sqrt{a^2 + a^2} = \sqrt{2}a$。因此，对角线与边长之比为 $\sqrt{2}$，这是一个无理数。如果边长 a 为有理数，那么对角线 $\sqrt{2}a$ 是无理数；反过来，如果对角线 $\sqrt{2}a$ 是有理数，那么边长 a 就是无理数。总之，边长与对角线不可能同时为有理数，也就是说它们不可以公度。通俗地讲，无论我们所用的尺子多么精密，都不可能同时精确地测量一个正方形的边长与对角线。

由于所有的圆都是相似的，圆的周长与直径之比是一个常数，这就是圆周率，记为 π。如上所述，这是一个无理数。假设一个圆的直径为 d（个单位），则该圆的周长为 πd。如果直径 d 是一个有理数，那么周长 πd 一定是一个无理数；反过来，如果周长 πd 是一个有理数，那么直径 d 一定是一个无理数。总之，直径与周长不可能同时为有理数，也就是说它们也是不可公度的。通俗地讲，无论我们所用的尺子多么精密，都不可能同时精确地测量一个圆的直径与周长。

5. 有理数无所不在

声音的高低是由频率之比（简称频比）所决定的，而一些简单的有理数的频比恰好对应于一些和谐的音程。比如，频比 $\dfrac{2}{1}$ 对应于八度音程，频比 $\dfrac{3}{2}$ 对应于纯五度音程，频比 $\dfrac{4}{3}$ 对应于纯四度音程，频比 $\dfrac{5}{4}$ 对应于大三度音程，频比 $\dfrac{6}{5}$ 对应于小三度音程，等等。这些音程的和谐度是逐渐降低的。为了获得这些音程，可以分别二等分、三等分、四等分、五等分、六等分弦长。可见，从等分弦长，可以得到不同的有理数，在几何上它们代表长度之比，在音乐上它们代表和谐的音程。

在数轴上，每一个点对应于一个实数，其中哪些点对应于有理数呢？有理数所对应的点可以叫作有理点，无理数所对应的点可以叫作无理点。当然，所有的整数点都是有理点。此外，任意两个相邻的整数点所对应的线段的所有等分点，无论是二等分点、三等分点还是四等分点、五等分点……都是有理点。

任意给定两个有理数，它们的算术平均数一定也是有理数。因此，任意两个有理点的中点一定还是有理点。

任意给定一个有理点 x。令 $y_n = x + \dfrac{1}{n}$，$n = 1$，2，3，$\cdots$，则 y_n 是有理点，而且随着 n 的增大，y_n 越来越接近 x。

任意给定一个无理点 $x = x_0.x_1x_2x_3x_4\cdots$，再任意截取小数点后的 n 位，得到 $y_n = x_0.x_1x_2\cdots x_n$，$n = 1$，$2$，$3$，$\cdots$，则 y_n 是有理点，而且随着 n 的增大，y_n 越来越接近 x。

综上所述，在数轴上任何一个点的附近都有与之任意接近的有理点。简单地说，有理点在数轴上是十分"稠密"的，几乎无所不在。

6. 更多的无理数

除了前面介绍的 $\sqrt{2}$ 与 π，我们还可以给出几个具体的无理数。

类似于 $\sqrt{2}$，我们可以证明 $\sqrt{3}$，$\sqrt{5}$，$\sqrt{7}$，$\sqrt{11}$ 等任何非平方数的算术平方根都是无理数。

这里可以把开平方改成开三次方、开四次方、开五次方等，如 $\sqrt[3]{2}$，$\sqrt[3]{3}$，$\sqrt[4]{5}$，$\sqrt[5]{7}$，$\cdots$ 都是无理数。

显然，$2^2 = 4$，$2^3 = 8$。下面假设一个数 a 满足条件 $2^a = 3$，那么这个数 a 是有理数还是无理数呢？

假设 a 是有理数，可以令 $a = \dfrac{m}{n}$，其中 m 和 n 是两个互质的非零整数。可见，$an = m$。在等式 $2^a = 3$ 的两端同时取 n 次方，得到 $2^{an} = 3^n$，即 $2^m = 3^n$。由此可得 $m = n = 0$，这与假设矛盾。这就证明了 a 是一个无理数。

7. 无理数不比有理数少

为了得到更多的无理数，我们可以用给定的无理数乘以任意一个有理数，例如 $\dfrac{3}{2}\pi$。假如 $\dfrac{3}{2}\pi$ 是一个有理数。由于 $\dfrac{3}{2}$ 是有理数，而两个有理数相除的结果还是有理数，所以 $\dfrac{\dfrac{3}{2}\pi}{\dfrac{3}{2}}$ 还是有理数，我们由此推出 π 是有理数，得到一对矛盾。可见，

$\dfrac{3}{2}\pi$ 仍然是一个无理数。

对于任意的有理数 x，$x\pi$ 都是无理数。若对于有理数 x 和 y，$x\pi = y\pi$，则等号两边同时除以 π 就得到 $x = y$。换句话说，只要 $x \neq y$，就有 $x\pi \neq y\pi$。当 x 取遍所有的有理数时，$x\pi$ 分别是不同的无理数。这表明有多少有理数，就至少有多少无理数。如此一来，无理数就不会比有理数少。事实上，无理数比有理数多得多。

第 4 节　代数公式体现抽象美与统一美

用符号代表数之后，一些数学关系就体现为代数公式。由于代数公式的符号化，它概括了更为广泛的内容，因此具有抽象美与统一美。很多代数公式都可以通过几何方法加以证明，但是我们在本节中只采用纯粹代数的方法进行论证，以便让大家从结论本身和证明方法中欣赏代数公式以及代数方法所展现出来的抽象美和统一美。

1. 交换律的重要性

中学所学代数公式都依赖乘法对于加法的分配律以及乘法的交换律。正是因为有了交换律，我们可以抵消一些项或者合并一些项，让所得公式更为简洁、完美。反过来，如果没有交换律，很多代数公式就不再成立。例如，完全平方公式、平方差公式、完全立方公式、牛顿二项式公式等都是如此。

平方差公式：$(a+b)(a-b) = a^2 - b^2$。在等式左边运用分配律，运算过程中出现 $-ab$ 与 ba，它们刚好互相抵消了，这是因为 $ab = ba$。

立方差公式：$(a-b)(a^2 + ab + b^2) = a^3 - b^3$。在等式左边运用分配律，运算过程中出现 a^2b 与 $-ba^2$，它们刚好互相抵消了，这是因为 $a^2b = ba^2$。同样，运算过程中还出现了 ab^2 与 $-bab$，根据交换律，它们也互相抵消了。

完全平方公式：$(a+b)^2 = a^2 + 2ab + b^2$。在等式左边运用分配律，运算过程中出现 ab 与 ba，根据交换律，它们刚好合并成 $2ab$。

2. n 次方的和、差公式

首先看立方和公式，利用分配律与交换律进行如下计算：

$$(a+b)(a^2-ab+b^2)$$
$$=a(a^2-ab+b^2)+b(a^2-ab+b^2)$$
$$=(a^3-a^2b+ab^2)+(a^2b-ab^2+b^3)$$
$$=a^3+b^3 \text{。}$$

因此，我们得到

$$a^3+b^3=(a+b)(a^2-ab+b^2) \text{。}$$

更一般地，用完全类似的方法可得如下的 $2n+1$ 次方之和公式：

$$a^{2n+1}+b^{2n+1}=(a+b)(a^{2n}-a^{2n-1}b+a^{2n-2}b^2-\cdots+b^{2n}) \text{。}$$

再看立方差公式，利用分配律与交换律进行如下计算：

$$(a-b)(a^2+ab+b^2)$$
$$=a(a^2+ab+b^2)-b(a^2+ab+b^2)$$
$$=(a^3+a^2b+ab^2)-(a^2b+ab^2+b^3)$$
$$=a^3-b^3 \text{。}$$

因此，我们得到立方差公式：

$$a^3-b^3=(a-b)(a^2+ab+b^2) \text{。}$$

更一般地，用完全类似的方法可得 n 次方之差公式：

$$a^n-b^n=(a-b)(a^{n-1}+a^{n-2}b+a^{n-3}b^2+\cdots+b^{n-1}) \text{。}$$

3. 牛顿二项式公式与杨辉三角形

首先，$(a+b)^1=1a+1b$，这里的系数分别为 1 和 1。

其次，看完全平方公式 $(a+b)^2=a^2+2ab+b^2$。该公式是如何得到的？请看如下计算过程：

$$(a+b)^2 = (a+b)(a+b)$$
$$= a(a+b)+b(a+b)$$
$$= (a^2+ab)+(ba+b^2)$$
$$= a^2+(ab+ba)+b^2$$
$$= 1a^2+2ab+1b^2,$$

这里的系数分别为 1，2，1，而 2 = 1+1。

最后，看完全立方公式 $(a+b)^3 = a^3+3a^2b+3ab^2+b^3$。该公式是如何得到的？请看如下计算过程：

$$(a+b)^3 = (a+b)(a+b)^2$$
$$= a(a+b)^2+b(a+b)^2$$
$$= a(1a^2+2ab+1b^2)+b(1a^2+2ab+1b^2)$$
$$= (1a^3+2a^2b+1ab^2)+(1a^2b+2ab^2+1b^3)$$
$$= 1a^3+(2a^2b+1a^2b)+(1ab^2+2ab^2)+1b^3$$
$$= 1a^3+(2+1)a^2b+(1+2)ab^2+1b^3$$
$$= 1a^3+3a^2b+3ab^2+1b^3,$$

这里的系数分别为 1，3，3，1，而 3 = 1+2，3 = 2+1。

将上面所得到的 $(a+b)^1$，$(a+b)^2$，$(a+b)^3$ 的展开式中的系数一行一行地排列出来，得到

$$
\begin{array}{ccccccc}
 & & 1 & & 1 & & \\
 & 1 & & 2 & & 1 & \\
1 & & 3 & & 3 & & 1
\end{array}
$$

我们注意到，同一行中相邻两个数的和恰好等于下一行中的一个数。可以按照这个规律对该表进行扩展，在最上面添加一行 1，而下一行是 1，4，6，4，1，再下一行为 1，5，10，10，5，1。

$$1$$
$$1 \quad 1$$
$$1 \quad 2 \quad 1$$
$$1 \quad 3 \quad 3 \quad 1$$
$$1 \quad 4 \quad 6 \quad 4 \quad 1$$
$$1 \quad 5 \quad 10 \quad 10 \quad 5 \quad 1$$
$$\cdots \quad \cdots \quad \cdots \quad \cdots \quad \cdots \quad \cdots$$

这样得到一个可以无限扩大的三角形数表，称之为杨辉三角形或者贾宪三角形（国外一般叫作帕斯卡三角形）。

杨辉三角形（从第 0 行开始）的第 n 行对应于 $(a+b)^n$ 的展开式中的所有系数。我们看到这些系数首尾都是 1，而且前后对称。

假设杨辉三角形第 n 行中的数为 k_0，k_1，k_2，$\cdots$，k_n，则

$$(a+b)^n = k_0 a^n + k_1 a^{n-1}b + k_2 a^{n-2}b^2 + \cdots + k_n b^n 。$$

在上式两边同时乘以 $a+b$，得到

$$
\begin{aligned}
(a+b)^{n+1} &= a(k_0 a^n + k_1 a^{n-1}b + k_2 a^{n-2}b^2 + \cdots + k_n b^n) \\
&\quad + b(k_0 a^n + k_1 a^{n-1}b + k_2 a^{n-2}b^2 + \cdots + k_n b^n) \\
&= (k_0 a^{n+1} + k_1 a^n b + k_2 a^{n-1}b^2 + \cdots + k_n ab^n) \\
&\quad + (k_0 a^n b + k_1 a^{n-1}b^2 + k_2 a^{n-2}b^3 + \cdots + k_n b^{n+1}) \\
&= k_0 a^{n+1} + (k_0 + k_1)a^n b + (k_1 + k_2)a^{n-1}b^2 + \cdots + k_n b^{n+1} 。
\end{aligned}
$$

我们看到，这里的全部系数恰好构成杨辉三角形的第 $n+1$ 行。

4. 连续自然数的求和公式

我们来推导从 1 到 n 的所有自然数的求和公式，即连续自然数的求和公式。

注意 $2 = 2 - 0 = 3 - 1 = 4 - 2 = \cdots$。反复运用该技巧，得到

$$1 \times 2 = 1 \times (2-0) = 1 \times 2 - 0 \times 1 ，$$

$$2 \times 2 = 2 \times (3-1) = 2 \times 3 - 1 \times 2 ，$$

$$3 \times 2 = 3 \times (4-2) = 3 \times 4 - 2 \times 3 ，$$

$$\cdots\cdots$$

$$(n-1)\times 2 = (n-1)\times[n-(n-2)] = (n-1)n-(n-2)(n-1)，$$

$$n\times 2 = n\times[(n+1)-(n-1)] = n(n+1)-(n-1)n。$$

将上述等式左右两边分别相加，在等号左边提取 2，而等号右边的很多项相互抵消了，于是

$$(1+2+3+\cdots+n)\times 2 = n(n+1)。$$

两边除以 2，得到

$$1+2+3+\cdots+n = \frac{n(n+1)}{2}，$$

这就是连续自然数的求和公式。

5. 连续自然数的平方和公式

注意 $3 = 3-0 = 4-1 = 5-2 = \cdots$。反复运用该技巧，得到

$$1\times 2\times 3 = 1\times 2\times(3-0) = 1\times 2\times 3 - 0\times 1\times 2，$$

$$2\times 3\times 3 = 2\times 3\times(4-1) = 2\times 3\times 4 - 1\times 2\times 3，$$

$$3\times 4\times 3 = 3\times 4\times(5-2) = 3\times 4\times 5 - 2\times 3\times 4，$$

$$\cdots\cdots$$

$$(n-1)\times n\times 3 = (n-1)\times n\times[(n+1)-(n-2)] = (n-1)n(n+1)-(n-2)(n-1)n，$$

$$n\times(n+1)\times 3 = n\times(n+1)\times[(n+2)-(n-1)] = n(n+1)(n+2)-(n-1)n(n+1)。$$

将上述等式左右两边分别相加，在等号左边提取 3，而等号右边的很多项相互抵消了，于是

$$[1\times 2+2\times 3+3\times 4+\cdots+n\times(n+1)]\times 3 = n(n+1)(n+2)，$$

两边除以 3，得到

$$1\times 2+2\times 3+3\times 4+\cdots+n\times(n+1) = \frac{n(n+1)(n+2)}{3}。$$

将该等式与 $1+2+3+\cdots+n = \dfrac{n(n+1)}{2}$ 的左右两端分别相减，得到

$$1\times(2-1)+2\times(3-1)+3\times(4-1)+\cdots+n\times(n+1-1)=\frac{n(n+1)(n+2)}{3}-\frac{n(n+1)}{2},$$

即

$$1^2+2^2+3^2+\cdots+n^2=\frac{n(n+1)(2n+1)}{6},$$

这就是连续自然数的平方和公式。

6. 连续自然数的立方和公式

注意 $4=4-0=5-1=6-2=\cdots$。反复运用该技巧，得到

$$1\times2\times3\times4=1\times2\times3\times(4-0)=1\times2\times3\times4-0\times1\times2\times3,$$

$$2\times3\times4\times4=2\times3\times4\times(5-1)=2\times3\times4\times5-1\times2\times3\times4,$$

$$3\times4\times5\times4=3\times4\times5\times(6-2)=3\times4\times5\times6-2\times3\times4\times5,$$

$$\cdots\cdots$$

$$(n-2)\times(n-1)\times n\times4=(n-2)\times(n-1)\times n\times[(n+1)-(n-3)]$$
$$=(n-2)(n-1)n(n+1)-(n-3)(n-2)(n-1)n,$$

$$(n-1)\times n\times(n+1)\times4=(n-1)\times n\times(n+1)\times[(n+2)-(n-2)]$$
$$=(n-1)n(n+1)(n+2)-(n-2)(n-1)n(n+1)。$$

将上述等式左右两边分别相加，在等号左边提取 4，而等号右边的很多项相互抵消了，于是

$$[1\times2\times3+2\times3\times4+3\times4\times5+\cdots+(n-1)\times n\times(n+1)]\times4=(n-1)n(n+1)(n+2)。$$

上式的两边除以 4，得到

$$1\times2\times3+2\times3\times4+3\times4\times5+\cdots+(n-1)\times n\times(n+1)=\frac{(n-1)n(n+1)(n+2)}{4}。$$

下面用另外一种方法计算上式的左边。由 $(n-1)\times n\times(n+1)=n\times(n^2-1)=n^3-n$ 得到

$$0\times1\times2=1^3-1,$$

$$1\times2\times3=2^3-2,$$

$$2 \times 3 \times 4 = 3^3 - 3,$$

$$\cdots\cdots$$

$$(n-1) \times n \times (n+1) = n^3 - n。$$

将以上等式的两边分别相加,并利用公式$1+2+3+\cdots+n=\dfrac{n(n+1)}{2}$,我们得到

$$0 \times 1 \times 2 + 1 \times 2 \times 3 + 2 \times 3 \times 4 + \cdots + (n-1) \times n \times (n+1)$$

$$= 1^3 + 2^3 + 3^3 + \cdots + n^3 - (1+2+3+\cdots+n)$$

$$= 1^3 + 2^3 + 3^3 + \cdots + n^3 - \frac{n(n+1)}{2}。$$

因此,可得

$$1^3 + 2^3 + 3^3 + \cdots + n^3 - \frac{n(n+1)}{2} = \frac{(n-1)n(n+1)(n+2)}{4}。$$

移项、整理,得到

$$1^3 + 2^3 + 3^3 + \cdots + n^3 = \left[\frac{n(n+1)}{2}\right]^2。$$

这就是连续自然数的立方和公式。

7. 相邻自然数乘积的倒数和公式

注意$\dfrac{1}{n-1} - \dfrac{1}{n} = \dfrac{1}{(n-1)n}$,反复利用该公式,可以得到

$$\frac{1}{1 \times 2} = \frac{1}{1} - \frac{1}{2},$$

$$\frac{1}{2 \times 3} = \frac{1}{2} - \frac{1}{3},$$

$$\frac{1}{3 \times 4} = \frac{1}{3} - \frac{1}{4},$$

$$\cdots\cdots$$

$$\frac{1}{(n-2)\times(n-1)}=\frac{1}{n-2}-\frac{1}{n-1},$$

$$\frac{1}{(n-1)\times n}=\frac{1}{n-1}-\frac{1}{n}。$$

将上述等式左右两边分别相加，得到

$$\frac{1}{1\times 2}+\frac{1}{2\times 3}+\frac{1}{3\times 4}+\cdots+\frac{1}{(n-1)\times n}=1-\frac{1}{n}=\frac{n-1}{n}。$$

这就是相邻两个自然数乘积的倒数和公式。

注意 $\frac{2}{(n-1)n(n+1)}=\frac{(n+1)-(n-1)}{(n-1)n(n+1)}=\frac{1}{(n-1)n}-\frac{1}{n(n+1)}$。反复利用该公式，可以

得到

$$\frac{2}{1\times 2\times 3}=\frac{1}{1\times 2}-\frac{1}{2\times 3},$$

$$\frac{2}{2\times 3\times 4}=\frac{1}{2\times 3}-\frac{1}{3\times 4},$$

$$\frac{2}{3\times 4\times 5}=\frac{1}{3\times 4}-\frac{1}{4\times 5},$$

$$\cdots\cdots$$

$$\frac{2}{(n-2)(n-1)n}=\frac{1}{(n-2)(n-1)}-\frac{1}{(n-1)n},$$

$$\frac{2}{(n-1)n(n+1)}=\frac{1}{(n-1)n}-\frac{1}{n(n+1)}。$$

将上述等式两边分别相加，左边提取 2，而右边的许多项相互抵消了，于是

$$2\times\left[\frac{1}{1\times 2\times 3}+\frac{1}{2\times 3\times 4}+\frac{1}{3\times 4\times 5}+\cdots+\frac{1}{(n-1)n(n+1)}\right]=\frac{1}{1\times 2}-\frac{1}{n(n+1)}。$$

上式的两边同时除以 2，得到

$$\frac{1}{1\times 2\times 3}+\frac{1}{2\times 3\times 4}+\frac{1}{3\times 4\times 5}+\cdots+\frac{1}{(n-1)n(n+1)}=\frac{1}{4}-\frac{1}{2n(n+1)}。$$

这就是连续三个自然数乘积的倒数和公式。

第 5 节　多项式运算与因式分解的几何实验

我们在本节中简单介绍一元多项式的基本概念, 然后通过数学实验帮助大家理解次数不超过 3 的多项式的加减乘除等基本运算以及因式分解。

在这类实验中, 我们只需要一些大小相同的小正方形, 而且这些小正方形能够彼此拼合和拆分。每个小正方形的边长被认为是单位长度, 其面积当然就是 1, 因此我们称这样的小正方形是基本块, 它代表数 1。用 x（足够大）个基本块沿着直线拼合成一个长度等于 x 的小长条（叫作基本条）, 用以代表变元 x。用 x 个基本条在同一个平面内拼合成一个边长等于 x 的正方形（叫作基本面）, 用以代表 x^2。用 x 个基本面在空间中拼合成一个棱长等于 x 的立方体（叫作基本体）, 用以代表 x^3。

实验过程就是用上述的基本材料（包括基本块、基本条、基本面、基本体）来搭积木。理解了我们介绍的原理, 可以用任何差不多的实物作为实验材料。比如, 你完全可以用橡皮、铅笔、纸张、书本、文具盒等作为实验材料, 也可以用纸笔画画模拟该实验, 当然还可以用计算机软件来作图。

1. 多项式的基本概念

对于给定的实数 a 和任意的正整数 n, 定义 a 的 n 次方幂（简称为 n 次方）为 n 个 a 的乘积, 记为 a^n。例如, $2^1 = 2$, $2^2 = 2 \times 2 = 4$, $2^3 = 2 \times 2 \times 2 = 8$, $2^4 = 2 \times 2 \times 2 \times 2 = 16$。规定任何非零数的零次方幂为 1。比如, $2^0 = 3^0 = 1$。根据除法, 容易将方幂的次数推广到负整数, 并且不难验证对于任意的整数 m 和 n, 指数律成立: $a^m \cdot a^n = a^{m+n}$, $(a^m)^n = a^{mn}$。

给定一个未定元 x 和任一非负整数 n, 可以有 x^n。2 倍的 x^n 就是 2 个 x^n 相加, 记为 $2x^n$, 3 倍的 x^n 就是 3 个 x^n 相加, 记为 $3x^n$……一般地, 对于任意的常数 a, a 倍的 x^n 记为 ax^n, 叫作变元 x 的 n 次单项式, a 叫作其系数。一些单项式的和叫作关于 x 的多项式。多项式中所有单项式的最高次数叫作该多项式的次数。对于多项式 0，暂时认为它没有次数。例如，$2x^3+3x^2-4x+1$ 是一个三次多项式，$4x^2-5x-6$ 是一个二次多项式，$2x+1$ 是一个一次多项式，而 1 是一个零次多项式。

对于多项式，可以像对待普通的数一样做加减乘除等算术运算。多项式相加就是合并同类项，也就是把相同次数的单项式加起来。例如，

$$(2x^3+3x^2-4x+1)+(4x^2-5x-6)=2x^3+7x^2-9x-5 \text{。}$$

而多项式的乘法就是按照分配律将相应的单项式相乘，然后合并同类项，x 的方幂的乘积按照指数律进行。例如，

$$2x+3)(4x-5)$$
$$=2x(4x-5)+3(4x-5)$$
$$=8x^2-10x+12x-15$$
$$=8x^2+2x-15 \text{。}$$

将计算乘积的过程反过来，如将 $8x^2+2x-15$ 分解成 $(2x+3)(4x-5)$，就叫作多项式的因式分解。

若将 $x=a$ 代入多项式计算后得到 0，则称 a 是多项式的一个根。显然，$x=a$ 是多项式 $f(x)$ 的根，当且仅当 $f(x)$ 可以分解出因式 $x-a$ 时。例如，$x=1$ 与 $x=\dfrac{1}{2}$ 是多项式 $-2x^2+3x-1=-2(x-1)\left(x-\dfrac{1}{2}\right)$ 的两个根。

给定多项式 $f(x)$ 以及次数至少为 1 的多项式 $g(x)$，若存在多项式 $q(x)$ 以及次数低于 $g(x)$ 的次数的多项式 $r(x)$，使得 $f(x)=q(x)g(x)+r(x)$，则称 $f(x)$ 除以 $g(x)$ 商 $q(x)$，余 $r(x)$。若 $r(x)=0$，则称 $g(x)$ 整除 $f(x)$。例如，因为 $x^3+x^2+2x+3=x(x^2+x+1)+(x+3)$，所以 x^3+x^2+2x+3 除以 x^2+x+1 商 x，余 $x+3$。因为 $x^3-1=(x-1)(x^2+x+1)$，所以 x^3-1 可以被 $x-1$ 整除，或者说 $x-1$ 可以整除 x^3-1。

本节所讨论的多项式以及因式分解都限定在整系数范围内。

2. 多项式加减法的几何实验

为了方便起见，这里我们画出平面图形。用边长等于单位长度的小正方形代表 1（即基本块），用足够多的（这里选取的是 10 个）小正方形拼合成一个长条形

代表 x（即基本条），参见下图中的第一行（从上往下数，下同）。

于是，$x+1$ 就是把上述的一个基本长条形与一个基本块合起来的结果，参看下图中的第三行；而 $x-1$ 就是从一个基本条中去掉一个基本块，参看下图中的第五行；$3x+4$ 就是 3 个基本条与 4 个基本块合起来的结果，参看下图中最下面的几行。

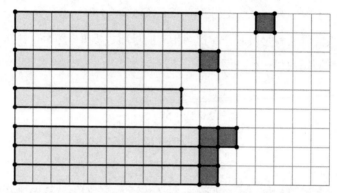

加减法就是材料的增减，这与小孩子搭积木差不多，因此是很容易理解的。比如，$(3x+4)-(2x+3)=x+1$，相当于从 3 个基本条与 4 个基本块中去掉 2 个基本条与 3 个基本块，因此剩下一个基本条与一个基本块，即上图中的第三行。

下图中的一个大正方形代表 x^2（即基本面）。整个图形中含有 2 个基本面、3 个基本条和 4 个基本块，因此它代表多项式 $2x^2+3x+4$。

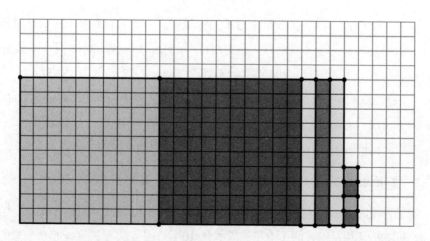

为了表示三次多项式，必须用立体图形。下图代表多项式 $x^3 + x^2 + 2x + 1$。其中一个基本体代表 x^3，一个基本面代表 x^2，2 个基本条代表 $2x$，一个基本块代表 1。

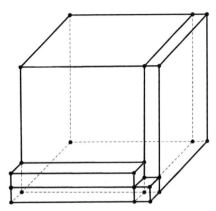

在实验过程中处理正、负号的方法有许多。第一种方法是用两种颜色来区别正、负号，形状相同而颜色不同的两个基本材料可以互相抵消。第二种方法是将图形分成正号组与负号组，分置于不同组中的两个同类型的基本材料可以互相抵消。第三种方法是基本材料的拼合与拆除。以上我们主要采用了第三种方法。如果是画图，也可以将第二、三种方法结合起来使用。从图形中删除低维度的基本图形时，仍然保留被删除的部分，只是将这部分涂成阴影。

比如，$x-1$ 就是从一个基本条中删除一个基本块，x^2-x 就是从一个基本面中删除一个基本条，x^2-1 就是从一个基本面中删除一个基本块，如下图所示。

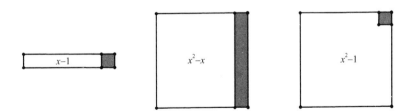

3. 多项式乘法的几何实验

我们先说明用几何方法做多项式乘法的原理。

1 乘以任何多项式等于照抄多项式本身，2 乘以任何多项式等于照抄多项式本身 2 次，照抄的过程也叫作复制。

由于 –1 乘以任何多项式等于反转多项式中所有单项式的符号，即正号变成负号，负号变成正号，所以我们称乘以 –1 的过程为反色。

用 x 乘以 1，x，x^2，分别得到 x，x^2，x^3，在图上体现为基本条的乘法使得基本块变成基本条，基本条变成基本面，基本面变成基本体。总之，基本材料的维度增加 1。我们把基本材料的维度增加的过程简称为撑开。

多项式乘法的主要过程就是图形的复制、反色与撑开。

下面我们来看具体的例子。

第一个例子是用几何方法计算 $(2x+3)(3x+2)$。大家可以用实物材料进行实验，我们在这里通过画图来说明问题。

为此，我们先沿着纵向画出 $2x+3$，如下图中最右边的一列，其中有 2 个基本条和 3 个基本块。再沿着横向画出 $3x+2$，如下图中最下面的一行，其中有 3 个基本条和 2 个基本块。最后，按照下图所示的方式补充一些基本材料，得到一个大的矩形。这里补充材料的过程实际上就是使用复制与撑开两种技巧，最后两列是复制最后一列得到的，而前面的三列是撑开最后一列所得到的的。

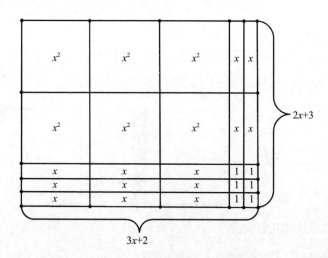

整个矩形就代表了 $2x+3$ 与 $3x+2$ 的乘积。分别数出其中不同类型的基本材料的数目，发现这里一共有 6 个基本面、13 个基本条和 6 个基本块。因此，整个图

形表示多项式 $6x^2 + 13x + 6$ ，这就是我们所要求的乘积，即

$$(2x+3)(3x+2) = 6x^2 + 13x + 6 。$$

第二个例子是计算多项式的乘法 $(2x+3)(3x+2)(x+2)$ 。此时出现了三次多项式，需要画立体图形。

按照上一个例子在平面内拼接出 $(2x+3)(3x+2)$ 。接着，在竖直方向上拼接出 $x+2$ 。然后使用复制与撑开的技巧，最终拼合出一个完整的立体图形，如下图所示。

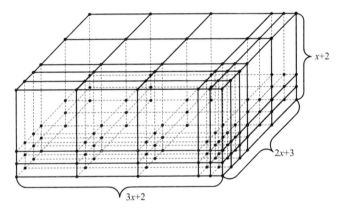

从上图中分别数出不同类型的基本材料的数目，发现这里一共有 6 个基本体、25 个基本面、32 个基本条和 12 个 99 基本块。因此，整个图形表示多项式 $6x^3 + 25x^2 + 32x + 12$ ，这就是我们所要求的乘积，即

$$(2x+3)(3x+2)(x+2) = 6x^3 + 25x^2 + 32x + 12 。$$

最后一个例子是计算多项式的乘法 $(x^2 + x + 1)(x-1)$ 。此时出现了三次多项式，需要画立体图形。

根据上一个例子的经验，立体图形并不一定容易画出来。为了克服这个困难，可以将乘法的立体图形分层画出，这有点像搞建筑设计。

首先需要画出 $x^2 + x + 1$ 。将一个基本面、一个基本条和一个基本块沿着一条直线拼接起来，得到的是一个高度等于单位长度的房子，其中包括一个正方形大厅、一个长条形房间和一个正方形小单间，下图为其平面示意图。

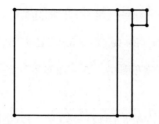

1 倍就是复制前面的房子，而 –1 倍就是拆除前面的房子或者将前面的房子涂上颜色。这样得到楼房的第一层。

用 x 乘以 $x^2 + x + 1$ 就是将刚才的图形沿着竖直方向撑开，所得到的是一个基本体、一个基本面和一个基本条。这就好比把最前面（尚未涂色）的房子的高度增加，而房子的平面结构是不变的。这样就得到了楼房的第二层。

以上两层合起来就是多项式的乘积。我们看到该楼房一共有两层，而且每一层的平面结构是完全相同的。

由于这里有正有负，需要进行化简。抵消正、负项后得到一个基本体与一个带有阴影的基本块。我们在这个基本体中抠掉一个基本块，得到最后的图形，参见下图。

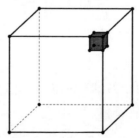

上图代表多项式 $x^3 - 1$。因此，我们最终得到

$$(x-1)(x^2 + x + 1) = x^3 - 1 。$$

4. 因式分解的几何实验

将多项式乘法运算的过程反过来就是多项式的因式分解。因此，我们可以利用几何方法来做整系数范围内多项式的因式分解。

譬如，为了对 $x^2 + 2x + 1$ 进行因式分解，我们可以取一个基本面、两个基本条和一个基本块，然后设法将它们拼接成一个矩形。

这很简单。首先将两个基本条拼接在一个基本面的相邻两边上，使得基本条的长度方向与基本面的边重合。于是，在角落处刚好剩下一个小正方形空隙。将一个基本块填补到这个空隙处，于是得到一个比基本面稍微大一点的正方形，其边长是 $x+1$，如下图所示。

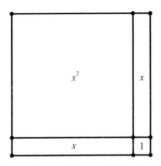

因此，上图代表 $(x+1)^2$。至此，我们完成了因式分解：

$$x^2 + 2x + 1 = (x+1)^2 。$$

再如，为了对 $x^2 + 5x + 6$ 进行因式分解，我们可以取 1 个基本面、5 个基本条和 6 个基本块，然后设法将它们拼接成一个矩形。

首先将其中的 2 个基本条沿着长度方向与基本面的一条边并排放置，再将其余的 3 个基本条沿着长度方向与基本面的另一条邻边并排放置。将前面这些材料拼接好之后，在角落处便留下了一个大小为 2×3 的空隙。刚好可以用 6 个基本块填补这个空隙，于是得到一个比基本形大一点的矩形，其相邻两边的长度分别为 $x+2$ 和 $x+3$，如下图所示。

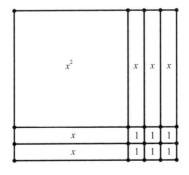

上图代表 $(x+2)(x+3)$ 。至此，我们完成了因式分解：

$$x^2+5x+6=(x+2)(x+3) 。$$

我们看到，在对二次多项式进行因式分解的几何实验中，如果多项式的常数项不为零，那么我们就需要把基本条贴合在基本面的两条邻边上，由此形成一个角落，而尽量将基本块放置在该角落。

下面我们看三次多项式的例子。

比如，为了分解 x^3+3x^2+3x+1 ，我们选取 1 个基本体、3 个基本面、3 个基本条和 1 个基本块，并设法将它们拼接成一个完整的立体图形。

将一个基本体固定在桌面上，选定它的一个顶点 A 。基本体在点 A 处有 3 个面。我们将 3 个基本面分别贴在这 3 个面上，于是基本体似乎变成了一个肥胖一些的立体图形，但是还有一些空隙，如下图所示。

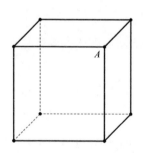 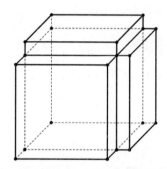

这些空隙位于贴上的 3 个基本面之间。在每两个基本面之间各补上一个基本条，一共补上 3 个基本条。然而，这 3 个基本条之间还剩下一点点空隙，恰好在角落 A 处，我们刚好可以在这里放置一个基本块。补上这个基本块之后，就不再有空隙了，最终得到一个棱长为 $x+1$ 的立方体（图略），它代表多项式 $(x+1)^3$ 。可见，

$$x^3+3x^2+3x+1=(x+1)^3 。$$

再看一个例子。为了对 $x^3+6x^2+11x+6$ 进行因式分解，我们选取 1 个基本体、6 个基本面、11 个基本条和 6 个基本块，并设法将它们拼接成一个适当的立体图形。该立体图形便对应于这个多项式的因式分解。如果这个三次多项式可分解，则至少分解出一个一次多项式。假设该一次多项式对应于所拼成的立体图形的高。于是，

该立体图形所有的水平截面都是相同的。因此，可以将整个立体图形看作一栋筒子楼，整个楼顶是平齐的，而且每一层的水平构造是完全相同的。

由于原多项式中次数最高的项为 x^3，对应于立体图形的高的一次多项式可以设为 $x+a$。刚好只有一个基本体，它对应于 x^3，是 x 所支撑起来的空间。由于原多项式的常数项为 6，每一层的结构又相同，所以我们选取 $a=2$，即刚好有两层楼对应于常数项，每一层楼刚好有 3 个基本块。3 个基本块在高度为 x 的楼层中撑开为 3 个 x。$11x-3x=8x$，将 8 个 x 分配到剩下的两层楼中，每一层占据 $4x$。将 4 个基本条分别贴在一个基本面的 4 条边上，同时在这个基本面的每个角落补充一个基本块。整个图形代表一栋三层楼，每一层的平面图基本上是一个正方形，但是在一个角落处缺少一个小正方形。每一层的平面图如下图所示，其中前两个图对应于顶层和中间层，楼层高度都是 1，而第三个图对应于底层，其高度为 x，它是由顶层或者中间层撑开后得到的。

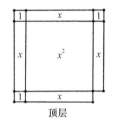 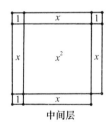 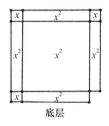

顶层　　　　　　　　中间层　　　　　　　　底层

整个立体图形如下图所示。

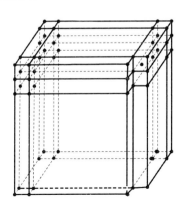

从该楼的上面两层得知，该多项式可以分解出二次因式 $x^2 + 4x + 3$。

从竖直方向看，另外一个因式为 $1 + 1 + x = x + 2$。根据前述分解二次多项式的经验，容易将 $x^2 + 4x + 3$ 分解为 $(x+1)(x+3)$。因此，我们得到以下结果：

$$x^3 + 6x^2 + 11x + 6 = (x+1)(x+2)(x+3)，$$

这就完成了因式分解。

5. 判断不可因式分解的几何实验

知道怎样分解因式，就可以判断什么样的多项式不可以进行因式分解。注意，我们限定多项式的系数为整数。

既然二次多项式能够进行因式分解意味着可用基本材料拼接成矩形，那么我们可以得到如下结论：如果一个二次多项式对应的材料无论怎样都不能拼接成矩形，那么这个多项式就不能分解为两个一次多项式的乘积，即不可分解因式。

例如，多项式 $x^2 + 3x + 1$ 不能分解成两个一次多项式的乘积。

分析：我们取 1 个基本面、3 个基本条和 1 个基本块，然后尝试将它们拼接成一个矩形。可以将 3 个基本条拼接在这个基本面的一条边或者相邻的两条边上。但是无论怎么放，都不能拼接成矩形，要么不留下任何空隙，要么留下空隙。前者使得零碎的 1 个基本块无处安置，后者产生 2 个基本块那么大的空隙，而仅有的 1 个基本块无法将其填满。总之，我们拼接不出矩形。因此，$x^2 + 3x + 1$ 不能进行因式分解。

既然三次多项式能够分解因式意味着能够拼接成"筒子楼"，每一层的结构是完全一样的，而颜色可以相同或不同，那么我们可以得到如下结论：如果用一个三次多项式对应的材料无论怎样都不能拼接成"筒子楼"，那么这个多项式就不能进行因式分解。

【例】证明 $x^3 + 3x^2 - 9x + 4$ 不可分解因式。

分析：由于这是一个三次多项式，若它可以分解因式，则它至少有一个一次因式。首先根据给定的多项式得知所给材料为 1 个基本体、3 个基本面、9 个基本条（带有阴影）和 4 个基本块。假设这些材料能够拼接成"筒子楼"，该楼有若干层，楼层高度方向对应于一个一次因式，而每一层对应于一个二次多项式，因此每一层至多有 3 种房间类型。可见，一个基本体只能位于楼的某一层，该层不可能含有基本块。可以假设基本体位于楼的最底层，这一层的高度为 x，它是由上面的层撑开后得到的。

首先，假定底层与顶层的颜色相同。

因为 $4 = 1 \times 4 = 4 \times 1 = 2 \times 2$，所以 4 个基本块的分布状况可以分为 3 种情况。

第一，4 个基本块全部位于第一层（从顶层往下数），此时"筒子楼"共有两层。参看下图，基本条的数目为 6，与题设矛盾。

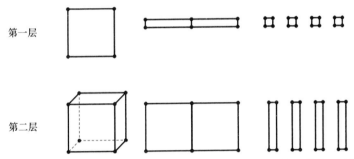

第二，4 个基本块平均分布在第一、二层，此时"筒子楼"共有 3 层。参看下图，基本条的数目为 4，与题设矛盾。

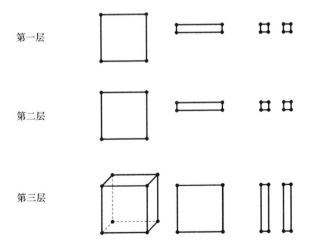

第三，4 个基本块分布在第一、二、三、四层，此时"筒子楼"共有 5 层。参看下图，基本条的数目为 -3，与题设矛盾。

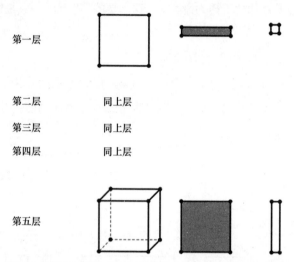

第一层

第二层　同上层

第三层　同上层

第四层　同上层

第五层

其次，假定底层与顶层的颜色相反。同上，可以分为 3 种情况进行讨论（略），同样都产生矛盾。

因此，$x^3 + 3x^2 - 9x + 4$ 不能进行因式分解。

第 6 节　转化法与代数方程

现在我们所说的方程都是代数方程，也就是说是由代数式所构成的含有未知量（也叫未知数或者未知元）的等式。未知量的个数叫作方程的元数，未知量的最高次数叫作方程的次数，使得方程成立的未知量的取值就叫作方程的解。在一些实际问题中，未知量与已知量之间的数量关系往往可以表示为方程，我们可以通过代数方法求出方程的解，从而获得实际问题的解答。因此，解方程具有重要的实际意义。而解方程通常要采用转化法，就是利用等式的一些性质将方程逐步化简，最终让答案呈现出来。这是代数的重要组成部分。本节集中介绍一元一次方程、二元一次方程组、一元二次方程、分式方程以及根式方程等的解法及其应用。

1. 等式的性质

解方程主要是利用等式的性质来不断对方程进行化简。这里就来介绍等式的一些基本性质。

设有等式 $A = B$ 与 $C = D$，则 $A + C = B + D$，$A - C = B - D$，$A \times C = B \times D$。当 $C \neq 0$ 时，还有 $A / C = B / D$。总之，两个等式的和、差、积、商还是等式。

由于 $a = a$ 总是成立，从任意等式 $A = B$ 出发可以推出 $A + a = B + a$，$A - a = B - a$，$A \times a = B \times a$。当 $a \neq 0$ 时，还有 $A / a = B / a$。可见，一个等式加上、减去、乘以、除以任何数（对于除法，不能为 0），所得结果仍为等式。

若 $A + B = C + D$，则由等式的两边同时减去 C 得到 $A + B - C = C + D - C$，即 $A + B - C = D$。观察 C 这一项，它开始在等式的右边，后来移到了等式的左边，然而前面多了一个负号，也就是说从 $+C$ 变成了 $-C$。反过来讲，$-C$ 从等式的左边移到右边后变为 $+C$。将等式中的一项从等式的一边移到另一边，这种操作叫作移项。刚才的讨论表明移项要改变该项的符号。简言之，移项要变号。

将等式 $A = B$ 的两边与自身相乘，得到 $A^2 = B^2$，$A^3 = B^3$，$A^4 = B^4$，$\cdots$。

由于同一个非负数的算术平方根是唯一的，从等式 $A = B \geq 0$ 出发可以得到 $\sqrt{A} = \sqrt{B}$。

如果出现分式，还可以利用分数的性质得到等式。

例如，若 $\dfrac{A}{a} = \dfrac{B}{b}$，则 $\dfrac{A+a}{a} = \dfrac{B+b}{b}$，$\dfrac{A-a}{a} = \dfrac{B-b}{b}$，$\dfrac{A}{A+a} = \dfrac{B}{B+b}$，$\dfrac{A}{A-a} = \dfrac{B}{B-b}$，$\dfrac{A+B}{a+b} = \dfrac{B}{b}$，$\dfrac{A-B}{a-b} = \dfrac{B}{b}$，$\dfrac{2A+3B}{2a+3b} = \dfrac{B}{b}$，等等。注意：凡有分母都要求分母不为零。

2. 一元一次方程

含有一个未知量且未知量的次数均为 1 的等式叫作一元一次方程。解一元一次方程就是利用等式的基本性质，将方程变为 $x = a$ 的最简形式，其中 x 是未知量，a 是常数。方程的最简形式实际上就是它的解。具体的求解过程包括去分母、去括号、移项、合并同类项、将未知量的系数变为 1（系数归一）等操作。

例如，为了解方程 $\dfrac{x-1}{3}+\dfrac{2x+1}{5}=x-2$，我们首先去掉分母，具体办法是方程的两边同时乘以 15：

$$5(x-1)+3(2x+1)=15(x-2)。$$

其次去括号，得到

$$5x-5+6x+3=15x-30。$$

移项，得到

$$5x+6x-15x=5-3-30。$$

合并同类项，得到

$$-4x=-28。$$

最后，将上述方程的两边同时除以 -4，把未知量的系数化为 1：

$$x=7,$$

这就是原方程的解。

3. 二元一次方程组

含有两个未知量且含有未知量的所有项的次数均为 1 的等式叫作二元一次方程。将两个二元一次方程联立起来就得到了一个二元一次方程组。使得两个等式都成立的未知量的取值叫作该二元一次方程组的解。求解的方法基本上还是转化法。由于未知量有两个，求解的总体思路是减少未知量的个数，即将二元转化为一元。为了实现二元到一元的转化，可以采用代入法或者消元法。

先看一个采用代入法的例子。

为了解二元一次方程组

$$\begin{cases} x+y=5, \\ 2x-y=1, \end{cases} \qquad\qquad (1) \\ (2)$$

可以将式（1）变形，得到

$$y=5-x。 \qquad\qquad (3)$$

将式（3）代入式（2）中，得到

$$2x - (5 - x) = 1,$$

这是一个一元一次方程。解之可得

$$x = 2 。 \tag{4}$$

将式（4）代入式（3），得到

$$y = 3 。$$

因此，原方程组的解为

$$\begin{cases} x = 2, \\ y = 3 。 \end{cases}$$

再看一个采用加减消元法的例子。

为了解二元一次方程组

$$\begin{cases} 2x + 5y = 12, & (1) \\ 3x - 7y = -11, & (2) \end{cases}$$

我们分别用 3 和 2 去乘上述两个方程的两边，得到

$$\begin{cases} 6x + 15y = 36, & (3) \\ 6x - 14y = -22 。 & (4) \end{cases}$$

用式（3）减去式（4），得到

$$29y = 58 。$$

这是一个一元一次方程，解之可得

$$y = 2 。 \tag{5}$$

将式（5）代入式（1）中，得到

$$2x + 10 = 12 。$$

这又是一个一元一次方程，解之可得

$$x = 1 。$$

因此，原方程组的解为

$$\begin{cases} x = 1, \\ y = 2 。 \end{cases}$$

4. 一元二次方程

含有一个未知量且未知量的最高次数为 2 的等式叫作一元二次方程，使得等式成立的未知量的取值叫作该方程的解。求一元二次方程的解的方法仍然是转化法。由于次数高，基本的解法是降次法，即设法将二次方程化为一次方程。为了实现降次，可以采用配方法、公式法、因式分解法等不同的方法。

配方法主要利用完全平方公式对含有未知量的二次项、一次项进行配方。

例如，为了解方程 $4x^2 + 4x = 15$，可以在该方程的两边同时加上 1，得到

$$4x^2 + 4x + 1 = 16。$$

对左边进行配方，得到

$$(2x+1)^2 = 16。$$

两边开方，得到

$$2x+1 = 4，或者 2x+1 = -4。$$

这是两个一元一次方程，分别解之，得到

$$x = \frac{3}{2}，或者 x = -\frac{5}{2}。$$

这就是原一元二次方程的两个解。

所谓因式分解法就是对二次多项式进行因式分解，从而得到两个一次方程，由此求出原一元二次方程的全部解。

例如，为了解方程 $x^2 = 5x - 6$，先移项，得到

$$x^2 - 5x + 6 = 0。$$

对上述等式的左边进行因式分解，得到

$$(x-2)(x-3) = 0。$$

由此得到

$$x-2 = 0，或者 x-3 = 0。$$

这是两个一元一次方程，分别解之，得到

$$x = 2，或者 x = 3。$$

这就是原一元二次方程的两个解。

最后我们谈谈公式法。设有一元二次方程 $ax^2 + bx + c = 0$，其中 $a \neq 0$。等式的两边除以 a，得到

$$x^2 + \frac{b}{a}x + \frac{c}{a} = 0。$$

配方，得到

$$x^2 + 2 \times \frac{b}{2a}x + \left(\frac{b}{2a}\right)^2 = \left(\frac{b}{2a}\right)^2 - \frac{c}{a}，$$

即

$$\left(x + \frac{b}{2a}\right)^2 = \frac{b^2 - 4ac}{4a^2}。$$

记 $\Delta = b^2 - 4ac$，称之为原一元二次方程（或者该方程所对应的二次多项式）的判别式。

若 $\Delta < 0$，则原方程无解（在实数范围内）。

若 $\Delta = 0$，则有

$$\left(x + \frac{b}{2a}\right)^2 = 0。$$

由此得到

$$x + \frac{b}{2a} = 0。$$

因此，原方程有唯一的解：

$$x = -\frac{b}{2a}。$$

若 $\Delta > 0$，则有

$$\left(x + \frac{b}{2a}\right)^2 = \left(\frac{\sqrt{b^2 - 4ac}}{2a}\right)^2。$$

两边开方，得到

$$x + \frac{b}{2a} = \pm\frac{\sqrt{b^2 - 4ac}}{2a} \text{。}$$

这是两个一元一次方程，分别解之，得到原方程的两个解：

$$x = \frac{-b \pm \sqrt{b^2 - 4ac}}{2a} \text{。}$$

这就是一元二次方程（或其对应的二次多项式）的求根公式。该公式在判别式 $\Delta \geqslant 0$ 时可用。至于 $\Delta < 0$ 的情况，用该公式求解会出现复数，而后者要等到高中阶段才能学到。

例如，用该公式直接求解 $x^2 + x - 1 = 0$，可得到它的两个实数解：

$$x = \frac{-1 \pm \sqrt{1^2 - 4 \times 1 \times (-1)}}{2} = \frac{-1 \pm \sqrt{5}}{2} \text{。}$$

5. 分式方程

分母中含有未知量的等式叫作分式方程，使得等式成立的未知量的取值叫作分式方程的解或者根。为了求解分式方程，还需要采用转化法。具体来说，可以通过去分母将分式方程转化为整式方程。

例如，为了解分式方程

$$\frac{1}{1-x} - \frac{2}{x^2 - 4x + 3} = 1 \text{，}$$

在方程的两边同时乘以 $x^2 - 4x + 3$ 以去掉分母，得到

$$3 - x - 2 = x^2 - 4x + 3 \text{，}$$

即

$$x^2 - 3x + 2 = 0 \text{。}$$

这是一个一元二次方程，解之得

$$x = 1 \text{，或者 } x = 2 \text{。}$$

注意，当 $x = 1$ 时，原分式方程中的分母 $1 - x = 0$，这将导致分式没有意义。因

此，$x=1$ 是增根，应舍去。故原分式方程的解为

$$x=2。$$

6. 根式方程

根号下含有未知量的等式叫作根式方程，使得等式成立的未知量的取值叫作根式方程的解或者根。为了求解根式方程，需要去掉根号，将方程转化为没有根号的方程。

例如，为了解根式方程

$$\sqrt{x^2-3x}-\sqrt{3x-8}=0，$$

需要移项，从而得到

$$\sqrt{x^2-3x}=\sqrt{3x-8}。$$

两边平方，去掉根号，得到

$$x^2-3x=3x-8，$$

即

$$x^2-6x+8=0。$$

这是一个一元二次方程，解之得

$$x=2，或者x=4。$$

注意，当 $x=2$ 时，原根式方程中根号下的 $3x-8<0$，而这将导致开方没有意义。因此，$x=2$ 是增根，应舍去。故原根式方程的解为

$$x=4。$$

7. 应用

许多实际问题都可以通过设未知量、分析未知量与已知量的关系、建立方程或方程组、解方程或方程组、求出未知量等过程来解决。简单地说，就是设未知量，列方程，解方程，得到实际问题的解。请看下列例题。

【例1】两辆汽车从相距 84 千米的两地同时出发相向而行，甲车的速度比乙车的速度快 20 千米/时，半小时后两车相遇。两车的速度各是多少？（选自人教版教

材《数学·七年级·上册》。）

解：设甲车的速度为 x 千米/时，则乙车的速度为 $(x-20)$ 千米/时。根据题意列方程：

$$0.5 \times (x + x - 20) = 84。$$

去括号，得到

$$x - 10 = 84。$$

移项，得到

$$x = 94。$$

$$x - 20 = 94 - 20 = 74。$$

因此，甲车的速度为 94 千米/时，而乙车的速度为 74 千米/时。

【例 2】 在某乒乓球循环赛中，每一对选手都进行一场比赛，共需进行 36 场比赛。求参赛选手的总人数。

解：设参赛选手的总人数为 x。由于每两个选手都进行一场比赛，x 个选手需要进行的比赛场数为

$$(x-1) + (x-2) + \cdots + 3 + 2 + 1 = \frac{x(x-1)}{2}。$$

根据题意列一元二次方程：

$$\frac{x(x-1)}{2} = 36。$$

整理，可得

$$x^2 - x - 72 = 0。$$

分解因式，可得

$$(x+8)(x-9) = 0。$$

因此，有

$$x = -8，或者 x = 9。$$

由于人数不能为负数，$x = -8$ 不符合题意，应舍去。因此，可得

$$x = 9，$$

即参赛选手共有 9 人。

第 7 节　转化法与不等式

除了相等关系外，大小关系也是数量之间的一种重要关系。将方程中的等号换成不等号，就得到了不等式。对于含有未知量的不等式，求出使得该不等式成立的未知量的取值范围就是解不等式。与解方程一样，解不等式也是代数的一个重要课题。一些实际问题可以归结为解不等式，因此求解不等式具有重要的实际意义。本节集中介绍一元一次不等式、一元一次不等式组和一元二次不等式的解法与实际应用。解不等式的本质还是采用转化法，具体说来就是根据不等式的性质，依然采用化简、移项、归一、降次等手段来解题。

1. 不等式的性质

解不等式时，当然要根据不等式的性质来对不等式进行转化。这里介绍不等式的一些基本性质。

若 $A > B$ ，$C > D$ ，则 $A + C > B + D$ 。

若 $A \geqslant B$ ，$C \geqslant D$ ，则 $A + C \geqslant B + D$ 。

若 $A > B$ ，则 $A \pm a > B \pm a$ 。

若 $A > B$ ，$k > 0$ ，则 $kA > kB$ 。

若 $A \geqslant B$ ，$k > 0$ ，则 $kA \geqslant kB$ 。

若 $A > B$ ，$k < 0$ ，则 $kA < kB$ 。

若 $A \geqslant B$ ，$k \leqslant 0$ ，则 $kA \leqslant kB$ 。

若 $A > B > 0$ ，$C > D > 0$ ，则 $AC > BD$ 。

若 $A \geqslant B \geqslant 0$ ，$C \geqslant D \geqslant 0$ ，则 $AC \geqslant BD$ 。

若 $AB > 0$ ，则 $A > 0$ 且 $B > 0$ ，或者 $A < 0$ 且 $B < 0$ 。

若 $AB \geqslant 0$ ，则 $A \geqslant 0$ 且 $B \geqslant 0$ ，或者 $A \leqslant 0$ 且 $B \leqslant 0$ 。

若 $AB < 0$，则 $A > 0$ 且 $B < 0$，或者 $A < 0$ 且 $B > 0$。

若 $AB \leqslant 0$，则 $A \geqslant 0$ 且 $B \leqslant 0$，或者 $A \leqslant 0$ 且 $B \geqslant 0$。

2. 一元一次不等式

含有一个未知量且未知的次数为 1 的不等式叫作一元一次不等式。使得不等式恒成立的未知量的全部取值范围叫作该不等式的解集。求解不等式要用到转化法，具体来说就是根据不等式的性质，通过去括号、移项、合并同类项等手段，对不等式进行化简，最后得到未知量的取值范围，从而得到不等式的解集。

例如，为了求解一元一次不等式

$$4(x-1)+1 > 2(x+2)-5，$$

首先去括号，得到

$$4x-4+1 > 2x+4-5。$$

移项并合并同类项，得到

$$4x-2x > 4-5+4-1，$$

$$2x > 2。$$

在上述不等式的两边同时除以 2，可将未知量的系数化为 1，则有

$$x > 1，$$

这就是原不等式的解集。可以将该解集在数轴上表示出来，如下图所示。

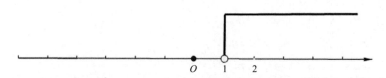

3. 一元一次不等式组

由至少两个一元一次不等式所组成的不等式系统叫作一元一次不等式组。使得不等式组中的所有不等式都成立的未知量的取值范围叫作该不等式组的解集。求解不等式组要用到转化法，具体方法与解一元一次不等式差不多，所不同的是最后要求所有不等式的解集的交集，以便得到使所有不等式都成立的未知量的取值范围。

例如，下面解一元一次不等式组

$$\begin{cases} 3(x+1)+2 > 5(x+2)-7, & (1) \\ 2(x-1)+5 \geqslant x+1。 & (2) \end{cases}$$

式（1）和式（2）都是一元一次不等式，我们分别解之，得到

$$\begin{cases} x<1, & (3) \\ x \geqslant -2。 & (4) \end{cases}$$

因为要使原不等式组中的两个不等式都成立，就必须保证式（3）与式（4）同时成立，所以所要求的原不等式组的解集为

$$-2 \leqslant x < 1。$$

该解集可以在数轴上表示出来，如下图所示。

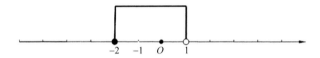

4. 一元二次不等式

含有一个未知量且未知量的最高次数为 2 的不等式叫作一元二次不等式，使得该不等式成立的未知量的取值范围叫作该不等式的解集。求解一元二次不等式要用到转化法，具体方法就是降次法。根据不等式的性质，可将一元二次不等式转化成一元一次不等式组，从而求出解集。

例如，为了求解一元二次不等式

$$2x^2 - 14x + 24 < 0，$$

对该不等式的左边进行因式分解，得到

$$2(x-3)(x-4) < 0。$$

两边同时除以 2，得到

$$(x-3)(x-4) < 0。$$

由不等式的性质得到

$$\begin{cases} x-3>0, \\ x-4<0, \end{cases} \text{或者} \begin{cases} x-3<0, \\ x-4>0。\end{cases}$$

这是两个一元一次不等式组，我们分别解之，得到

$$\begin{cases} x>3, \\ x<4, \end{cases} \text{或者} \begin{cases} x<3, \\ x>4。\end{cases}$$

注意，$x<3$ 与 $x>4$ 不可能同时成立，因此它们不是所要求的解集。故所要求的解集为

$$3<x<4。$$

该解集可以在数轴上表示出来，如下图所示。

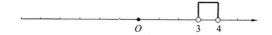

5. 应用题

许多实际问题都可以通过设未知量、分析未知量与已知量的关系、建立不等式或不等式组、解不等式或不等式组、求出未知量的取值范围等过程来解决。简单地说，上述过程就是：设未知量，列不等式（组），解不等式（组），得到实际问题的解。请看下列例题。

【例 1】某公司销售一批计算机，第一个月以 5500 元/台的价格售出 60 台，第二个月起降价，以 5000 元/台的价格将这批计算机全部售出，销售总额超过 55 万元。这批计算机最少有多少台？（选自人教版教材《数学·七年级·下册》，有改动。）

解：设这批计算机最少有 x 台。总销售额超过 55 万元就是大于 550000 元。由题意可列出一元一次不等式：

$$5500\times 60 + 5000\times(x-60)>550000。$$

解之，可得

$$x>104。$$

故这批计算机最少有 105 台。

【例 2】 把一些书分给几名同学，如果每人分 3 本，那么余 8 本；如果前面的每名同学分 5 本，那么最后一个人就分不到 3 本。这些书有多少本？共有多少人？（选自人教版教材《数学·七年级·下册》。）

解： 设共有 x 人，则共有 $3x+8$ 本书。由题意得到

$$1 \leqslant 3x+8-5(x-1) \leqslant 2 。$$

这实际上是一个一元一次不等式组。去括号，移项，合并同类项，得到

$$-12 \leqslant -2x \leqslant -11 。$$

除以 -2，得到

$$6 \geqslant x \geqslant 5.5 。$$

由于人数必须是整数，我们得到

$$x = 6 。$$

此时，有

$$3x+8 = 3 \times 6 + 8 = 26 。$$

故共有 26 本书、6 名同学。

第 8 节　代数解题思路与例题解析*

代数解题的主要思路是灵活运用各种代数公式，有时也利用数形结合、解方程等技巧。当然，我们不可能对代数题目及其解题方法进行完全的分类。

1. 代数常规题

【例 1】 计算：$(7a-5b+3)-2(3a-2b+4)$。

解题思路： 整式的运算就如同整数的运算一样。用 -2 乘以 $3a-2b+4$ 中的每一项的时候，注意符号的改变，即正号要变成负号，而负号要变成正号。因此，有

$$原式 = 7a-5b+3-6a+4b-8$$
$$= (7a-6a)+(4b-5b)+(3-8)$$

$$= a - b - 5 \text{。}$$

【例2】计算：$\dfrac{x^2y - xy^3}{x - y} + \dfrac{x^2y + xy^3}{x + y}$。

解题思路： 分式的运算就如同分数的运算一样，可以先通分。第一个分式的分子和分母同时乘以 $x + y$，而第二个分式的分子和分母同时乘以 $x - y$。因此，有

$$\text{原式} = \frac{(x^2y - xy^3)(x + y)}{(x - y)(x + y)} + \frac{(x^2y + xy^3)(x - y)}{(x + y)(x - y)}$$

$$= \frac{x^3y - x^2y^3 + x^2y^2 - xy^4}{x^2 - y^2} + \frac{x^3y + x^2y^3 - x^2y^2 - xy^4}{x^2 - y^2}$$

$$= \frac{(x^3y - x^2y^3 + x^2y^2 - xy^4) + (x^3y + x^2y^3 - x^2y^2 - xy^4)}{x^2 - y^2}$$

$$= \frac{2x^3y - 2xy^4}{x^2 - y^2} \text{。}$$

【例3】先化简，再求值。

$$\frac{1}{4}ab - \frac{2}{3}a^2 - \frac{1}{2}ab + \frac{1}{6}a^2，\text{ 其中 } a = \frac{1}{2}，\ b = 3 \text{。}$$

解题思路： 通过合并同类项即可化简该代数式，然后代入变量的取值进行计算。

$$\text{原式} = \left(\frac{1}{4}ab - \frac{1}{2}ab\right) + \left(\frac{1}{6}a^2 - \frac{2}{3}a^2\right)$$

$$= \left(\frac{1}{4} - \frac{1}{2}\right)ab + \left(\frac{1}{6} - \frac{2}{3}\right)a^2$$

$$= -\frac{1}{4}ab - \frac{1}{2}a^2$$

$$= -\frac{1}{4}a(b + 2a)$$

$$= -\frac{1}{4} \times \frac{1}{2} \times \left(3 + 2 \times \frac{1}{2}\right)$$

$$= -\frac{1}{2} \text{。}$$

【例4】设有一个两位数，其个位数与十位数互补（即二者之和等于10），若将

其个位数与十位数交换位置，则得到的两位数比原来的数大 18。问原来的两位数是多少？

解题思路：这道题目很简单，甚至可以通过直接试验得到答案。这里我们用代数方程来求解。设原来的两位数的十位数为 x，则个位数是 $10-x$。根据题意，列出以下方程：

$$10\times(10-x)+x=10x+(10-x)+18。$$

化简后得到

$$18x=72，$$

即

$$x=4。$$

可见，原来的两位数的十位数为 4，个位数为 6。因此，所要求的两位数为 46。

【**例 5**】因式分解：$8x^2+2x-15$。

解题思路：采用所谓的十字交叉法来求解，如下图所示。

左端：$2x\times 4x=8x^2$。

右端：$3\times(-5)=-15$。

交叉乘积之和为

$$2x\times(-5)+4x\times 3=[2\times(-5)+4\times 3]x=2x。$$

因此，因式分解的结果为

$$8x^2+2x-15=(2x+3)(4x-5)。$$

十字交叉法的关键是分解二次项 x^2 的系数与常数项，使得交叉乘积之和等于一次项 x 的系数，在上述例子中就是

$$2\times(-5)+4\times 3=2。$$

因此，上图可以简化成下图。

【例 6】计算：$78^2 - 76^2$。

解题思路： 若直接计算，比较麻烦；若用代数公式，则比较容易。事实上，根据平方差公式得到

$$78^2 - 76^2 = (78+76) \times (78-76) = 154 \times 2 = 308。$$

以上计算完全可以通过心算完成，根本无须动笔。

【例 7】解方程：$\dfrac{2}{x^2 - x} - \dfrac{1}{x^2 + x} = \dfrac{1}{2(x^2 - 1)}$。

解题思路： 解分式方程的一般方法就是去分母。注意，本题中的 3 个分母分别是

$$x^2 - x = x(x-1)，$$
$$x^2 + x = x(x+1)，$$
$$2(x^2 - 1) = 2(x+1)(x-1)。$$

可见，公分母是 $2x(x+1)(x-1)$，我们用它同时去乘原方程的两端，得到

$$4(x+1) - 2(x-1) = x。$$

解得

$$x = -6。$$

检验：当 $x = -6$ 时，$2x(x+1)(x-1) \neq 0$。

可见，原方程的解为

$$x = -6。$$

2. 连锁反应

【例 1】计算：$\dfrac{1}{4} + \dfrac{1}{8} + \dfrac{1}{16} + \dfrac{1}{32} + \dfrac{1}{64} + \dfrac{1}{128} + \dfrac{1}{256}$。

解题思路： 注意，该式中各个分数的分母不断翻倍。将所要计算的表达式加上

$\dfrac{1}{256}$，并反复利用公式 $\dfrac{1}{2a}+\dfrac{1}{2a}=\dfrac{1}{a}$，可以得到 $\dfrac{1}{2}$。因此，原式等于 $\dfrac{1}{2}-\dfrac{1}{256}=\dfrac{127}{256}$。

【例 2】计算：$1\times2\times3+2\times3\times4+3\times4\times5+\cdots+98\times99\times100$。

解题思路： 显然，下列各式成立。

$$1\times2\times3=\frac{1}{4}(1\times2\times3\times4-0\times1\times2\times3)，$$

$$2\times3\times4=\frac{1}{4}(2\times3\times4\times5-1\times2\times3\times4)，$$

$$3\times4\times5=\frac{1}{4}(3\times4\times5\times6-2\times3\times4\times5)，$$

$$\cdots\cdots$$

$$97\times98\times99=\frac{1}{4}(97\times98\times99\times100-96\times97\times98\times99)，$$

$$98\times99\times100=\frac{1}{4}(98\times99\times100\times101-97\times98\times99\times100)。$$

将上述所有等式的两边分别相加，得到

$$1\times2\times3+2\times3\times4+3\times4\times5+\cdots+98\times99\times100$$

$$=\frac{1}{4}\times98\times99\times100\times101=24497550。$$

【例 3】求多项式 $f(x)=(1+x)(1+x^2)(1+x^4)(1+x^8)(1+x^{16})$ 的完全展开式。

解题思路： 将 $f(x)$ 乘以 $1-x$ 后便可以反复利用平方差公式。

$$(1-x)f(x)=(1-x^2)(1+x^2)(1+x^4)(1+x^8)(1+x^{16})$$

$$=(1-x^4)(1+x^4)(1+x^8)(1+x^{16})$$

$$=(1-x^8)(1+x^8)(1+x^{16})$$

$$=(1-x^{16})(1+x^{16})$$

$$=1-x^{32}。$$

对 $1-x^{32}$ 进行因式分解，得到

$$1-x^{32}=(1-x)(1+x+x^2+x^3+\cdots+x^{31})。$$

故

$$f(x) = \frac{1-x^{32}}{1-x} = 1 + x + x^2 + x^3 + \cdots + x^{31} \, \text{。}$$

3. 借助几何

【例 1】设实数 a 和 b 满足以下条件：$|a-1|+|b-1|+|a+2|+|b+3| = 7$。求代数式 $2a-b$ 的最大值与最小值。

解题思路： 由差的绝对值代表数轴上的两个点之间的距离可知

$$|a-1|+|a+2| \geqslant 1-(-2) = 3 \, \text{，}$$

$$|b-1|+|b+3| \geqslant 1-(-3) = 4 \, \text{。}$$

由已知条件可知，上述两式均取等号且有

$$-2 \leqslant a \leqslant 1 \, \text{，} \quad -3 \leqslant b \leqslant 1 \, \text{。}$$

由此可得

$$-4 \leqslant 2a \leqslant 2 \, \text{，} \quad -1 \leqslant -b \leqslant 3 \, \text{。}$$

因此，$-5 \leqslant 2a-b \leqslant 5$。故 $2a-b$ 的最大值与最小值分别为 5 与 –5。

【例 2】设实数 x 满足以下条件：$|x-1|+|x+2| = 8 + |x-2| + |x-5|$。求 $|x-3| + |x+1|$ 的最小值。

解题思路： 将已知条件转变为

$$|x-1|-|x-2|+|x+2|-|x-5| = 8 \, \text{。}$$

注意

$$|x-1|-|x-2| \leqslant 2-1 = 1 \, \text{，}$$

上式在 $x \geqslant 2$ 时取等号；

$$|x+2|-|x-5| \leqslant 5-(-2) = 7 \, \text{，}$$

上式在 $x \geqslant 5$ 时取等号。

可见，当 $x \geqslant 5$ 时，上述两个不等式同时取等号。将上述两个不等式的两边分别相加，得到

$$|x-1|-|x-2|+|x+2|-|x-5| \leqslant 8 \, \text{。}$$

根据已知条件，这里取等号，因此 $x \geqslant 5$。此时，有

$$|x-3|+|x+1|=(x-3)+(x+1)=2(x-1)。$$

当 $x=5$ 时，$|x-3|+|x+1|$ 取最小值 8。

【例 3】用几何方法证明 $\sqrt{123}-1<\sqrt{102}$。

解题思路：注意 $102-2=10^2$，$123-2=11^2$，我们构造两个以 $\sqrt{2}$ 为一条直角边的直角三角形，它们的另一条直角边分别是 10 和 11，如下图（未按比例画）所示。

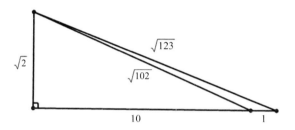

根据勾股定理，两个直角三角形的斜边分别为 $\sqrt{102}$ 和 $\sqrt{123}$。由于三角形的两边之差小于第三边，我们立即得到 $\sqrt{123}-1<\sqrt{102}$。

【例 4】求方程的根：$\sqrt{1-x^2}+\sqrt{3-x^2}=2$。

解题思路：注意 $1^2+(\sqrt{3})^2=2^2$，利用勾股定理，我们构造一个三条边分别为 1，$\sqrt{3}$，2 的直角三角形，则其斜边上的高必然等于 $|x|$（见下图），其中 x 是方程 $\sqrt{1-x^2}+\sqrt{3-x^2}=2$ 的根。

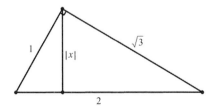

根据三角形面积公式，可以得到

$$\frac{1}{2}\times 2\,|x|=\frac{1}{2}\times 1\times\sqrt{3}。$$

解得

$$x = \pm \frac{\sqrt{3}}{2} \, 。$$

这就是原方程的根。

4. 利用对称

【**例 1**】设 $ac \neq 0$，$ax^2 + bx + c = 0$ 的两个根为 m 和 n。求 $cx^2 + bx + a = 0$ 的全部根。

解题思路：因为 $ac \neq 0$，所以 $mn \neq 0$。由 $ax^2 + bx + c = 0$ 可知，$x \neq 0$。令 $\frac{1}{x} = y$，则 $x = \frac{1}{y}$，将其代入上述方程中，得到 $a\left(\frac{1}{y}\right)^2 + b\left(\frac{1}{y}\right) + c = 0$。整理后得到 $cy^2 + by + a = 0$。可见，$ax^2 + bx + c = 0$ 的任何一个根的倒数都是 $cx^2 + bx + a = 0$ 的根。同理，$cx^2 + bx + a = 0$ 的任何一个根的倒数也都是 $ax^2 + bx + c = 0$ 的根。总之，$cx^2 + bx + a = 0$ 的全部根可以由 $ax^2 + bx + c = 0$ 的全部根求倒数而得到。故 $cx^2 + bx + a = 0$ 的全部根为 $\frac{1}{m}$ 和 $\frac{1}{n}$。

【**例 2**】设实数 a 和 b 满足以下条件：$(\sqrt{a^2+1}-a)(\sqrt{b^2+1}-b) = 2$。求代数式 $2a^2 + 5ab + 2b^2$ 的值。

解题思路：注意到 $(\sqrt{a^2+1}+a)(\sqrt{a^2+1}-a) = 1$，根据已知条件 $(\sqrt{a^2+1}-a)(\sqrt{b^2+1}-b) = 2$，我们得到

$$\sqrt{b^2+1} - b = \frac{2}{\sqrt{a^2+1}-a} = 2(\sqrt{a^2+1}+a) \, 。$$

根据 a 和 b 的对称性，我们有

$$\sqrt{a^2+1} - a = 2(\sqrt{b^2+1}+b) \, 。$$

由上述两个等式消去 $\sqrt{a^2+1}$ 后得到

$$\begin{aligned}
\sqrt{b^2+1} - b &= 2(\sqrt{a^2+1}-a+2a) \\
&= 2\left[2(\sqrt{b^2+1}+b)+2a\right] \\
&= 4\sqrt{b^2+1}+4a+4b \, ,
\end{aligned}$$

$$3\sqrt{b^2+1}+4a+5b=0 \text{ 。}$$

即

$$-4(a+2b)=3(\sqrt{b^2+1}-b) \text{ 。}$$

再次利用 a 和 b 的对称性，得到

$$-4(b+2a)=3(\sqrt{a^2+1}-a) \text{ 。}$$

将最后两个等式相乘，得到

$$16(a+2b)(b+2a)=9(\sqrt{a^2+1}-a)(\sqrt{b^2+1}-b)=18 \text{ ，}$$

$$16(2a^2+5ab+2b^2)=18 \text{ 。}$$

故

$$2a^2+5ab+2b^2=\frac{9}{8} \text{ 。}$$

【例 3】已知 $a=\sqrt[3]{4}-\sqrt[3]{6}+\sqrt[3]{9}$，计算 $\left(\dfrac{25}{a^2}-a-\sqrt[3]{6}\right)^3$。

解题思路：注意到 $a=\sqrt[3]{4}-\sqrt[3]{6}+\sqrt[3]{9}=(\sqrt[3]{2})^2-\sqrt[3]{2}\times\sqrt[3]{3}+(\sqrt[3]{3})^2$，利用公式 $(x+y)(x^2-xy+y^2)=x^3+y^3$ 得到

$$a=\frac{(\sqrt[3]{2})^3+(\sqrt[3]{3})^3}{\sqrt[3]{2}+\sqrt[3]{3}}=\frac{5}{\sqrt[3]{2}+\sqrt[3]{3}} \text{ 。}$$

因此，由完全平方公式得到

$$\frac{1}{a^2}=\left(\frac{\sqrt[3]{2}+\sqrt[3]{3}}{5}\right)^2=\frac{\sqrt[3]{4}+2\sqrt[3]{6}+\sqrt[3]{9}}{25} \text{ 。}$$

故

$$\frac{25}{a^2}-a-\sqrt[3]{6}=(\sqrt[3]{4}+2\sqrt[3]{6}+\sqrt[3]{9})-(\sqrt[3]{4}-\sqrt[3]{6}+\sqrt[3]{9})-\sqrt[3]{6}=2\sqrt[3]{6} \text{ ，}$$

$$\left(\frac{25}{a^2}-a-2\sqrt[3]{6}\right)^3=(2\sqrt[3]{6})^3=2^3\times6=48 \text{ 。}$$

5. 降次法

【例 1】 设实数 x 满足条件 $x^2 + 2x - 1 = 0$，求 $2x^4 + 5x^3 + x^2 + x + 4$ 的值。

解题思路： 由 $x^2 + 2x - 1 = 0$ 可得 $x^2 = 1 - 2x$。由此可以降次：

$$x^3 = x(1 - 2x) = x - 2x^2 = x - 2(1 - 2x) = 5x - 2，$$

$$x^4 = x(5x - 2) = 5x^2 - 2x = 5(1 - 2x) - 2x = 5 - 12x。$$

将上述各式代入原式中，化简后消去了 x，得到答案 5。

注：利用多项式的除法，也可以实现降次。事实上，用题目中的四次多项式除以二次多项式得到余式 5，代入等于 0 的条件后，同样得到答案 5。

【例 2】 已知 $a = \dfrac{1 + \sqrt{3}}{2}$，求 $a^3 + a^2 - \dfrac{1}{2}a - 2$ 的值。

解题思路： 由 $a = \dfrac{1 + \sqrt{3}}{2}$ 可得 $2a = 1 + \sqrt{3}$，$2a - 1 = \sqrt{3}$，$(2a - 1)^2 = 3$，即 $2a^2 - 2a - 1 = 0$。可见，$a^2 = a + \dfrac{1}{2}$，由此可以降次。

$$a^3 = a \cdot a^2 = a\left(a + \dfrac{1}{2}\right) = a^2 + \dfrac{1}{2}a = \left(a + \dfrac{1}{2}\right) + \dfrac{1}{2}a = \dfrac{3}{2}a + \dfrac{1}{2}。$$

因此，有

$$a^3 + a^2 - \dfrac{1}{2}a - 2 = \left(\dfrac{3}{2}a + \dfrac{1}{2}\right) + \left(a + \dfrac{1}{2}\right) - \dfrac{1}{2}a - 2 = 2a - 1 = \sqrt{3}。$$

6. 巧用代数公式与因式分解

【例 1】 已知 $a + b + c = -10$，$\dfrac{1}{a+1} + \dfrac{1}{b+1} + \dfrac{1}{c+1} = 0$，计算 $a^2 + b^2 + c^2$。

解题思路： 由 $\dfrac{1}{a+1} + \dfrac{1}{b+1} + \dfrac{1}{c+1} = 0$ 得到

$$(b+1)(c+1) + (c+1)(a+1) + (a+1)(b+1) = 0。$$

整理上式的左端，得到

$$ab+bc+ca+2(a+b+c)+3=0。$$

代入已知条件 $a+b+c=-10$，得到

$$ab+bc+ca=17。$$

将 $a+b+c=-10$ 的两边平方，得到

$$100=(a+b+c)^2=a^2+b^2+c^2+2(ab+bc+ca)$$
$$=a^2+b^2+c^2+34，$$

故

$$a^2+b^2+c^2=100-34=66。$$

【例 2】 已知一个三角形的三条边 a，b，c 满足条件 $a^3+b^3+c^3=3abc$，求证该三角形是等边三角形。（经典竞赛题）

解题思路： 由完全立方公式得到

$$(a+b)^3=a^3+b^3+3ab(a+b)。$$

在上式的两边加上 c^3 后得到

$$(a+b)^3+c^3=a^3+b^3+c^3+3ab(a+b)。$$

利用已知条件 $a^3+b^3+c^3=3abc$ 得到

$$(a+b)^3+c^3=3abc+3ab(a+b)=3ab(a+b+c)。$$

对上式的左端进行因式分解，得到

$$(a+b)^3+c^3=(a+b+c)[(a+b)^2-(a+b)c+c^2]。$$

因此，有

$$(a+b+c)[(a+b)^2-(a+b)c+c^2]=3ab(a+b+c)。$$

两边约去 $a+b+c$ 后得到

$$(a+b)^2-(a+b)c+c^2=3ab。$$

整理后得到

$$a^2+b^2+c^2-ab-bc-ca=0。$$

因此，有

$$(a-b)^2+(b-c)^2+(c-a)^2=2(a^2+b^2+c^2-ab-bc-ca)=0。$$

故 $a-b=b-c=c-a=0$，即 $a=b=c$。因此，所述三角形是等边三角形。

【例 3】求正实数 a 的值，使得 $a^3+a^2-8a-6=0$。

解题思路：注意到常数项 $6=2\times3$。对多项式 a^3+a^2-8a-6 进行因式分解：

$$a^3+a^2-8a-6$$
$$=(a^3+3a^2)+(-2a^2-6a)+(-2a-6)$$
$$=a^2(a+3)-2a(a+3)-2(a+3)$$
$$=(a^2-2a-2)(a+3)。$$

由已知条件 $a^3+a^2-8a-6=0$ 得到

$$a+3=0，\text{或者} a^2-2a-2=0。$$

解上述一元一次方程和一元二次方程，得到：$a=-3$，或 $a=1\pm\sqrt{3}$。因为 $a>0$，所以 $a=1+\sqrt{3}$，这就是所要求的值。

7. 利用方程

【例 1】求无限连分数 $1+\cfrac{1}{2+\cfrac{1}{2+\cfrac{1}{2+\cfrac{1}{\ddots}}}}$ 的值。

解题思路：将该连分数记为 x，则根据其循环规律可以得到如下结果。

$$x=1+\frac{1}{1+x}。$$

化简后得到：$x^2=2$。故 $x=\sqrt{2}$。

【例 2】求正整数 m 的值，使得 m^2-m-20 是一个完全平方数。

解题思路：假设有正整数 n，使得 $m^2-m-20=n^2$。

左边配方，得到

$$\left(m-\frac{1}{2}\right)^2=n^2+20+\frac{1}{4}。$$

两边乘以 4 后得到

$$(2m-1)^2 = (2n)^2 + 81。$$

移项并利用平方差公式，得到

$$(2m-1-2n)(2m-1+2n) = 81。$$

考虑到 $81 = 1 \times 81 = 3 \times 27$，并注意到 $2m-1-2n < 2m-1+2n$，我们只需讨论以下两种情况。第一种情况是

$$\begin{cases} 2m-1-2n = 1, \\ 2m-1+2n = 81, \end{cases}$$

解得 $m = 21$。第二种情况是

$$\begin{cases} 2m-1-2n = 3, \\ 2m-1+2n = 27, \end{cases}$$

解得 $m = 8$。

综上所述，所要求的正整数 m 的值为 8 或 21。

第4章 ▶▶▶
几何学习有殊方

几何是数学的又一个重要支柱，其中平面几何是初中数学的主要知识模块之一。本章集中介绍平行、全等与相似的有关内容，展示几何的力量和美。有了数轴与坐标系，代数与几何就联系起来了，这本身也展示了数学中的平行美。不要坐标系，直接定义点的运算，由此可以得到所谓的质点几何，这是几何的另外一种优美的代数方法。虽然质点几何不是中学数学所要求的知识内容，但是由于它对理解和欣赏数学有好处，我们也在本章予以简单的介绍。此外，我们还通过一些典型例题讲解一些几何解题思路。

第1节　平行、全等与相似展示动静美

直线的平行、三角形的全等与相似都是几何的重要内容，而且它们都充分展示了数学的动静美。欣赏它们的动静美，我们就能够更好地理解几何。

1. 平行展示动静美

我们谈谈平行的概念。如果同一个平面内的两条直线没有交点，它们的位置关系就叫作平行。这个概念来自生活。比如，两条铁轨、桥梁的两侧、普通方桌的对

边、黑板的对边、门框的两边、房屋的两根柱子……这些都给我们平行的印象。

注意，相互平行的是不相交的直线，而直线无限长，但我们只能画出有限长度的线条。如果已经画出的两条线不相交，那么我们怎么知道作为直线的它们永远都不相交呢？这就要依靠逻辑推理。

为了判定给定的两条直线 l_1 与 l_2 是否平行，我们作第三条直线 l_3 与这两条直线相交。在两个交点处共有 8 个角，我们将它们分别标记为 $\angle 1$，$\angle 2$，$\angle 3$，$\angle 4$，$\angle 5$，$\angle 6$，$\angle 7$，$\angle 8$，如下图所示。与两个顶点的相对位置相同的两个角叫作同位角，如 $\angle 1$ 和 $\angle 5$，$\angle 3$ 和 $\angle 7$，$\angle 2$ 和 $\angle 6$，$\angle 4$ 和 $\angle 8$。在直线 l_3 的同一侧且位于直线 l_1 与 l_2 之间的两个角叫作同旁内角，如 $\angle 3$ 和 $\angle 5$，$\angle 4$ 和 $\angle 6$。在直线 l_3 的同一侧且位于直线 l_1 与 l_2 之外的两个角叫作同旁外角，如 $\angle 1$ 和 $\angle 7$，$\angle 2$ 和 $\angle 8$。分别位于直线 l_3 的两侧且在直线 l_1 与 l_2 之间的两个角叫作内错角，如 $\angle 3$ 和 $\angle 6$，$\angle 4$ 和 $\angle 5$。位于直线 l_3 的两侧且在直线 l_1 与 l_2 之外的两个角叫作外错角，如 $\angle 1$ 和 $\angle 8$，$\angle 2$ 和 $\angle 7$。

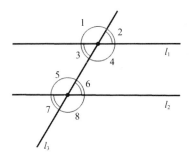

现在我们假设直线 l_1 与 l_2 平行，记为 $l_1 /\!/ l_2$。假设 $\angle 3 + \angle 5 \neq \angle 4 + \angle 6$。因为 $\angle 3 + \angle 4 + \angle 5 + \angle 6 = 2 \times 180°$，所以 $\angle 3 + \angle 5 \geqslant 180°$ 与 $\angle 4 + \angle 6 \geqslant 180°$ 不可能同时成立。不妨假设 $\angle 4 + \angle 6 \geqslant 180°$ 不成立，即 $\angle 4 + \angle 6 < 180°$。我们知道，三角形的内角和等于 $180°$，而 $\angle 4 + \angle 6$ 不足 $180°$，因此这两个角可以构成某个三角形的两个内角，该三角形的第三个角的大小为 $180° - \angle 4 - \angle 6$。这就意味着直线 l_1 与 l_2 在该三角形的第三个角的顶点处相交，与 $l_1 /\!/ l_2$ 的假设矛盾。因此，$\angle 3 + \angle 5 \neq \angle 4 + \angle 6$ 的假设不成立，故 $\angle 3 + \angle 5 = \angle 4 + \angle 6$。又因为 $\angle 3 + \angle 5 + \angle 4 + \angle 6 = 2 \times 180°$，所以 $\angle 3 + \angle 5 =$

$\angle 4 + \angle 6 = 180°$。这意味着若两条直线平行，则同旁内角互补。

反过来，若两条相异的直线 l_1 与 l_2 不平行，则可以假设它们相交于某一点，该点与图中已有的两个交点构成一个三角形，由此可以推出 $\angle 3 + \angle 5 < 180°$ 或者 $\angle 4 + \angle 6 < 180°$，进而得到 $\angle 4 + \angle 6 > 180°$ 或者 $\angle 3 + \angle 5 > 180°$。总之，$\angle 3 + \angle 5 \neq 180°$ 且 $\angle 4 + \angle 6 \neq 180°$。这意味着若两条直线不平行，则同旁内角不互补。

综上所述，我们证明了如下结论：两条直线平行，当且仅当同旁内角互补时。

由于 $\angle 2 + \angle 4 = 180°$，我们推出 $\angle 4 + \angle 6 = 180°$，当且仅当 $\angle 2 = \angle 6$ 时。这表明同旁内角互补，当且仅当同位角相等时。由于内错角的对顶角是外错角，因此我们可以得出如下结论：内错角相等，当且仅当外错角相等时。还容易证明，同旁内角互补，当且仅当同旁外角互补时。

综上所述，我们得到如下等价条件：①两条直线平行；②同旁内角互补；③同旁外角互补；④同位角相等；⑤内错角相等；⑥外错角相等。

由①推出的其余各条叫作平行的性质定理，由其余各条推出①叫作平行线的判定定理。

我们从另外的角度来体会一下这些定理。

为了体会内错角相等，我们取直线 l_3 与两条平行线 l_1 与 l_2 的交点的连线的中点，然后让这 3 条直线构成的完整图形绕着该中点旋转。当旋转到 180° 的时候，所得图形与原来的图形完全重合。特别地，原先的内错角现在恰好重合在一起。在此我们看到了动静美，即图形旋转了，但是内错角依然相等。

为了体会同位角相等，我们想象直线 l_1 沿着 l_3 滑动，即 $\angle 2$ 的顶点和一条边始终在直线 l_3 上（见上页中的图）。当这个顶点滑动到另外一个交点（$\angle 6$ 的顶点处）时停止滑动，此时直线 l_1 与 l_2 重合。特别地，原先的同位角（如 $\angle 2$ 与 $\angle 6$）现在完全重合在一起了。在这里我们再次看到了动静美，即图形在平行移动，但是角度没有变化。

刚才的直线 l_1 沿着另一条直线 l_3 滑动诱导出一个普遍的概念，那就是平移。在平面内或者空间中，给定的一个图形沿着一条直线单纯地移动（既不改变图形的内在结构，也不让图形旋转和伸缩）叫作图形的平移。平移始终保持图形的形状和大小不变，也就是始终保持图形全等。在原来的图形中任意取两个点 A 和 B，设平移后得到的点分别为 A' 和 B'，则 $AB//A'B'$ 且 $AA'//BB'$，即这 4 个点构成一个平行四边形。在原来的图形中任意选取 3 个点 A，B，C，假设平移后所对应的点分别为 A'，B'，C'，则由于图形的内部结构不发生任何变化，我们得到 $\angle ABC = \angle A'B'C'$。（此处图略。）可见，平移保持角度不变。总之，与平行概念密切相关的平移生动地体现了动静美。

2. 全等展示动静美

我们从全等的概念说起。如果两个三角形的大小和形状完全相同，那么我们就称这两个三角形全等。从运动的观点来看，如果一个三角形经过平移、旋转或者翻转等变化后可以与第二个三角形重合，那么这两个三角形就是全等的；反之，如果两个三角形全等，那么二者一定可以经过平移、旋转或者翻转等变化重合。简言之，全等等价于可以重合。若 $\triangle ABC$ 与 $\triangle A'B'C'$ 全等，则记 $\triangle ABC \cong \triangle A'B'C'$。注意这里的点对之间的对应关系，当这两个三角形重合时，点 A 与 A'，B 与 B'，C 与 C' 分别重合。

为了在解决问题的过程中应用全等三角形，搞清楚全等的类型十分重要。

首先，平移可以产生全等。在下图中，$\triangle ABC$ 经过平移得到 $\triangle A'B'C'$，因此这两个三角形是全等的。为了形象起见，你可以想象将直角三角板的斜边贴着书本的一侧滑动。

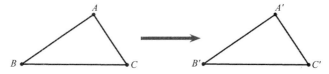

为了观察 $\triangle ABC$ 中 3 个点的排列次序，可以假想你从点 A 出发，沿着边 AB 到达点 B，再经过边 BC 到达点 C，然后经过边 CA 又回到点 A。这样的行走方向有点像钟表指针旋转的反方向，即逆时针方向。如果反过来，按照 ACB 的次序，那就是顺时针方向。在上图中，ABC 与 $A'B'C'$ 均为逆时针方向。可见，平移不改变三角形中 3 个点的排列次序。

其次，旋转也可以产生全等。你可以想象电风扇叶片的旋转。不过，我们要求在同一个平面内旋转，因为我们现在只考虑平面图形。如下面的左图所示，△OAB 经过旋转可以依次得到 △OCD，△OEF，△OGH，这些三角形彼此都是全等的。旋转的角度可以是任意的。当旋转 180° 的时候，全等的两个三角形就会有对顶角，如下面左图中的 ∠AOB 与 ∠EOF。当旋转的角度小于三角形位于点 O 处的顶角时，两个全等的三角形就会出现部分重叠的现象，如下面右图中的 △OAB 与 △OIJ。

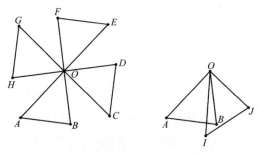

在上面的图中，我们指出的所有三角形顶点的排列次序都是逆时针方向。可见，绕着一点旋转不改变三角形中 3 个顶点的排列次序。

绕着三角形内或者三角形外的任意一个点都可以旋转三角形，所得到的所有三角形也都是全等的，而且顶点的排列次序也都不变。建议读者自己画出相应的图形。

最后，翻转也是产生全等的一种重要方式。所谓翻转，就像转动一扇门，也像翻动书页。不过，我们现在考虑的是平面图形，因此我们要求图形绕着轴线转动 180° 后回到同一个平面之内，这样的翻转也叫作翻折。我们知道，一个等腰三角形关于其底边上的中线对称。如果将该三角形沿着这条中线翻折过来，左右两部分就可以完全重合在一起，也就是说等腰三角形底边上的中线分割出两个全等的三角形，如下图中的 △ABM 和 △ACM。注意，ABM 是逆时针方向，而 ACM 是顺时针方向。

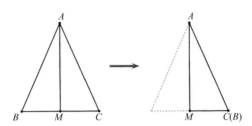

再如，下图中的 $\triangle ABC$ 经过翻折得到 $\triangle ABD$，因此 $\triangle ABC \cong \triangle ABD$。注意，$ABC$ 是逆时针方向，而 ABD 是顺时针方向。

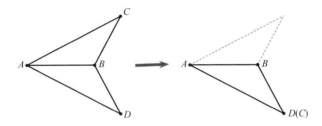

从上面的例子可以看出，经过翻折所产生的两个全等三角形的顶点的排列次序是相反的。简言之，翻折改变次序。

上面介绍的平移、旋转、翻折是产生全等三角形的 3 种基本方式，这些方式也可以组合起来发挥作用，而且都会产生全等三角形。也就是说，要使两个全等的三角形重合起来，可能既需要平移，又需要旋转，还需要翻折。由于只有翻折才使得点的排列次序发生反转，如果两个全等三角形的对应顶点的排列次序没有发生变化，就不需要翻折，仅仅需要平移和/或旋转即可。

平移在视觉上容易辨识，因此我们只考虑旋转与翻折的组合。如果只有旋转，两个三角形对应顶点的排列次序是相同的。比如，我们固定地按照逆时针方向读取第一个三角形的 3 个顶点（假定是 A，B，C）。同时，按照相同的方向读取第二个三角形的 3 个顶点（比如 D，E，F）。但是，点 D，E，F 不一定刚好分别与点 A，B，C 对应。因为三角形有 3 个顶点，所以我们可能需要更换配对方式，即需要更换出发点。于是，我们可以分别读取 DEF，EFD，FDE，看看究竟哪一个与 ABC 刚好相对应，以此找到全等的对应关系。建议读者画图试一试。

如果有翻折,两个三角形顶点的排列次序就是相反的。此时,如果我们固定地按照逆时针方向读取第一个三角形的 3 个顶点(假定是 A,B,C),那么就必须按照相反的方向(顺时针)读取第二个三角形的 3 个顶点(比如 D,E,F)。我们可以分别读取 DEF,EFD,FDE,看看哪一个与 ABC 刚好对应,以此找到全等的对应关系。建议读者画图体会一下。

与平行类似,全等也体现了动静之美。两个三角形既然全等,那么它们的一切组件都对应相等。不仅 3 个内角、3 个外角、3 条边都对应相等,而且 3 条中线、3 条高、3 条角平分线等也都对应相等,两个三角形的面积当然也是相等的。

下面考虑反过来的问题,就是如何判断两个三角形全等。

如果两个三角形的 3 个角对应相等,3 条边也对应相等,那么这两个三角形是可以重合的,即它们全等。这里用 6 个条件判定两个三角形全等,能不能让条件少一点呢?

我们假定只知道一个角对应相等,且该角的两条边对应相等,看看由这 3 个条件是否可以推断两个三角形全等。

如下图所示,在 $\triangle ABC$ 与 $\triangle A'B'C'$ 中,$\angle A = \angle A'$,$AB = A'B'$,$AC = A'C'$,我们来说明 $\triangle ABC \cong \triangle A'B'C'$。

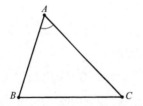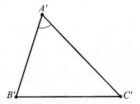

由于 $\angle A = \angle A'$ 且 $AB = A'B'$,我们可以移动 $\triangle ABC$ 使得 $\angle A$ 与 $\angle A'$ 重合且 AB 与 $A'B'$ 重合。此时,由于 $AC = A'C'$,AC 与 $A'C'$ 必然重合。特别地,点 C 与 C' 重合,BC 与 $B'C'$ 重合。可见,$\triangle ABC$ 与 $\triangle A'B'C'$ 重合,即 $\triangle ABC \cong \triangle A'B'C'$。

通过一个角及其夹边对应相等来判定两个三角形全等的定理简称为"边角边"判定定理,可以简记为 SAS。

由两个角和一条边对应相等也可以判定两个三角形全等,这就是"角边角"判定定理，可以简记为 ASA。

　　如下图所示，在 △ABC 与 △A'B'C' 中，AB = A'B'，∠A = ∠A' 且 ∠B = ∠B'。我们来说明 △ABC ≌ △A'B'C'。

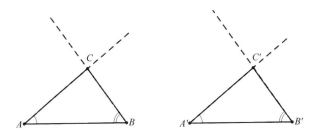

　　根据已知条件，我们可以移动（可以平移、旋转或翻折）左边的图形，使得 AB 与 A'B' 重合，且 ∠A 与 ∠A' 重合，∠B 与 ∠B' 重合。因此，左右两个图形完全重合。特别地，射线的交点也彼此重合。因此，△ABC 与 △A'B'C' 可以完全重合，即 △ABC ≌ △A'B'C'。

　　我们还可以利用下面将要介绍的相似来说明上述全等。由于三角形的内角和等于 180°，两个三角形中有两对角对应相等实际上就是三对角都对应相等。因此，这两个三角形是相似的。相似三角形的对应边成比例。而我们现在已经知道一对边对应相等，因此对边的比例系数为 1。可见，这两个三角形的所有对应边都相等，因为它们的比例系数都是 1。综上所述，△ABC ≌ △A'B'C'。

　　正如刚才已经说过的，有两对角对应相等实际上就是三对角都对应相等。因此，我们可以得到"角角边"判定定理（可以简记为 AAS）：若两个三角形的两个角以及第三个角的一条边对应相等，则这两个三角形全等。

　　由 3 条边对应相等也可以判定两个三角形全等，这就是"边边边"判定定理，可以简记为 SSS。如下图所示，在 △ABC 与 △A'B'C' 中，AB = A'B'，BC = B'C'，CA = C'A'，我们来说明 △ABC ≌ △A'B'C'。

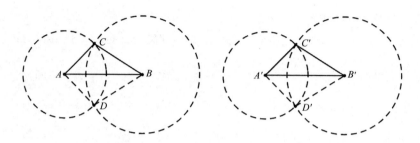

以点 A 为圆心，AC 为半径作圆 A；以点 B 为圆心，BC 为半径作圆 B；以点 A' 为圆心，$A'C'$ 为半径作圆 A'；以点 B' 为圆心，$B'C'$ 为半径作圆 B'。在每一个图中，两个圆都有两个交点，而且整个图形关于 AB 或 $A'B'$ 所在的直线对称。因为 $AB = A'B'$，所以可以移动第一个图形，使得 AB 与 $A'B'$ 重合。由于 $CA = C'A'$，所以 $\odot A$ 与 $\odot A'$ 重合；由于 $BC = B'C'$，所以 $\odot B$ 与 $\odot B'$ 重合。因此，左右两个图形（包括三角形和圆）能够完全重合。必要的时候，我们还可以翻折第一个图形，以保证点 C、C' 重合。因此，$\triangle ABC$ 与 $\triangle A'B'C'$ 可以完全重合，即 $\triangle ABC \cong \triangle A'B'C'$。

在以上证明过程中，我们通过移动使得两个三角形重合，这生动地展现了动静美。

3. 相似展示动静美

说到相似，生活中有很多例子。你可以对自己的一张照片进行缩放，所得到的照片与原先的照片当然是相似的，因为它们都是你本人的照片；也可以将同样的文字打印成不同的大小，但字形始终是相似的。

一般地，如果两个图形的形状相同，我们就称它们相似。特别地，两个全等的图形当然是相似的。与全等的概念相比较而言，相似并不要求大小相等。如果将一个图形放大或者缩小后得到另外一个图形，那么这两个图形是相似的。

既然两个图形相似，那么对应线段的比例总是相等；既然两个图形相似，对应的角度也总是相等。在两个相似的图形中，对应边的比值叫作相似比。显然，全等图形的相似比为 1；若把一个图形放大到原来的 2 倍，则相似比为 $\dfrac{1}{2}$；若把一个图形缩小到原来的一半，则相似比为 2。

下面我们专门讨论三角形的相似。根据定义，若两个三角形的对应角相等，对应边成比例，则这两个三角形相似。若 $\triangle ABC$ 与 $\triangle A'B'C'$ 相似，则记 $\triangle ABC \backsim \triangle A'B'C'$。相似符号可理解为英文单词 similar（"相似"）的首字母 s。设 $\dfrac{AB}{A'B'} = \dfrac{BC}{B'C'} = \dfrac{CA}{C'A'} = k$，则 k 就是相似比。此时，这两个三角形的高、中线、角平分线等都分别成比例，而且比例系数也是 k。由此推出这两个三角形的面积比等于 k^2。

在解题过程中，看清楚两个相似三角形的点或者边之间的对应关系尤为重要。由于两个图形相似相当于相差一个全等与一次缩放，而后者容易显示点、边之间的对应关系，故关键是要看两个全等的图形是如何实现重叠的。与看清楚三角形的全等一样，为了看清楚三角形的相似，要善于从不同的起点和不同的方向（顺时针方向与逆时针方向）来读三角形的 3 个顶点。比如，对于 $\triangle ABC$ 的 3 个顶点，共有 6 种读取方式：ABC，BCA，CAB，ACB，CBA，BAC。若前 3 种情况对应于顺时针方向，则后 3 种情况对应于逆时针方向。

如果能够证明两个三角形的对应角都相等，对应边也都成比例，那么当然就知道这两个三角形相似。那么，有没有简单点的方法来判定两个三角形相似呢？答案是肯定的。

判定定理 1：如果两个三角形中有两对角对应相等，那么这两个三角形相似。

判定定理 2：如果两个三角形中的 3 对边对应成比例，那么这两个三角形相似。

稍后我们会证明三角形的 3 个内角之和为定值。因此，两个三角形的两对角对应相等等价于 3 对角对应相等。为了证明判定定理 1 和 2，只需证明两个三角形的两对角对应相等等价于 3 对边对应成比例。

我们先看第一个方面，由两个三角形的两对角对应相等来推导 3 对边对应成比例。假设在 $\triangle ABC$ 与 $\triangle A'B'C'$ 中，$\angle A = \angle A'$，$\angle B = \angle B'$，要证明 $\dfrac{AB}{A'B'} = \dfrac{BC}{B'C'} = \dfrac{CA}{C'A'}$。

我们考虑第一种特殊情形，那就是 $\dfrac{AB}{A'B'} = 2$。由于 $\angle A = \angle A'$，我们可以移动

（包括平移、旋转、翻折等方式）$\triangle A'B'C'$，使得 $\angle A$ 与 $\angle A'$ 重合，如下图所示。此时，由于 $AB=2AB'$，所以点 B' 是线段 AB 的中点，点 C' 在线段 AC 上。

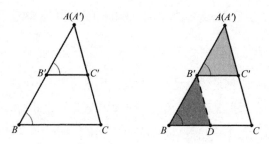

因为 $\angle AB'C'=\angle ABC$，所以 $B'C'/\!/BC$。作 $B'D/\!/AC$ 交 BC 于点 D。于是，$\angle A=\angle BB'D$。由于 $AB'=B'B$，根据 ASA 判定定理得到，$\triangle AB'C' \cong \triangle B'BD$。因此，$B'C'=BD$，$AC'=B'D$。因为 $B'C'CD$ 是平行四边形，所以其对边相等，即 $B'C'=DC$ 且 $B'D=C'C$。于是，$AC'=B'D=C'C$，$BD=B'C'=DC$。可见，$\dfrac{AB}{AB'}=\dfrac{BC}{B'C'}=\dfrac{AC}{AC'}=2$，$\dfrac{AB}{A'B'}=\dfrac{BC}{B'C'}=\dfrac{AC}{A'C'}=2$。第一种特殊情形得以证明。

下面考虑第二种特殊情形，比如 $\dfrac{AB}{A'B'}=\dfrac{3}{2}$。可以移动 $\triangle A'B'C'$，使得 $\angle A$ 与 $\angle A'$ 重合。此时，由于 $AB=\dfrac{3}{2}A'B'$，所以点 B' 是线段 AB 的三等分点，点 C' 在线段 AC 上，如下图所示。

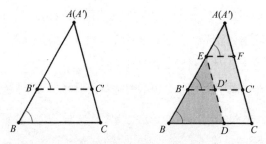

取 AB' 的中点 E，则 $AE=EB'=B'B$。取 AC 上的点 F，使得 $\angle AEF=\angle AB'C'$，则 $EF/\!/B'C'$。取 BC 上的点 D，使得 $ED/\!/AC$，则四边形 $EFCD$ 是平行四边形。因此，$EF=DC$，$FC=ED$。$\triangle AB'C'$ 与 $\triangle AEF$，$\triangle EBD$ 与 $\triangle EB'D'$ 都符合第一种特殊

情形的条件，因此根据已经证明的结论，可以得到：$\dfrac{AB'}{AE} = \dfrac{B'C'}{EF} = \dfrac{AC'}{AF} = 2$，$\dfrac{EB}{EB'} = \dfrac{BD}{B'D'} = \dfrac{ED}{ED'} = 2$。根据这些数据进行计算，可得：$\dfrac{AB}{A'B'} = \dfrac{BC}{B'C'} = \dfrac{AC}{A'C'} = \dfrac{3}{2}$。第二种特殊情形得以证明。

在第三种特殊情形中，假设 $\dfrac{AB}{A'B'} = k$，k 是任意一个正的有理数。证明过程类似于第二种特殊情形。

最后是最一般的情形，假设 $\dfrac{AB}{A'B'} = k$，k 是任意一个正实数。该证明过程由于用到极限以及实数的理论而超出了初等数学的范围，故略。

下面我们来看第二个方面，即由三角形的 3 对边对应成比例来推导 3 对角对应相等。假设在 $\triangle ABC$ 与 $\triangle A'B'C'$ 中，$\dfrac{AB}{A'B'} = \dfrac{BC}{B'C'} = \dfrac{AC}{A'C'} = k$，要证明：$\angle A = \angle A'$，$\angle B = \angle B'$，$\angle C = \angle C'$。

这里用重合法就可以了。在射线 AB 上取一点 D，使得 $AB = kAD$，再过点 D 作 BC 的平行线交射线 AC 于点 E，如下图所示。

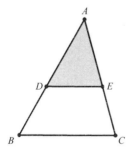 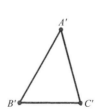

由 $DE /\!/ BC$ 得到 $\angle ADE = \angle B$。由于 $\angle A$ 是公共角，所以 $\triangle ABC \backsim \triangle ADE$。因此，$\dfrac{AC}{AE} = \dfrac{BC}{DE} = \dfrac{AB}{AD} = k$。将该式与条件 $\dfrac{AB}{A'B'} = \dfrac{BC}{B'C'} = \dfrac{AC}{A'C'} = k$ 对照，可得：$AD = A'B'$，$DE = B'C'$，$AE = A'C'$。因此，由 SSS 全等判定定理得 $\triangle ADE \cong \triangle A'B'C'$。既然 $\triangle ABC \backsim \triangle ADE$，就有 $\triangle ABC \backsim \triangle A'B'C'$。证明完毕。

第 2 节　平行、全等与相似有什么用

平行、全等、相似等知识非常重要，因为这些是初等几何的核心内容，是其他一些几何理论的基础，也在解决一些实际问题的过程中发挥重要作用。

我们首先看两道十分简单的例题。

【例 1】证明三角形的内角和等于 180°。

解题思路：这是利用平行线性质的最经典的例子。任意给定 $\triangle ABC$，适当延长边 BC，过点 C 作 AB 的平行线 CD 将 $\angle ACB$ 的外角分割成 $\angle 1$ 和 $\angle 2$，如下图所示。

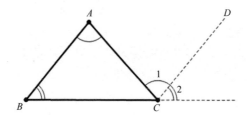

因为平行导致内错角与同位角分别相等，所以 $\angle A=\angle 1$，$\angle B=\angle 2$。由于 $\angle ACB$，$\angle 1$，$\angle 2$ 构成平角，$\angle 1+\angle 2+\angle ACB = 180°$，因此 $\angle A+\angle B+\angle ACB = 180°$。

【例 2】证明平行四边形的对边相等，对角相等，两条对角线互相平分。

解题思路：如下图所示，已知 $AB/\!/CD$，$AD/\!/BC$。连接 AC。根据平行的条件，立即得到 $\angle BAC = \angle DCA$ 与 $\angle BCA = \angle DAC$。上述两式的两边分别相加，得到 $\angle BAD = \angle DCB$。又因为 $CA = AC$，根据 ASA 判定定理，得到 $\triangle ABC \cong \triangle CDA$，参看左图。因此，$\angle ABC = \angle CDA$，$AB = CD$，$BC = AD$。可见，平行四边形 $ABCD$ 的对边相等，对角也相等。

进一步，我们连接 BD，参看下面的右图。由于 $AB/\!/CD$，$\angle BAE = \angle DCE$，$\angle ABE = \angle CDE$。上面已经证明 $AB=CD$，根据 ASA 判定定理得到 $\triangle ABE \cong \triangle CDE$。因此，$AE=CE$，$BE=DE$，即平行四边形 $ABCD$ 的两条对角线互相平分。

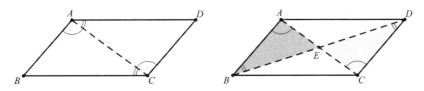

关于平行与相似概念的应用，我们来看一组固定的平行线交任意一条直线所截得的线段的分比不变性。注意，这一组平行线是相对固定的，而截取它们的直线是任意的、可变动的，因此这里也体现出动静美。

如下面的左图所示，一条直线与给定的一组平行线的交点分别为 A，B，C，而另外一条直线与该组平行线的交点分别为 A_1，B_1，C_1，我们要来证明 $\dfrac{AB}{BC} = \dfrac{A_1B_1}{B_1C_1}$。

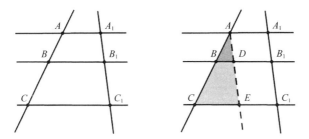

若 $AB /\!/ A_1B_1$，则四边形 AA_1B_1B 和 BB_1C_1C 都是平行四边形（图略）。根据上述内容可知，$AB = A_1B_1$，$BC = B_1C_1$。因此，$\dfrac{AB}{BC} = \dfrac{A_1B_1}{B_1C_1}$ 自然成立。

若直线 AB 与 A_1B_1 不平行，则平移直线 A_1B_1，使得点 A_1 和 A 重合，并设它与这组平行线中的第二、三条直线分别交于点 D 和 E，如上面的右图所示。于是，四边形 AA_1B_1D 和 DB_1C_1E 都是平行四边形。因此，$AD = A_1B_1$，$DE = B_1C_1$。因为 $BD /\!/ CE$，所以 $\angle ABD = \angle ACE$，$\angle ADB = \angle AEC$。可见，$\triangle ABD \backsim \triangle ACE$。因此，$\dfrac{AB}{AC} = \dfrac{AD}{AE}$。根据比例的性质，该等式可变为 $\dfrac{AB}{AC - AB} = \dfrac{AD}{AE - AD}$，即 $\dfrac{AB}{BC} = \dfrac{AD}{DE}$。结合前面已经证明的线段之间的关系，我们得到 $\dfrac{AB}{BC} = \dfrac{A_1B_1}{B_1C_1}$。这就完成了证明。

下面我们看一道解决实际问题的应用题。

【**例3**】海边有一座栈桥 MN 垂直于海岸，海岸上的 A，B，C 处恰好有 3 根灯柱，每相邻两根的间距相等，如右图所示。游客甲从灯柱 A 处垂直于海岸行走 15 米到达点 D，他回望栈桥的最远端 M，视线刚好经过灯柱 B。游客乙从灯柱 B 处垂直于海岸行走 15.79 米到达点 E，他回望栈桥的最远端 M，视线刚好经过灯柱 C。请问栈桥有多长？若相邻两根灯柱的间距为 30 米，则灯柱 A 到栈桥的垂直距离有多远？

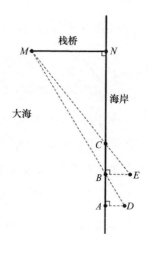

解题思路： 问题归结为求线段 MN 的长度 x 以及 AN 的长度 y。显然，$\triangle MNB \backsim \triangle DAB$。因此，$\dfrac{BN}{MN} = \dfrac{AB}{AD}$。

显然，$\triangle MNC \backsim \triangle EBC$。因此，$\dfrac{CN}{MN} = \dfrac{BC}{BE}$。记 $AD = a$，$BE = b$，$AB = BC = h$。我们得到如下方程组：

$$\begin{cases} \dfrac{y-h}{x} = \dfrac{h}{a}, & （1） \\[2mm] \dfrac{y-2h}{x} = \dfrac{h}{b}。& （2） \end{cases}$$

由式（1）减去式（2）得到

$$\frac{h}{x} = \frac{h}{a} - \frac{h}{b}。$$

约去 h，得到

$$\frac{1}{x} = \frac{1}{a} - \frac{1}{b}。$$

注意，这里非常奇妙的是居然可以约去变量 h。代入数据，通过计算可得

$\dfrac{1}{x} = \dfrac{1}{15} - \dfrac{1}{15.79} \approx \dfrac{1}{300}$，即 $x \approx 300$（米）。可见，栈桥长度约为 300 米。

由式（1）得

$$y = \left(1 + \frac{x}{a}\right)h = \left(1 + \frac{300}{15}\right) \times 30 = 630 \text{（米）,}$$

即灯柱 A 到栈桥的垂直距离为 630 米。

为了进一步了解全等、相似等知识的应用，下面我们提出一个问题：平面内到两个定点的距离相等的点构成的图形是什么？

如下图所示，A 和 B 是平面内的两个定点，P 是一个动点，$PA=PB$，求点 P 的轨迹。

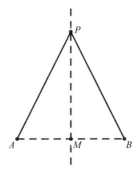

连接 AB，并取 AB 的中点 M，连接 PM。在 $\triangle PAM$ 和 $\triangle PBM$ 中，$PA = PB$，$AM = BM$，$PM = PM$。因此，左右两个三角形全等，即 $\triangle PAM \cong \triangle PBM$。所以，$\angle AMP = \angle BMP = 90°$。可见，$PM \perp AB$，即点 P 在线段 AB 的垂直平分线上。反过来，利用全等三角形容易证明线段 AB 的垂直平分线上的任意一点到 A，B 两点的距离相等。综上所述，我们得到点 P 的轨迹恰好就是线段 AB 的垂直平分线。

我们紧接着问：平面内到两个定点的距离的比值为不等于 1 的常数的动点所形成的轨迹又是怎样的呢？

如下图所示，A 和 B 是平面内的两个定点，P 是一个动点，$PA = \frac{1}{2}PB$，求点 P 的轨迹。

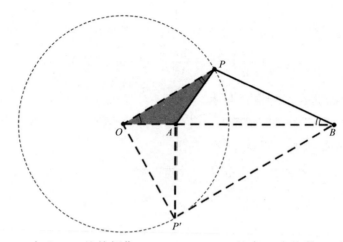

连接 AB，在 $\triangle PAB$ 的外侧作 $\angle OPA = \angle OBP$，且点 O 在线段 BA 的延长线上。在 $\triangle OAP$ 与 $\triangle OPB$ 中，$\angle OPA = \angle OBP$，$\angle POA = \angle BOP$。因此，这两个三角形相似。所以，它们的对应边成比例，$OA:OP = OP:OB = PA:PB = 1:2$。由此推出 $OA = \dfrac{1}{2}OP$，$OP = \dfrac{1}{2}OB$，进一步得到 $OA = \dfrac{1}{4}OB$。将 $OB = OA + AB$ 代入后得到：$OA = \dfrac{1}{3}AB$。这表明 O 是定点，因为 A 和 B 都是定点。此外，$OB = OA + AB = \dfrac{1}{3}AB + AB = \dfrac{4}{3}AB$，从而有 $OP = \dfrac{1}{2}OB = \dfrac{1}{2} \times \dfrac{4}{3}AB = \dfrac{2}{3}AB$。可见，$OP$ 为定长。因此，点 P 在以 O 为圆心、$\dfrac{2}{3}AB$ 为半径的圆上。

反过来，在 $\odot O$ 上任取一点 P'（见上图），有 $OP' = OP$。因此，$OA:OP' = OP':OB = 1:2$。$\angle P'OA = \angle BOP'$，故 $\triangle OAP' \backsim \triangle OP'B$。于是，$AP':P'B = OA:OP' = 1:2$。这表明圆上的任意一点 P' 都满足 $AP' = \dfrac{1}{2}P'B$。

综上所述，所要求的点 P 的轨迹恰好就是 $\odot O$。

一般地，设 A 和 B 是平面内的两个定点，P 是一个动点，$PA = kPB$，其中常数 $k \neq 1$，则动点 P 的轨迹是一个圆，这个圆叫作阿氏圆（由古希腊数学家阿波罗尼奥斯发现）。

阿氏圆常常用于求带有比例系数的线段长度之和的最小值。

【例 4】如下图所示，A 和 B 是平面内给定的 $\odot O$ 外的两个定点，$\odot O$ 的半径等于 $\dfrac{1}{2}OB$，P 是 $\odot O$ 上的一个动点。动点 P 位于圆上的什么位置时 $PA + \dfrac{1}{2}PB$ 取最小值？

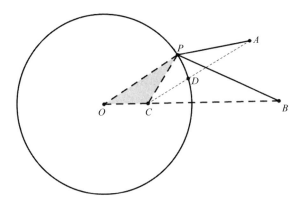

解题思路：连接 OB 和 OP，在 OB 上取一点 C，使得 $OC = \dfrac{1}{4}OB$。连接 PC，则 $OC : OP = OP : OB = 1 : 2$。又因为 $\angle COP = \angle POB$，所以 $\triangle OCP \backsim \triangle OPB$。所以，$PC : PB = OP : OB = 1 : 2$，即 $PC = \dfrac{1}{2}PB$，从而有 $PA + \dfrac{1}{2}PB = PA + PC$。问题转化成 $PA + PC$ 何时取最小值。由于 A 和 C 是两个固定点，问题就成了点 A 和 C 之间的路径何时最短。这条最短路径当然就是连接 AC 的线段。于是，我们连接 AC 交 $\odot O$ 于点 D，则点 P 与 D 重合时 $PA + \dfrac{1}{2}PB$ 取最小值。

第 3 节　对称法的威力

从人的相貌到动物的体型，从树叶到花朵，从太阳到月亮，从波浪到山川，大自然总是呈现出对称美。从故宫到古罗马斗兽场，从黄鹤楼到泰姬陵，从东方明珠到巴黎铁塔，大量的建筑也充分显示出人类对于对称美的追求。在诗词、对联、音乐等中，对称的手法与形式亦随处可见。

数学中也处处闪烁着对称美的光芒，如平方和公式、立方和公式、二次多项式的求根公式等众多代数公式，又如直角、平角、等腰三角形、等腰梯形、矩形、菱形、正方形、圆等诸多几何图形。为了处理各种数学问题，数学家特别善于利用对称的观念和法则，如数学上的一些交换律、各种空间、对偶原理等。为了从数学上精确地刻画对称，代数学家还发明了群的概念。许多数学的概念、定理、方法都展示出对称法的力量。

在本节中，我们尝试通过对称法来看待一些几何问题，以便帮助大家更好地理解初等几何。这些问题将从不同的角度展示对称法的威力。

1. 用对称法理解平角和直角

角是一种非常基础的几何图形。一条射线绕着其端点在一个固定的平面内旋转所形成的图形就是角。一个角的大小称为角度，角度由共端点的两条射线（可能重叠）以及它们之间所相差的旋转运动量来确定。射线旋转一个圆周所形成的角叫作周角，其度数等于360°。

这里有几点需要注意。首先，角度是由圆周运动确定的，其大小与运动量成正比。同样的两条射线所对应的角度可能并不相同。

如下图所示，射线 OA 和 OB 有共同的端点 O，因而可以形成角，那么这个角的度数是多少呢？OA 绕着端点 O 沿逆时针方向旋转，第一次到达 OB 所得到的角度是120°，第二次到达（多转一圈）OB 所得到的角度是480°，即120°+360°=480°；而 OA 绕着端点 O 沿顺时针方向旋转，第一次到达 OB 所得到的角度是-240°；OB 沿逆时针方向旋转，第一次到达 OA 所得到的角度是240°，等等。即使暂时不考虑角度为负的概念，也不考虑超过周角360°的情况，刚才也看到了相同的两条射线可以形成120°与240°两个不同的角度。

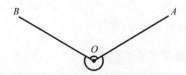

其次，角是由射线构成的，而不是由线段构成的。射线的长度是无限的，但是我们画图的时候只能画有限长度的线段。因此，不要以所画线段的长短来讨论角度

的大小。如下图所示，虽然 △AOB 的外形尺寸明显小于 △COD，但它们所对应的
内角满足以下关系：∠AOB > ∠COD。

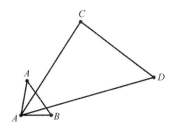

现在我们来讨论平角和直角。

所谓平角就是两条射线的方向刚好相反时所形成的角，如下图中的 ∠AOB。平
角的度数等于 180°，这是因为根据对称性，平角刚好平分周角，即平角的度数刚好
等于 360° 的一半。

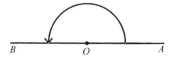

两条射线刚好垂直时所形成的角就是直角，如下图中的 ∠AOB。设想直线 AC
是水平线，直线 BD 是铅垂线。这个图形必然是上下、左右对称的。可见，∠AOB
是周角的 1/4，或者是平角的 1/2。因此，$\angle AOB = 360° \div 4 = 180° \div 2 = 90°$。

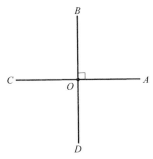

2. 用对称法理解等腰三角形

所谓等腰三角形就是有两条边相等的三角形。这两条相等的边叫作腰。等腰三
角形是轴对称图形，其对称轴是其底边上的中线或高。如下图所示，△ABC 是一

个等腰三角形，D 是边 BC 的中点。整个图形关于直线 AD 对称。

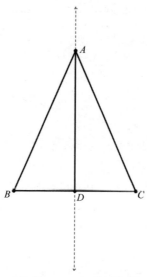

　　既然 $\triangle ABC$ 是对称的，对称轴 AD 左右两侧的两个三角形就是全等的，即 $\triangle ABD \cong \triangle ACD$ 。

　　既然 $\triangle ABC$ 是对称的，就有 $\angle ADB = \angle ADC = 180° \div 2 = 90°$ ，即 $AD \perp BC$ 。中线 AD 也是边 BC 上的高，或者说等腰三角形底边上的中线与高重合。

　　既然 $\triangle ABC$ 是对称的，就有 $\angle BAD = \angle CAD$ ，即 AD 是顶角 $\angle BAC$ 的平分线。可见，等腰三角形底边上的中线、高与顶角的平分线是重合的。

　　既然 $\triangle ABC$ 是对称的，就有 $\angle B = \angle C$ ，即等腰三角形的两个底角也相等。或者说，在三角形中，等边对等角。反过来也是一样，等角对等边。

　　根据对称性，等腰三角形两腰上的中线相等，两腰上的高也相等。

　　在等腰三角形 ABC 中，现在分别作 Rt$\triangle ABD$ 与 Rt$\triangle ACD$ 的斜边上的中线 DE 和 DF、斜边上的高 DG 和 DH，如下图所示。由对称性立即得到：$DE = DF$ ，$DG = DH$ 。

　　如果连接或者构造更多的线段，由对称性还可以得到更多的结论。例如，在下图中，$\triangle AEF$ 和 $\triangle AGH$ 都是等腰三角形。例如，$EG=FH$ ，$GB = HC$ ，$BF = CE$ ，

$BH = CG$，$EH = FG$，等等。例如，$\triangle AED \cong \triangle AFD$，$\triangle AGD \cong \triangle AHD$，$\triangle EGD \cong$ $\triangle FHD$，$\triangle EGC \cong \triangle FHB$，$\triangle EBD \cong \triangle FCD$，$\triangle GBD \cong \triangle HCD$，$\triangle AEC \cong \triangle AFB$，$\triangle AGC \cong \triangle AHB$，$\triangle EHD \cong \triangle FGD$，等等。

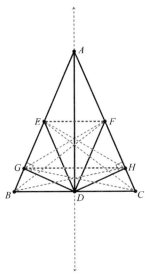

总之，我们看到用对称法可以很好地理解等腰三角形中的大量结论和信息。虽然这种理解有时候并不算是严格的证明，但是它直观地提示了证明的思路。

3. 用对称法理解圆

圆是高度对称的图形。说它高度对称，是因为它的每一条直径所在的直线都是其对称轴。不仅如此，它还是旋转对称图形，就是说它在旋转任何角度以后都与原来的图形重合。根据这些特殊的对称性，可以很好地理解圆的诸多性质。

由于旋转对称性，在一个圆中，只要弧长相等，它们所对应的圆心角就是相等的。整个圆周所对应的圆心角就是周角，即 360°。因此，半个圆周所对应的圆心角是 180°，而四分之一圆周所对应的圆心角是 90°，八分之一圆周所对应的圆心角是 45°，等等。至此不难理解，在同一个圆或者相等的两个圆中，相等的弧长所对应的圆心角相等，所对应的弦长亦相等。

下面从对称性来看圆心角与圆周角的关系：圆周角等于对应的圆心角的一半。

在下面的 3 个图中分别有 $\angle 2 = 2\angle 1$。为什么?

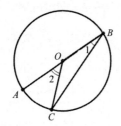 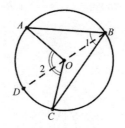 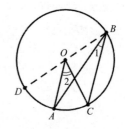

我们分 3 种情况进行讨论。第一种情况是圆周角 $\angle 1$ 与相应的圆心角 $\angle 2$ 重叠的一条边恰好在同一条直径上,见左图。根据对称性,$\triangle BOC$ 是等腰三角形。因此,$\angle 1 = \angle C$。于是,$\angle 2 = \angle 1 + \angle C = 2\angle 1$。

第二种情况是 $\angle 1$ 与 $\angle 2$ 包含连接它们的两个顶点的直径,见中图。此时,作直径 BD,则根据第一种情况的结论,$\angle AOD = 2\angle ABD$,$\angle COD = 2\angle CBD$。将两式的两边分别相加,便得到 $\angle 2 = 2\angle 1$。

第三种情况是 $\angle 1$ 与 $\angle 2$ 在连接它们的两个顶点的直径的同一侧且该直径与这两个角除了顶点外没有其他交点,见右图。此时,作直径 BD,则同样有 $\angle AOD = 2\angle ABD$,$\angle COD = 2\angle CBD$。用第二个等式的两边分别减去第一个等式的两边,便得到 $\angle 2 = 2\angle 1$。

既然圆周角与相应的圆心角成比例(比值为 $\frac{1}{2}$),那么我们可以推出:在同一个圆中,相等的弧必然对应于相等的圆周角,反之亦然。所以,在同一个圆或者半径相等的两个圆中,如下命题是等价的:①弧长相等;②弦长相等;③圆心角相等;④圆周角相等。

由于直径相当于一个 180° 的圆心角,相应的圆周角就等于 90°。这表明:直径所对的圆周角是直角。

在圆上任意画一条弦(可以是直径,也可以不是直径),则它将圆周分割成两段弧,相应的两个圆心角之和是 360°,因此相应的圆周角之和就等于 180°。可见,圆内接四边形的对角互补。如下图所示,四边形 $ABCD$ 是圆内接四边形,则 $\angle A + \angle C = \angle B + \angle D = 180°$。

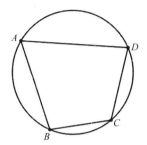

如下图所示，⊙O 的弦 AB 与直径 CD 相交于点 M。分别连接 AO 和 BO，则由于整个图形关于直径 CD 对称，我们容易推出如下结论：若点 M 是 AB 的中点，则 AB⊥CD；反之亦然。总之，在一个圆内，一条直径与一条弦垂直的充分必要条件是该直径平分该弦。

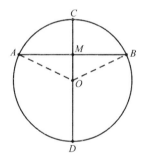

下面来看圆的切线。所谓切线就是与圆周只有一个交点的直线。如下面的左图所示，直线 AB 与 ⊙O 相切于点 C，CD 是直径。

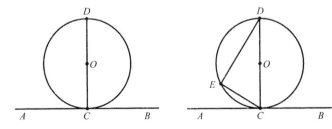

此时的图形关于直径 CD 对称，这好比将一个篮球放在水平的操场上。根据对称性，∠ACD = ∠BCD = 90°，即 AB⊥CD。可见，圆的切线与过切点的直径（或者半径）垂直。

如上面的右图所示，在圆周上任意取一点 E，连接 EC 和 ED。由于 CD 是直径，$\angle DEC = 90°$，由此可知 $\angle EDC + \angle ECD = 90°$。由于 $\angle ACE + \angle ECD = \angle ACD = 90°$，所以 $\angle ACE = \angle EDC$。$\angle ACE$ 是切线 CA 与弦 EC 的夹角，叫作弦切角。这里的结论表明：弦切角等于弦所对的圆周角。也就是说，弦切角与圆周角一样，其大小都由所夹的弧长决定。

先看下面的左图，过点 P 作圆的割线与圆周相交于点 A 和 B，而 PC 与圆相切于点 C。分别连接 AC 和 BC。由于弦切角等于对应的圆周角，所以 $\angle PCA = \angle ABC$。在 $\triangle PAC$ 与 $\triangle PCB$ 中，$\angle P$ 是公共角，$\angle PCA = \angle PBC$，因此 $\triangle PAC \backsim \triangle PCB$。于是，对应边成比例：$PA : PC = PC : PB$，即 $PC^2 = PA \cdot PB$。可见，圆的过某一点的切线段长度的平方等于过同一点的割线被圆周所截得的两条线段的长度的乘积。这就是圆的切割线定理。

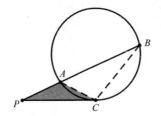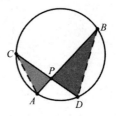

如果在左图中过点 P 作圆的另外一条割线与圆周相交于点 A' 和 B'，那么由切割线定理立即推出 $PA' \cdot PB' = PA \cdot PB$，因为它们都等于 PC^2。此外，若过点 P 作圆的另外一条切线 PC' 与圆周相交于点 C'，则由切割线定理还可以推出 $PC^2 = PC'^2$，因为它们都等于 $PA \cdot PB$。可见，$PC = PC'$，即过圆外的同一个点的两条切线段的长度相等。（此处图略。）

再看上面的右图，圆中的两条弦 AB 与 CD 相交于点 P。分别连接 AC 和 BD。由于同一圆弧对应的圆周角相等，所以 $\angle A = \angle D$，$\angle C = \angle B$。因此，$\triangle APC \backsim \triangle DPB$。于是，对应边成比例：$PA : PD = PC : PB$，即 $PA \cdot PB = PC \cdot PD$。可见，圆内相交弦被交点所分割的线段长度的乘积相等。这就是圆的相交弦定理。

圆的相交弦定理、切割线定理等可以统一为圆幂定理：对于给定的圆以及平面内不在圆周上的任意一点，该点沿着任意切线或者割线到圆周的两个距离（相切时是相等的两个距离）的乘积是一个不变量。

以上我们从对称的观点出发，导出了圆的许多重要性质。在具体解题过程中，也常常可以利用圆的对称性。

4. 用对称法证明勾股定理

在一个直角三角形中，最短的直角边叫作勾，另一条直角边叫作股，斜边叫作弦。勾、股的平方和等于弦的平方，这就是著名的勾股定理，国外叫作毕达哥拉斯定理。例如，一个直角三角形的勾、股分别为 3 和 4，则弦必然为 5，这是因为 $3^2+4^2=5^2$。

勾股定理的证明有数百种之多，其中包括采用对称法。

如下面的左图所示，直角三角形的勾、股、弦分别为 a，b，c，我们要证明 $a^2+b^2=c^2$。为此，我们将该直角三角形复制相同的 4 份，然后将它们按右图所示的方式摆放，使得 4 条斜边构成一个倾斜的正方形。由于三角形的内角和为180°，整个图形的外围轮廓也一定是一个正方形。该正方形的边长为 $a+b$，因此其面积为 $(a+b)^2 = a^2 + b^2 + 2ab$。另外，这个面积也等于中间的小正方形与 4 个直角三角形的面积之和，即 $c^2 + 4 \times \dfrac{1}{2} ab = c^2 + 2ab$。联合上述两个结果，我们得到 $a^2 + b^2 + 2ab = c^2 + 2ab$，化简后得到 $a^2 + b^2 = c^2$。

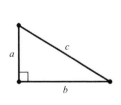

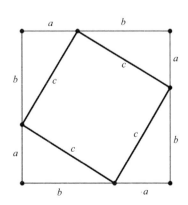

当然，我们也可以按照三国时期赵爽的方法来摆放这 4 个相同的直角三角形，此时 4 个直角三角形的斜边在整个图形的外围构成一个正方形，而直角边在里面形成一个边长为 $b-a$ 的小正方形，如下面的右图所示。请你根据此图来完成勾股定理的证明。

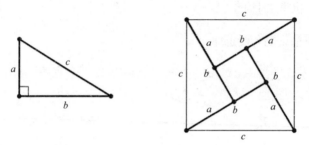

以上两种证明方法都显示了对称法的威力。

5. 用对称法理解将军饮马问题

将军饮马问题是一种经典的几何模型。

我们从简单的情形开始。如下图所示，将军在 A 处牧马，要到河边（直线 l）饮马，然后回到营地 B，问选择在河边的哪个地方饮马才能保证从点 A 开始直至回到点 B 的路程最短？

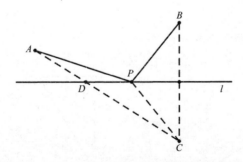

如果不饮马，当然点 A 到点 B 的直线距离最短。为了饮马，就必须到河边去一次。为了使总路程尽可能地短，当然从点 A 到河边的某点 P 要走直线，从点 P 到营地 B 也要走直线。问题是点 P 选择在何处才能确保整个路程 $AP+PB$ 最短呢？

这就要用到对称法。作点 B 关于直线 l 的对称点 C，连接 PC。根据对称性，$PB=PC$。要使 $AP+PB$ 最短，只需使 $AP+PC$ 最短。问题转化成了两个固定的点 A 和 C 之间的路径何时最短。当然，直线距离 AC 最短。于是，我们连接 AC 交直线 l 于点 D，则当点 P 与点 D 重合时所讨论的总路程最短。聪明的将军会选择在点 D 饮马。

此类问题有一些变种的题型。

如下面的左图所示，给定直线 l 和 m 以及它们之间的一个定点 A，动点 P 和 Q 分别在 l 和 m 上。如何选取点 P 和 Q 的位置，才能使得 $AP+PQ+QA$ 最小？

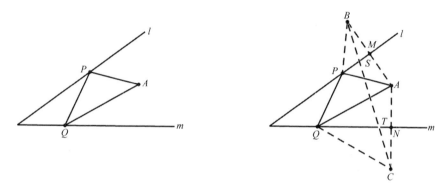

对称法再次派上用场，不过这次要作两个对称点。分别作点 A 关于直线 l 和 m 的对称点 B 和 C。分别连接 PB 和 QC。由对称性可知，$AP=BP$，$QA=QC$。于是，$AP+PQ+QA=BP+PQ+QC$。问题转化成了两个固定的点 B 和 C 之间的路程何时最短的问题。当然，直线距离 BC 最短。于是，我们连接 BC 交直线 l 和 m 于点 S 和 T，则当点 P 与 S 重合且点 Q 与 T 重合时所讨论的总路程最短。

第 4 节　古老而又年轻的面积法*

利用面积解决平面几何问题的方法叫作面积法，这是一种古老而又年轻的方法。说它古老是因为早在古代，赵爽就通过巧妙地摆放 4 个全等的直角三角形并采用面积法来证明勾股定理（见《周髀算经》）。说它年轻是因为近半个世纪以来，我国著名学者张景中院士不断深入研究面积法，并运用它实现了可读机器证明的突破，使得面积法又焕发出新的活力（参看《仁者无敌面积法：巧思妙解学几何》，彭翕成、张景中著，人民邮电出版社，2022 年）。近年来，有些竞赛题中也经常出现面积法的踪影。然而，面积法的有关内容迟迟没有走进中小学教材之中。由于面积法所需基础知识很少，但是在解答很多几何题目时非常有效，所以我们在这里简单地介绍一下该方法的基本内容。

1. 平行四边形的面积公式与等积变换

众所周知，三角形的面积等于底乘以高再除以 2，这就是三角形的面积公式。由此可见，等底且等高的两个三角形的面积相等。例如，若保持底不变，让顶点在平行于底边的直线上变化，则三角形的面积不变。三角形的面积公式为什么成立呢？可以认为，它是祖暅原理"缘幂势既同，则积不容异"的平面几何版本。可是祖暅原理又为什么成立呢？我们将从矩形的面积出发来考虑这个问题。

将一个图形变换成另一个与其面积（或者体积）相等的图形，这就是等积变换。根据上述讨论，将三角形的底边固定，让其顶点在平行线上移动，就是一种等积变换。把三角形的一条边缩小到原来的 n 分之一，同时将另一条边放大到原来的 n 倍，三角形的面积也是不变的。因此，这也是等积变换。

我们从平面图形面积的定义开始。给定一个矩形，其长与宽的乘积就是它的面积。其他图形的面积在本质上是通过等积变换来定义的。如下图所示，长和宽分别为 3 和 2 的矩形 $ABCD$ 的面积等于 6。这有点像铺地砖。如果从纵横两个方向数，分别数出 3 列和 2 行，那么就知道地砖的数目为 6 块，这里的 6 是 3 与 2 的乘积。

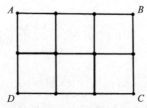

现在假设线段 DC 不动，而线段 AB 沿着它开始时所在的直线水平滑动而变成线段 $A'B'$，则上述矩形变成一个稍微倾斜的平行四边形 $A'B'CD$，如下图所示。然

而，它的面积并没有变化，也就是说平行四边形 *A'B'CD* 的面积与矩形 *ABCD* 的面积相等。

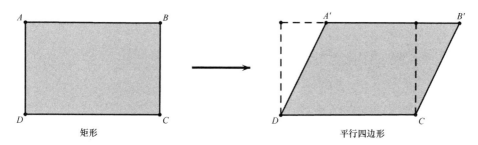

这是为什么呢？通过割补法很容易看出来，注意上图中虚线处的两个直角三角形全等，因为后者是前者平移的结果。

既然滑动后得到的平行四边形的面积等于对应的矩形的面积，我们就得到了平行四边形面积的滑动不变性：固定平行四边形的底边，让其对边沿着原先所在的直线滑动，该平行四边形的面积保持不变。如下图所示，设 *MN//AB*，则平行四边形 *MNBA* 的面积等于平行四边形 *PQBA* 的面积。

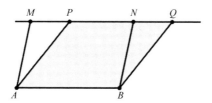

任给一个平行四边形，采用滑动的方法可以得到一个矩形，而矩形的长和宽刚好是平行四边形的底和高。因此，平行四边形的面积等于底和高的乘积。

由此可见，平行四边形的面积与其底和高分别成正比。注意，底的选取不是唯一的。除了像刚才那样选择 *DC* 作为底以外，我们还可以选择其邻边 *AD* 作为底。这里只需转换一个角度看问题。这样一来，平行四边形的面积就与相邻两边的乘积成正比。比如若将一条边扩大到原来的 3 倍，而其邻边不变，这两条边的夹角也不变，那么所得的平行四边形的面积是原来的 3 倍；若将一条边扩大到原来的 3 倍，而将另一条边扩大到原来的 2 倍，而这两条边的夹角不变，则平行四边形的面积就变成原来的 6 倍，如下图所示。

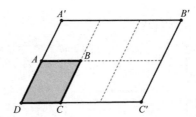

注意，平行四边形相邻的两个内角互补，即它们的度数之和等于 180°，这是因为它们恰好构成同旁内角。

在保持角度不变或者互补的前提下，平行四边形的面积与相邻的两条边的乘积成正比。这就是平行四边形的共角定理。

平行四边形的共角定理：在平行四边形 $ABCD$ 与 $A'B'C'D'$ 中，若 $\angle A = \angle A'$ 或者 $\angle A + \angle A' = 180°$，则这两个平行四边形的面积之比为 $\dfrac{S_{\square ABCD}}{S_{\square A'B'C'D'}} = \dfrac{AB \cdot AD}{A'B' \cdot A'D'}$。

下面我们考虑具有公共边的两个平行四边形。

如下方左图所示，平行四边形 $ABDC$ 与 $EFDC$ 具有公共边 CD。由于这两个平行四边形具有互补的角度 $\angle ACD$ 与 $\angle ECD$，所以根据共角定理，它们的面积之比为 $\dfrac{S_{\square ABCD}}{S_{\square EFDC}} = \dfrac{AC \cdot CD}{CE \cdot CD} = \dfrac{AC}{CE}$。

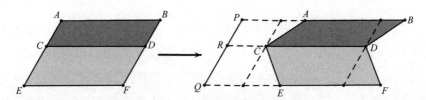

现在我们将直线 AE 平移到任意一位置，它与 3 条直线 AB，EF，CD 的交点分别记为 P，Q，R。而给定的两个平行四边形也可以在保持公共边 CD 不动的前提下进行等积变换，就是让边 AB，EF 在原先各自所在的直线上滑动，所得的新平行四边形仍然记为平行四边形 $ABDC$ 与 $EFDC$，如上方右图所示。平行四边形

$ABDC$ 与 $EFDC$ 的面积都没有改变，它们的比值当然也没有改变。现在这个比值等于直线 PQ 上的线段长度之比 $\dfrac{PR}{QR}$。对于两个平行四边形以 EF 为公共边的情形，我们采用完全相同的方法，可以得到类似的结论。综上所述，我们证明了平行四边形的共边定理。

平行四边形的共边定理：若有平行四边形 $ABDC$ 与 $EFDC$，一条直线与另外 3 条直线 AB，EF，CD 的交点分别为 P，Q，R，则这两个平行四边形的面积之比为 $S_{\square ABDC} : S_{\square EFDC} = PR : QR$。

注意，上述定理中的直线 PQ 可以平行移动，因此它与平行四边形的位置关系可能有不同的情形，比如可能相交，也可能不相交。此外，还需特别注意，共边定理中的两个平行四边形可能在其公共边的一侧，也可能在其公共边的两侧，如下图所示。

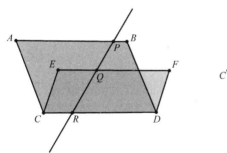
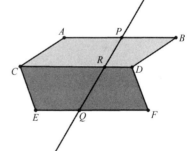

两个平行四边形位于其公共边 CD 的同侧　　　　　两个平行四边形位于其公共边 CD 的两侧

由于平移四边形不会改变其面积，事实上我们可以得到比（平行四边形的）共边定理更为一般的结论。

平行四边形的等边共线定理：若有平行四边形 $ABDC$ 与 $EFD'C'$，线段 DC 与 $D'C'$ 等长且共线（在同一条直线上），一条直线与另外 3 条直线 AB，EF，CD 的交点分别为 P, Q, R（见下图），则这两个平行四边形的面积之比为 $S_{\square ABDC} : S_{\square EFD'C'} = PR : QR$。

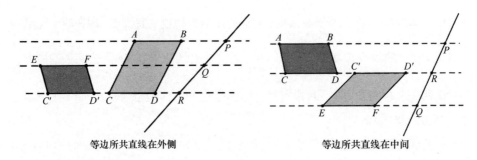

等边所共直线在外侧　　　　　　　　　等边所共直线在中间

2. 三角形的面积

通过与矩形的对照，我们已经得到了平行四边形的面积公式，并获得了共边定理与共角定理。现在我们通过与平行四边形的对照来考察三角形的面积。

两个同样的三角形总是可以拼合成一个平行四边形，我们利用全等三角形的知识不难证明这一点。不过，为了帮助读者理解，我们反过来看待这个问题。将一个平行四边形沿着它的一条对角线剪开，所得到的两个三角形是可以重合在一起的，而且这两个三角形的面积相等。总之，我们容易理解三角形的面积等于相应的平行四边形面积的一半。根据平行四边形的面积计算方法，我们立即得到三角形的面积计算方法：三角形的面积等于其底边与高的乘积的一半。

这里我们需要牢记的是：三角形的面积等于相应的平行四边形面积的一半。

根据这一点，不仅可以得到三角形的面积计算方法，而且可以立即得到有关三角形面积的共边定理、共角定理等。

首先，由于平行四边形的面积具有滑动不变性，三角形的面积也具有滑动不变性。这里的意思是固定三角形的底边，让其所对的顶点沿着平行于底边的直线滑动，三角形的面积保持不变。如下图所示，由于 $MN/\!/AB$ ，$\triangle MAB$ 的面积等于 $\triangle NAB$ 的面积。

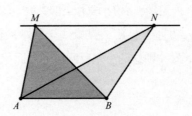

由于在保持角度相同或者互补的前提下，平行四边形的面积与相邻两边长度的乘积成正比，我们可以推出三角形的共角定理。

三角形的共角定理：在保持角度相同或者互补的前提下，两个三角形的面积与该角的两条夹边的乘积成正比。

利用数学符号，三角形的共角定理可表述为：在 $\triangle ABC$ 与 $\triangle A'B'C'$ 中，若 $\angle A = \angle A'$ 或者 $\angle A + \angle A' = 180°$，则这两个三角形的面积之比为 $\dfrac{S_{\triangle ABC}}{S_{\triangle A'B'C'}} = \dfrac{AB \cdot AC}{A'B' \cdot A'C'}$。

符合该定理条件的图形很多，比如下面的两个图。

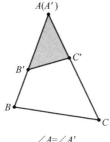 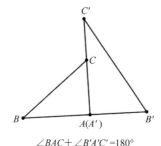

$\angle A = \angle A'$ 　　　　　$\angle BAC + \angle B'A'C' = 180°$

在具有公共边的两个平行四边形中分别作一条对角线，得到两对具有公共边的三角形，如下图所示。由于每个三角形的面积是相应的平行四边形面积的一半，根据平行四边形的共边定理，我们立即得到如下推论。

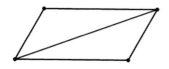 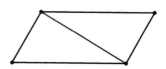

平行四边形及其对角线1　　　　　　平行四边形及其对角线2

三角形的共边定理：设直线 AB 与 PQ 相交于点 R，则这两个三角形的面积之比为 $\dfrac{S_{\triangle PAB}}{S_{\triangle QAB}} = \dfrac{PR}{QR}$，如下图所示。

请注意，该定理中所说的是直线相交，因此可能是两条线段相交，也可能是它们的延长线相交。$\triangle PAB$ 与 $\triangle QAB$ 可能在公共边 AB 的同侧，也可能分别在其两侧。

我们画出如下 4 个基本图示。

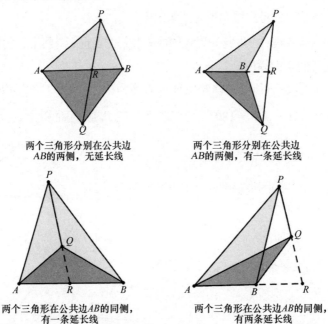

两个三角形分别在公共边
AB的两侧，无延长线

两个三角形分别在公共边
AB的两侧，有一条延长线

两个三角形在公共边AB的同侧，
有一条延长线

两个三角形在公共边AB的同侧，
有两条延长线

我们指出，上述定理叙述的条件其实包含更加广泛的图示。比如，上述基本图示中的交点 R 可能与点 B 重合，如下图所示。此时，图形中只出现 5 个点，是更为简单的情形，但是仍然适用于共边定理。

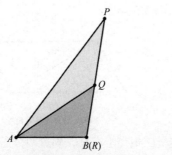

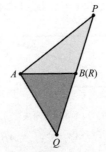

P，Q，B三点共线，即点R和B重合

P，B，Q三点共线，即点R和B重合

由平行四边形的等边共线定理，我们可以直接推出关于三角形的下述结论。

三角形的等边共线定理：设有 △PAB 与 △QCD，线段 AB 与 CD 等长且共线（在同一条直线上），直线 PQ 与 AB 相交于点 R（见下图），则这两个三角形的面积之

比为 $\dfrac{S_{\triangle PAB}}{S_{\triangle QCD}} = \dfrac{PR}{QR}$。

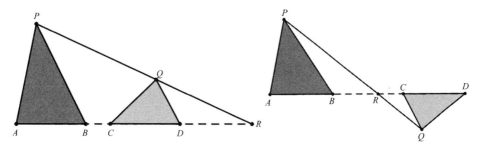

注意，以上两个图示并不代表该定理描述的所有情形。由于相等的边 AB 和 CD 可以在所在直线上滑动，因此它们的位置关系除了不相交以外，还可以有重叠和部分重叠的情形；交点 R 也可能与 4 个点 A，B，C，D 中的某一个重合。

3. 面积法的应用

我们通过一些例题来看面积法的有效应用。

【例 1】证明相似三角形的面积比等于对应边比值的平方。

解题思路：设 $\triangle ABC \backsim \triangle A'B'C'$，则对应边成比例，即

$$\frac{AB}{A'B'} = \frac{AC}{A'C'} = \frac{BC}{B'C'}。$$

由于 $\angle A = \angle A'$，运用三角形的共角定理，可知这两个三角形的面积比为

$$\frac{S_{\triangle ABC}}{S_{\triangle A'B'C'}} = \frac{AB \cdot AC}{A'B' \cdot A'C'} = \frac{AB}{A'B'} \cdot \frac{AC}{A'C'} = \frac{AB}{A'B'} \cdot \frac{AB}{A'B'} = \left(\frac{AB}{A'B'}\right)^2。$$

由于对应边的比值相同，我们立即得到

$$\frac{S_{\triangle ABC}}{S_{\triangle A'B'C'}} = \left(\frac{AB}{A'B'}\right)^2 = \left(\frac{AC}{A'C'}\right)^2 = \left(\frac{BC}{B'C'}\right)^2。$$

这就完成了证明。读者可以自己画出图形。

【例 2】如下面的左图所示，小矩形的一个顶点位于大矩形的对角线上。探究这两个矩形的边长 a，b，c，d 之间的关系。

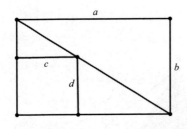
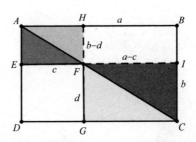

解题思路：虽然可以用三角形的相似关系来探讨该问题，但是在这里我们采用面积法。

矩形总是被其对角线分割成两个全等的三角形，如上面的右图所示。用两个大三角形的面积分别减去两个小三角形的面积，我们得到左下角与右上角的两个矩形的面积也相等，即矩形 *EFGD* 与矩形 *HBIF* 的面积相等。因此，有

$$cd = (a-c)(b-d) 。$$

化简后立即得到

$$ad + bc = ab 。$$

这就是两个矩形的边长之间的关系。

为了让公式更好看，我们用上式的两边同时除以 ab，得到

$$\frac{c}{a} + \frac{d}{b} = 1 。$$

可见，矩形的对应边的比例之和等于 1。

【例 3】如下图所示，圆内接四边形 *ABCD* 的两条对角线相交于点 *E*，证明：$\dfrac{AB \cdot AD}{AE} = \dfrac{CD \cdot CB}{CE}$。

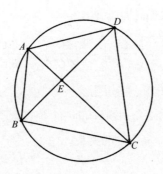

解题思路：这可以用三角形的相似关系来证明，但是我们在此采用面积法。根据圆的性质，$\angle BAD$ 与 $\angle BCD$ 互补。对 $\triangle BAD$ 与 $\triangle BCD$ 应用共角定理，得到

$$\frac{S_{\triangle BAD}}{S_{\triangle BCD}} = \frac{AB \cdot AD}{CD \cdot CB}。$$

由于这两个三角形有公共边 BD，根据共边定理得到

$$\frac{S_{\triangle BAD}}{S_{\triangle BCD}} = \frac{AE}{CE}。$$

将上述两个等式结合起来，就得到

$$\frac{AB \cdot AD}{CD \cdot CB} = \frac{AE}{CE}。$$

适当变形，就得到

$$\frac{AB \cdot AD}{AE} = \frac{CD \cdot CB}{CE}。$$

下面是一道经典的例题，其中的结论称为蝴蝶定理。

【例 4】如下图所示，已知四边形 $ABDC$ 的对角线 AD 与 BC 相交于点 O，证明图中阴影部分所示的 $\triangle AOC$ 与 $\triangle BOD$ 的面积相等的充分必要条件是 $AB /\!/ CD$。由于阴影部分酷似蝴蝶翅膀，该定理由此得名。

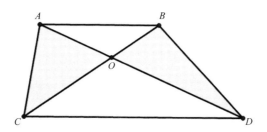

解题思路：首先看充分性，就是假设四边形的上下两条边平行，从而证明蝴蝶的两只翅膀的面积相等。因为 $AB /\!/ CD$，所以以线段 AB 为共同底边的两个三角形 $\triangle ABC$ 与 $\triangle ABD$ 的面积相等，由此减去它们的公共区域 $\triangle AOB$ 的面积，立即得知 $\triangle AOC$ 与 $\triangle BOD$ 的面积相等。

其次考察充分性，即假设蝴蝶的两只翅膀的面积相等，由此证明四边形 $ABDC$ 的上、下两条边平行。根据对顶角相等，我们得到 $\angle AOC = \angle BOD$。根据三角形的共角定理，可知 $\triangle AOC$ 与 $\triangle BOD$ 的面积之比等于 $\dfrac{AO \cdot CO}{BO \cdot DO}$。由于 $\triangle AOC$ 与 $\triangle BOD$ 的面积相等，所以它们的比值为 1。因此，$\dfrac{AO \cdot CO}{BO \cdot DO} = 1$，即 $\dfrac{AO}{BO} = \dfrac{DO}{CO}$。可见，图中的两个空白三角形相似，即 $\triangle AOB \backsim \triangle DOC$。由此可得，$\angle BAO = \angle CDO$。这是一对内错角且大小相等，因此我们得到 $AB \parallel CD$。

下面例题中的结论是三角形的内角平分线定理。

【例 5】 证明：三角形的任意一条角平分线分割该角的对边所得线段之比等于该角的两条夹边之比。

解题思路： 如下图所示，在 $\triangle ABC$ 中，AD 是 $\angle BAC$ 的平分线，点 D 是边 BC 上的点，内角平分线定理的意思是 $AB : AC = DB : DC$。

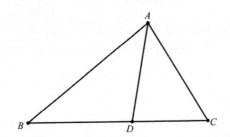

由于这条角平分线还是两个三角形的公共边，我们可以同时运用三角形的共角定理与共边定理。由共角定理得到，左右两个三角形的面积之比为 $AB : AC$；而由共边定理得到，左右两个三角形的面积之比为 $DB : DC$。因此，$AB : AC = DB : DC$。三角形的内角平分线定理得证。

【例 6】 如下图所示，已知点 A，B，C 共线，点 D，E，F 共线，点 C，F，H 共线，点 I，J，K 共线，$AB \parallel DE \parallel GH$，$CI \parallel FJ \parallel HK$，$AD \parallel BE$，$DG \parallel EH$，$CF \parallel IJ$，四边形 $ABED$，$CIJF$，$FJKH$ 的面积分别为 9，6，8。求四边形 $DEHG$ 的面积。

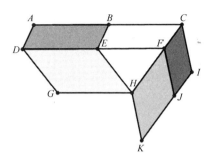

解题思路：由已知条件可知，题中所述的 4 个四边形都是平行四边形。根据平行四边形的共边定理，得到平行四边形 $ABED$ 与 $DEHG$ 的面积之比等于 $\dfrac{CF}{HF}$，等于平行四边形 $CIJF$ 与 $FJKH$ 的面积之比。代入已知的面积数值，经计算可得，平行四边形 $DEHG$ 的面积为 $9 \times 8 \div 6 = 12$。

【例 7】如下图所示，设有 3 个平行四边形 $ABNM$，$CDN'M'$，$EFN''M''$，线段 MN，$M'N'$，$M''N''$ 的长度相等且它们共线，某一条直线与直线 AB，CD，EF，MN 的交点分别为 P，Q，R，T。若线段 PQ 与 PR 的长度之比为 k，则关于相关线段的长度以及平行四边形的面积（用 S 表示）分别有如下关系式：

$$TQ = (1-k)TP + kTR，$$

$$S_{\square CDN'M'} = (1-k)S_{\square ABNM} + kS_{\square EFN''M''}。$$

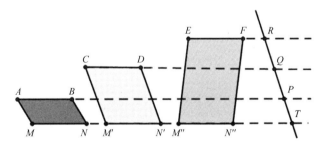

解题思路：注意到 $TP + PQ = TQ$ 与 $TP + PR = TR$，变形后得到 $PQ = TQ - TP$ 与 $PR = TR - TP$。由已知条件可知，$PQ = kPR$。于是，$TQ - TP = k(TR - TP)$。整理后得到

$$TQ = (1-k)TP + kTR。$$

根据平行四边形的等边共线定理，我们可以将面积之比转化为线段之比：

$$S_{\square ABNM} : S_{\square CDN'M'} : S_{\square EFN''M''} = TP : TQ : TR \text{。}$$

既然面积之比与线段之比满足相同的比例关系，那么我们可以由上述的线段关系式立即得到类似的面积关系式：

$$S_{\square CDN'M'} = (1-k)S_{\square ABNM} + kS_{\square EFN''M''} \text{。}$$

注意，该例题所给出的结论具有一般性，它适用于比较广泛的情形。比如，如果 3 个平行四边形的面积不是像上图那样从小到大排列，而是从大到小排列，类似的结论也成立。又如，如果共线的 3 条边重合，也就是说如果是共边的情形，那么上述结论也成立。如果更进一步假定顶点 A，C，E 共线（见下图），则利用上述结果，我们可以立即得到：当 $AC : AE = k$ 时，有

$$S_{\square CDNM} = (1-k)S_{\square ABNM} + kS_{\square EFNM} \text{。}$$

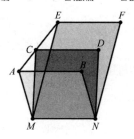

另外，需要说明的是：利用有向线段与有向面积等概念，还可以证明上述结论对于更一般的情形都成立。读者可以暂时忽略这一细节。这段评注对于下面有关三角形面积的结论也是适用的。

【例 8】在下图中，有 $\triangle AMN$，$\triangle BM'N'$，$\triangle CM''N''$ 三个三角形，线段 MN，$M'N'$，$M''N''$ 共线且长度相等。过顶点 A，B，C 作平行于底边 MN 的平行线。某一条直线与 4 条平行线的交点分别为 P，Q，R，T。若线段 PQ 与 PR 的长度之比为 k，则三角形的面积有如下关系：

$$S_{\triangle BM'N'} = (1-k)S_{\triangle AMN} + kS_{\triangle CM''N''} \text{。}$$

解题思路： 这里的结论可以由上一个例题直接得到，这是因为每个三角形都可以补充成平行四边形。为了便于大家理解，我建议大家反过来考虑问题，就是将上

一个例题中的每个平行四边形沿着对角线切掉一个三角形。有关的严格证明，大家可以自行补足。

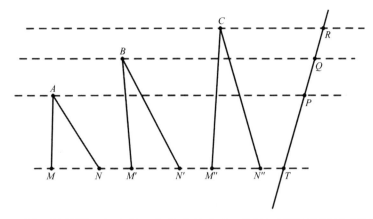

下面的例题是射影几何中的一条著名的定理，可以采用面积法进行证明。

【例 9】如下图所示，两条不同的直线上各有 3 个点 A，B，C 与 D，E，F。设直线 AE 与 BD 相交于点 G，BF 与 CE 相交于点 H，AF 与 CD 相交于点 I，则点 G，H，I 共线（如下图中的虚线所示）。该结论称为帕普斯定理。

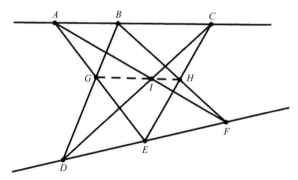

解题思路：为了证明这 3 个点共线，我们采用重合法。设 GH 与 CD 和 AF 的交点分别为 J 和 K，我们来证明这两个交点重合。注意到 J 和 K 都是线段 GH 的等分点，如果能够证明它们的分比相等，那么就证明了它们重合。

首先，我们计算点 J 在 GH 中的分比，即计算 $GJ:JH$。分别连接 GC 和 DH，如下图所示。

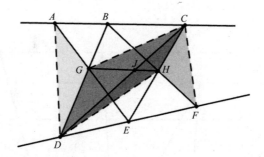

在四边形 $CGDH$ 中，CD 是 $\triangle CDG$ 与 $\triangle HCD$ 的公共边。对此运用三角形的共边定理，可以将有关边的比例转化为三角形的面积之比：

$$\frac{GJ}{HJ}=\frac{S_{\triangle CDG}}{S_{\triangle HCD}}。$$

这相当于消去了点 J。为了进一步消去点 G，我们连接 AD（得到图中最左边的虚线）。现在 $\triangle CDG$ 与 $\triangle ADG$ 具有公共边 DG，从而形成一个燕尾形。对此应用共边定理，又可以将面积之比转化为线段之比：

$$\frac{S_{\triangle CDG}}{S_{\triangle ADG}}=\frac{BC}{AB}。$$

类似地，为了消去点 H，我们连接 CF（得到图中最右边的虚线）。现在 $\triangle HCD$ 与 $\triangle HCF$ 具有公共边 HC，从而形成一个燕尾形。对此应用共边定理，又可以将面积之比转化为线段之比：

$$\frac{S_{\triangle HCF}}{S_{\triangle HCD}}=\frac{EF}{DE}。$$

将上面得到的 3 个等式连接起来，我们得到

$$\frac{GJ}{HJ}=\frac{S_{\triangle CDG}}{S_{\triangle HCD}}=\frac{S_{\triangle CDG}}{S_{\triangle ADG}}\cdot\frac{S_{\triangle ADG}}{S_{\triangle HCF}}\cdot\frac{S_{\triangle HCF}}{S_{\triangle HCD}}=\frac{BC}{AB}\cdot\frac{S_{\triangle ADG}}{S_{\triangle HCF}}\cdot\frac{EF}{DE}=\frac{BC}{AB}\cdot\frac{EF}{DE}\cdot\frac{S_{\triangle ADG}}{S_{\triangle HCF}}。$$

为了计算点 K 的分比，我们重新画出下面的图形。

采用与前面完全类似的步骤与方法，或者说由于对称性，可以得到

$$\frac{GK}{HK} = \frac{BC}{AB} \cdot \frac{EF}{DE} \cdot \frac{S_{\triangle ADG}}{S_{\triangle HCF}} \text{。}$$

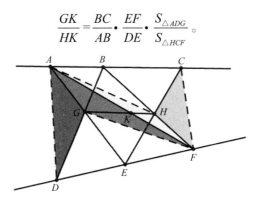

因此，$\dfrac{GJ}{HJ} = \dfrac{GK}{HK}$。既然在同一线段上的点 J 和 K 具有相同的分比，它们就是重合的。因此，点 G，H，I 共线。

【例 10】设一个三角形的面积为 24，在它的 3 条边上分别取一个二等分点（中点）、三等分点和四等分点。求由这 3 个等分点所构成的三角形面积的最大值和最小值。

解题思路： 由于每一种等分点究竟在哪条边上是不确定的，而且三等分点和四等分点又都不是唯一的，我们所要计算面积的三角形就不是唯一的。

我们先随便画出其中的一个图形，如下图所示。$\triangle ABC$ 的面积为 24，D，E，F 分别是边 AB，BC，CA 上的二等分点、三等分点和四等分点。

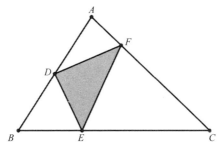

在上图中，$AD:AB = 1:2$，$BE:BC = 1:3$，$AF:AC = 1:4$。为了计算中间的那个三角形的面积，我们先考察其外围的 3 个小三角形的面积。先看位于最上面的那个小三角形，它与原先的大三角形有公共角 A。对此利用三角形的共角定理，得到该外围小三角形与整个大三角形的面积之比为

$$\frac{S_{\triangle ADF}}{S_{\triangle ABC}} = \frac{AD}{AB} \cdot \frac{AF}{AC} = \frac{1}{2} \times \frac{1}{4} = \frac{1}{8}。$$

同理，由共角定理得到左、右两个外围三角形与整个大三角形的面积之比分别为

$$\frac{S_{\triangle BDE}}{S_{\triangle ABC}} = \frac{BD}{AB} \cdot \frac{BE}{BC} = \frac{1}{2} \times \frac{1}{3} = \frac{1}{6}，$$

$$\frac{S_{\triangle CEF}}{S_{\triangle ABC}} = \frac{CE}{BC} \cdot \frac{CF}{AC} = \frac{2}{3} \times \frac{3}{4} = \frac{1}{2}。$$

因此，中间的那个三角形与整个大三角形的面积之比为

$$\frac{S_{\triangle DEF}}{S_{\triangle ABC}} = 1 - \frac{1}{8} - \frac{1}{6} - \frac{1}{2} = \frac{5}{24}。$$

因为 $\triangle ABC$ 的面积等于 24，所以 $\triangle DEF$ 的面积等于 5。由于三等分点有两种取法，四等分点有 3 种取法，因此组合起来可知，中间那个由等分点所构成的三角形共有 6 种情形。我们已经计算出了其中的一种情形，其他 5 种情形完全可以用类似的方法进行计算。计算之后，经对比不难发现，该三角形面积的最小值和最大值分别为 5 和 7。

这种直接计算再比较的方法，对于等分点越来越密集的情况（比如五等分点、七等分点等）显然是不灵的。因此，下面我们采用不同的观点来看待上述题目，希望能够找到计算的捷径。

我们固定三等分点 E，让四等分点 F 在 3 个四等分点（下图中的点 F，F'，F''）的位置上依次变化，我们来考察等分点所构成的三角形面积的变化规律。

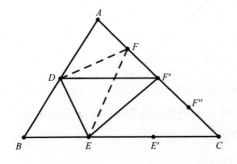

四等分点从上往下移动

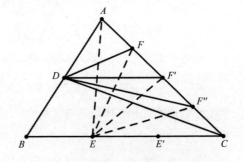

四等分点切割出面积相等的几个三角形

由于四等分点将边 AC 分割成长度相等的 4 段，它们与顶点 D 一起构成一些面积相等的三角形，它们与顶点 E 也构成一些面积相等的三角形，如上面的右图所示。现在我们回到左图，假设点 F 从最初的位置出发沿着边 AC 移动，每次移动线段 AC 的 1/4 的时候，$\angle A$ 处的外围三角形面积的增量等于 $\triangle ADF$ 的面积，它与整个大三角形面积的比值为

$$\frac{S_{\triangle ADF}}{S_{\triangle ABC}} = \frac{AD}{AB} \cdot \frac{AF}{AC} = \frac{1}{2} \times \frac{1}{4} = \frac{1}{8}。$$

与此同时，$\angle C$ 处的外围三角形面积的减少量等于 $\triangle CEF''$ 的面积，它与整个大三角形面积的比值为

$$\frac{S_{\triangle CEF''}}{S_{\triangle ABC}} = \frac{CE}{CB} \cdot \frac{CF''}{AC} = \frac{2}{3} \times \frac{1}{4} = \frac{1}{6}。$$

注意，$\angle B$ 处的外围三角形的面积是不变的。因此，3 个外围三角形面积之和的减少量与整个大三角形面积的比值等于 $\frac{1}{6} - \frac{1}{8} = \frac{1}{24}$。因为整个大三角形的面积等于 24，所以上述减少量实际上等于 1。可见，3 个等分点所构成的三角形的面积随着四等分点的移动每次增加 1。由于前面已经计算出 3 个等分点所构成的 $\triangle DEF$ 的面积等于 5，$\triangle DEF'$ 和 $\triangle DEF''$ 的面积就应该分别等于 6 和 7。

当把三等分点固定在点 E' 的时候，同样可以进行上述分析，得到的结论是：3 个等分点所构成的三角形的面积随着四等分点的移动每次减小 1，分别是 7，6，5。

综上所述，3 个等分点所构成的三角形面积的最小值和最大值分别为 5 和 7。

下面是著名的梅涅劳斯定理（简称梅氏定理）。

假设 $\triangle ABC$ 的 3 条边 AB，BC，CA 所在的直线上分别有点 D，E，F（见下图），则 D，E，F 共线的充分必要条件是

$$\frac{AD}{DB} \cdot \frac{BF}{FC} \cdot \frac{CE}{EA} = 1。$$

还有一个同样著名的定理，叫作塞瓦定理（参看质点几何部分）。

以上两条定理都可以通过面积法来加以证明，读者可以自己试试。

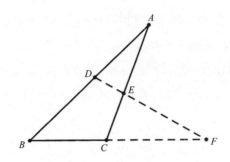

第 5 节　一些平均数的几何意义

在统计学中，有许多描绘数据集中趋势的手段，它们就是各种各样的平均数。这些平均数通过代数方法加以定义，当然可以通过代数方法加以比较。本节只讨论算术平均数、加权平均数、几何平均数、调和平均数和均方根。我们将介绍它们的定义，分析它们的几何意义，并通过几何方法比较它们的大小。

1.　算术平均数、加权平均数及其几何意义

假设某同学的数学期中、期末成绩分别为 80 分和 90 分，而且期中、期末成绩按照相同的比重计入学期总成绩中。该同学的数学总成绩为

$$80 \times 50\% + 90 \times 50\% = \frac{80+90}{2} = 85 \text{（分）。}$$

也就是说，该同学的数学总成绩为其期中、期末成绩的算术平均数。注意，这里期中、期末成绩的比重是相同的，都占总成绩的 50%。

现在假设期中、期末成绩的比重并不相同，而是期中成绩占总成绩的 30%，而期末成绩占总成绩的 70%。那么，该同学的数学总成绩等于

$$80 \times 30\% + 90 \times 70\% = 24 + 63 = 87 \text{（分）。}$$

这里用到的就是加权平均数。总成绩等于期中、期末成绩的加权平均数，其中 30% 和 70% 分别是期中、期末成绩的权重。注意，权重的总和等于 1。

一般地，我们可以定义任意 n 个数 a_1, a_2, $\cdots$, a_n 的算术平均数为

$$\frac{a_1 + a_2 + \cdots + a_n}{n};$$

定义任意 n 个数 a_1，a_2，$\cdots$，a_n 按照权重 λ_1，λ_2，$\cdots$，λ_n 的加权平均数为

$$\lambda_1 a_1 + \lambda_2 a_2 + \cdots + \lambda_n a_n。$$

其中，$\lambda_1 \geqslant 0$，$\lambda_2 \geqslant 0$，$\cdots$，$\lambda_n \geqslant 0$，且 $\lambda_1 + \lambda_2 + \cdots + \lambda_n = 1$。

例如，给定 4 个数 2，3，4，5，它们的算术平均数为

$$\frac{2+3+4+5}{4} = 3.5。$$

而这 4 个数按照权重 0.1，0.2，0.3，0.4 的加权平均数为

$$2 \times 0.1 + 3 \times 0.2 + 4 \times 0.3 + 5 \times 0.4 = 4。$$

下面我们主要从几何的角度来看两个数的加权平均数与算术平均数的意义。

设一条直线上依次有 A，B，C 三个点，M 为线段 AC 的中点，则线段 AM 的长度显然等于 AB 与 BC 的长度的算术平均数。

若一条直线上依次有 T，P，Q，R 四个点，线段 PQ 与 PR 的长度之比为 k，则如前一节所述，相关线段的长度满足如下关系式：

$$TQ = (1-k)TP + kTR。$$

这表明线段 TQ 的长度是线段 TP 与 TR 的长度的加权平均数。

下面我们在平面内来看加权平均数与算术平均数的意义。为此，我们用一条连接梯形两腰且平行于底边的线段将一个梯形分割成两个较小的梯形。我们来看这 3 条平行线段之间的长度关系。

如下图所示，EF 是连接梯形 $ABCD$ 两腰且平行于其底边的线段，且 $AE:AD = k$。设 $AB = a$，$CD = b$，$EF = c$。我们来寻找 a，b，c 之间的关系。

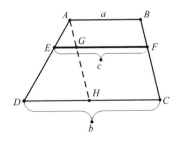

过点 A 作平行于 BC 的直线分别交 EF 和 CD 于点 G 和 H。因为 $\triangle AEG \backsim \triangle ADH$，所以

$$EG : DH = AE : AD，$$

即 $EG : (b-a) = k$，或者 $EG = k(b-a)$。因此，可得

$$c = EF = EG + GF = k(b-a) + a。$$

整理后得到

$$c = (1-k)a + kb。$$

这就是我们所要的关系式，其中等式右端刚好代表 a 与 b 的加权平均数，其中 b 的权重为线段 AE 与腰 AD 的长度之比。同理，这个比值显然也等于线段 BF 与腰 BC 的长度之比。我们姑且把这个比值称为截腰比，由此得到以下结论：连接梯形的两腰且与其底边平行的线段，其长度恰好等于该梯形的上、下底按照截腰比的加权平均数。

特别地，如果我们取梯形的中位线，那么截腰比就是 $\frac{1}{2}$。于是，有

$$c = \left(1 - \frac{1}{2}\right)a + \frac{1}{2}b = \frac{a+b}{2}，$$

这恰好是 a 与 b 的算术平均数。由此，我们得到如下推论：梯形中位线的长度等于它的上、下底的算术平均数。

2. 几何平均数及其几何意义

两个数的几何平均数就是它们的乘积的算术平方根。例如，2 与 8 的几何平均数等于 $\sqrt{2 \times 8}$，即 4。这相当于把一个长和宽分别为 2 和 8 的矩形变成一个面积与其相等的正方形，该正方形的边长为 4。

类似地，若要把一个长、宽、高分别为 2，4，8 的立方体变成一个体积相同的正方体，则该正方体的棱长为

$$\sqrt[3]{2 \times 4 \times 8} = 4，$$

这就是 2，4，8 的三次几何平均数。

一般地，我们定义任意 n 个非负数 a_1，a_2，$\cdots$，a_n 的几何平均数为

$$\sqrt[n]{a_1 \times a_2 \times \cdots \times a_n}。$$

接下来，我们进一步讨论两个数的几何平均数的几何意义。

如下图所示，$\angle ABC$ 为直角，A，D，C 三点共线，$BD \perp AC$。假设 $AD = p$，$CD = q$，$BD = h$。我们来看这 3 个量之间的关系。

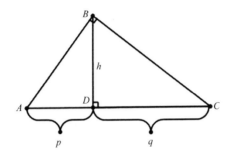

事实上，因为 $\triangle ABD \backsim \triangle BCD$，所以 $AD:BD = BD:CD$，即 $p:h = h:q$，$h^2 = pq$。于是，我们得到

$$h = \sqrt{pq}。$$

可见，h 正好是 p 和 q 的几何平均数。由此，我们得到如下结论：直角三角形斜边上的高等于斜边被垂足所分得的两条线段长度的几何平均数。

类似地，我们还可以得到

$$AB = \sqrt{AD \cdot AC}，$$
$$BC = \sqrt{CD \cdot AC}。$$

这表明：直角三角形的一条直角边的长度恰好就是它在斜边上的投影长度与斜边长度的几何平均数。

为了从其他几何角度探讨几何平均数的意义，我们用一条连接梯形两腰且平行于其底边的线段将这个梯形分割成两个相似的梯形。我们来看该平行线段与梯形的上、下底之间的长度关系。

如下图所示，连接梯形 $ABCD$ 的两腰且平行于其底边的线段 EF 将该梯形分割成两个相似的梯形 $ABFE$ 与 $EFCD$。设 $AB = a$，$CD = b$，$EF = c$。我们来寻找 a，b，c 之间的关系。

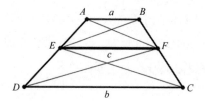

由于梯形 $ABFE$ 与梯形 $EFCD$ 相似，它们对应的边都成比例，特别是 $a : c = c : b$。

如果大家暂时不太习惯梯形相似的概念，我建议连接梯形的对角线（见上图），然后按照对应的三角形相似来处理问题。因为 $\triangle ABF \backsim \triangle EFC$，所以

$$AB : EF = BF : CF ;$$

因为 $\triangle BEF \backsim \triangle FDC$，所以

$$EF : CD = BF : CF 。$$

综合以上两式，得到

$$AB : EF = EF : CD ，$$

即 $a : c = c : b$。

因此，$c^2 = ab$，即 $c = \sqrt{ab}$，后者恰好是 a 与 b 的几何平均数。由此，我们得到以下结论：连接梯形两腰且与其底边平行的线段，其长度恰好等于该梯形的上、下底的几何平均数。

3. 调和平均数及其几何意义

我们先看两个算术的例子：

$$\frac{1}{2} + \frac{1}{6} = \frac{1}{3} + \frac{1}{3} ，$$

$$\frac{1}{3} + \frac{1}{6} = \frac{1}{4} + \frac{1}{4} 。$$

这里，我们将两个单位分数之和改写成两个相同的单位分数之和。我们说 2 与 6 的调和平均数等于 3，而 3 与 6 的调和平均数等于 4。

一般地，对于任意的正实数 a，b，c，我们称 c 是 a 与 b 的调和平均数是指如下关系式成立：

$$\frac{1}{a}+\frac{1}{b}=\frac{1}{c}+\frac{1}{c}，$$

即

$$c=\frac{2ab}{a+b}。$$

例如，3 与 7 的调和平均数为

$$\frac{2\times3\times7}{3+7}=4.2。$$

【例】假设一艘船以 20 千米/时的速度从 A 地到达 B 地，接着以 30 千米/时的速度从 B 地原路返回到 A 地，求其平均速度。

解题思路： 不妨假设两地相距 a 千米，则该船从 A 地到达 B 地所花的时间为 $\frac{a}{20}$ 小时，而从 B 地到达 A 地所花的时间为 $\frac{a}{30}$ 小时。往返的总路程为 $2a$ 千米，而往返的总时间为 $\left(\frac{a}{20}+\frac{a}{30}\right)$ 小时。因此，其平均速度为

$$\frac{2a}{\dfrac{a}{20}+\dfrac{a}{30}}=\frac{2}{\dfrac{1}{20}+\dfrac{1}{30}}=\frac{2\times20\times30}{20+30}=24\ （千米/时）。$$

我们看到，该平均速度恰好等于往返速度的调和平均数。

为了考察调和平均数的几何意义，我们引入调和点列的概念。

如下图所示，设在一条直线上依次有点 A，C，B，D。

如果线段的长度满足下列关系式，我们称 A，C，B，D 是调和点列。

$$\frac{AC}{CB}=\frac{AD}{BD}。$$

现在假设 A，C，B，D 是调和点列，则由上述关系式求倒数得到

$$\frac{CB}{AC} = \frac{BD}{AD}。$$

两端的分母同时乘以 AB，则有

$$\frac{CB}{AC \cdot AB} = \frac{BD}{AB \cdot AD}。$$

将 $CB = AB - AC$ 与 $BD = AD - AB$ 代入上式的分子后，得到

$$\frac{AB - AC}{AC \cdot AB} = \frac{AD - AB}{AB \cdot AD},$$

$$\frac{1}{AC} - \frac{1}{AB} = \frac{1}{AB} - \frac{1}{AD},$$

$$\frac{1}{AC} + \frac{1}{AD} = \frac{1}{AB} + \frac{1}{AB}。$$

可见，线段 AB 的长度是 AC 与 AD 的长度的调和平均数。

上述推导过程步步可逆。因此，我们得到如下结论：A，C，B，D 是调和点列，当且仅当线段 AB 的长度是 AC 与 AD 的长度的调和平均数时。

为了在平面内考察调和平均数的几何意义，过梯形的两条对角线的交点作平行于底边的直线。我们来考察该直线被梯形的两腰所截得的线段与该梯形的上、下底之间的长度关系。

如下图所示，梯形 $ABCD$ 的对角线 AC 与 BD 相交于点 E，过点 E 且平行于该梯形底边的直线与两腰 AD 和 BC 分别相交于点 F 和 G。设 $AB = a$，$DC = b$，$FE = c$，$EG = d$。

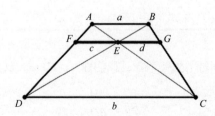

由于 $AB // DC$ ，所以 $\triangle ABE \backsim \triangle CDE$ 。因此，有

$$AE : EC = AB : DC = a : b 。$$

利用比例或者分数的性质，得到

$$AE : AC = AE : (AE + EC) = a : (a + b) 。$$

又因为 $EF // DC$ ，所以 $\triangle AEF \backsim \triangle ACD$ 。因此，有

$$FE : DC = AE : AC ，$$

即

$$c : b = AE : AC = a : (a + b) 。$$

由此立即得到

$$c = \frac{ab}{a + b} 。$$

同理，可得

$$d = \frac{ab}{a + b} 。$$

于是，

$$FG = FE + EG = c + d = \frac{2ab}{a + b} ，$$

而这恰好就是 a 与 b 的调和平均数。由此我们得到结论：过梯形的两条对角线的交点且与它的底边平行的直线被它的两腰所截得的线段的长度恰好等于它的上、下底长度的调和平均数。

4. 均方根及其几何意义

先看一个算术的例子。我们可以将 1 的平方与 7 的平方之和改写成两个相同数的平方和，即 $1^2 + 7^2 = 5^2 + 5^2$。据此，我们说 1 与 7 的均方根等于 5。这相当于边长分别为 1 和 7 的两个正方形在总面积保持不变的前提下可以转换成两个边长均为 5 的正方形。换一种方式看，若在两条直角边分别为 1 和 7 的直角三角形的斜边上构造以其为斜边的等腰直角三角形，则该等腰直角三角形两腰的长度都是 5。

一般地, 对于任意的正数 a, b, c, 我们称 c 是 a 与 b 的均方根是指下列关系式成立:

$$a^2 + b^2 = c^2 + c^2,$$

即

$$c = \sqrt{\frac{a^2 + b^2}{2}}。$$

这相当于边长分别为 a 和 b 的两个正方形在总面积保持不变的前提下可以转换成两个边长均为 c 的正方形。换一种方式看, 若在两条直角边分别为 a 和 b 的直角三角形的斜边上构造以其为斜边的等腰直角三角形, 则该等腰直角三角形两腰的长度都是 c。

对上述根号下的式子进行一定的变换, 我们可以得到加权均方根的概念。对于任意的正数 a, b, c, 我们称 c 是 a 与 b 的加权均方根是指下列关系式成立:

$$(1-k)a^2 + kb^2 = c^2,$$

即

$$c = \sqrt{(1-k)a^2 + kb^2}。$$

可以将上述结论自然地推广到多个数的加权均方根。

定义任意 n 个数 a_1, a_2, $\cdots$, a_n 按照权重 λ_1, λ_2, $\cdots$, λ_n 的加权均方根为

$$\sqrt{\lambda_1 a_1^2 + \lambda_2 a_2^2 + \cdots + \lambda_n a_n^2},$$

其中 $\lambda_1 \geq 0$, $\lambda_2 \geq 0$, $\cdots$, $\lambda_n \geq 0$, 且 $\lambda_1 + \lambda_2 + \cdots + \lambda_n = 1$。

下面主要探讨两个数的均方根与加权均方根的几何意义。

如下图所示, 线段 EF 连接梯形 $ABCD$ 的两腰且平行于它的底边。设 $AB = a$, $DC = b$, $FE = c$, 延长梯形的两腰, 使其交于点 G。

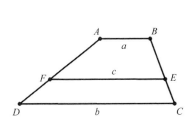 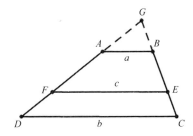

根据图中的 3 条平行线段,可以得到三角形之间的相似关系:$\triangle GAB \backsim \triangle GFE \backsim \triangle GDC$。因此,这些三角形的面积之比等于其边长的平方之比:

$$S_{\triangle GAB} : S_{\triangle GFE} : S_{\triangle GDC} = a^2 : c^2 : b^2 \text{。}$$

假设梯形 $ABEF$ 和 $ABCD$ 的面积之比为 k,则 $S_{\triangle GFE} - S_{\triangle GAB} = k(S_{\triangle GDC} - S_{\triangle GAB})$。因此,$c^2 - a^2 = k(b^2 - a^2)$,即

$$c = \sqrt{(1-k)a^2 + kb^2} \text{。}$$

这恰好就是 a 与 b 的加权均方根。由此,我们得到结论:连接梯形两腰且平行于它的底边的线段的长度就是该梯形的上、下底的长度按照平行线段分割该梯形的面积比的加权均方根。

特别地,若分割出来的上、下两个梯形的面积相等,则梯形 $ABEF$ 和 $ABCD$ 的面积之比为 $\frac{1}{2}$。于是,我们得到

$$c = \sqrt{\frac{a^2 + b^2}{2}} \text{。}$$

这恰好就是 a 与 b 的均方根。由此,我们得到结论:若连接梯形两腰的线段平行于它的底边且将梯形分割成面积相等的两个梯形,则该平行线段的长度就是该梯形的上、下底长度的均方根。

5. 平均数的比较

对于给定的正数 a 和 b,我们可以比较它们的各种平均数的大小。当 $a = b$ 时,它们的算术平均数、几何平均数、调和平均数、均方根等都相等。下面假设 $a < b$。

　　根据前述内容，我们可以将各种平均数表示在同一个梯形中。如下图所示，梯形 $ABCD$ 的上、下底长度分别为 a 和 b，有 4 条连接梯形两腰的平行线段。其中，第一条过梯形的两条对角线的交点，其长度代表调和平均数 m_{H}；第二条将梯形分割成上、下两个相似的梯形，其长度代表几何平均数 m_{G}；第三条是梯形的中位线，其长度代表算术平均数 m_{A}；第四条将梯形分割成上、下两个面积相等的梯形，其长度代表均方根 m_{R}。由图可见

$$m_{\mathrm{H}} < m_{\mathrm{G}} < m_{\mathrm{A}} < m_{\mathrm{R}} \text{。}$$

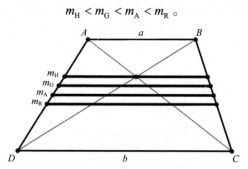

　　我们还可以将这些平均数在同一个圆中表示出来。如下图所示，⊙ O 的直径 AB 上的一点 C 将该直径分割成长度分别为 a 和 b 的两段。过点 C 和圆心 O 作直径 AB 的垂线交圆周于点 D 和 F。显然，圆的半径为

$$OA = OB = OD = OF = \frac{a+b}{2} = m_{\mathrm{A}} \text{。}$$

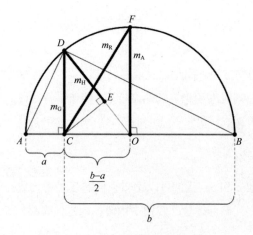

在直角三角形 OCF 中，

$$OC = \frac{b-a}{2} 。$$

由勾股定理得到

$$CF = \sqrt{OC^2 + OF^2} = \sqrt{\left(\frac{b-a}{2}\right)^2 + \left(\frac{a+b}{2}\right)^2} = \sqrt{\frac{a^2+b^2}{2}} = m_{\mathrm{R}} 。$$

由于点 D 在圆周上且 AB 为直径，所以 $\triangle ADB$ 是直角三角形。根据前面的讨论，高 CD 是 AC 和 CB 的几何平均数，即

$$CD = \sqrt{ab} = m_{\mathrm{G}} 。$$

在直角三角形 OCD 中，CE 是斜边上的高。因此，CD 是 OD 和 DE 的几何平均数，由此得到

$$DE = \frac{CD^2}{OD} = \frac{ab}{\dfrac{a+b}{2}} = \frac{2ab}{a+b} = m_{\mathrm{H}} 。$$

可见，DE 恰好就是 a 和 b 的调和平均数。

可以从图中明显看出这些平均数之间的大小关系。

总之，对于给定的两个正数，下列关系成立：

调和平均数≤几何平均数≤算术平均数≤均方根。

除了上述平均数，还有其他一些平均数，感兴趣的读者可以参看《数学可以这样有趣》（阿尔弗雷德·S. 波萨门蒂尔等著，朱用文译，人民邮电出版社，2022 年）一书的第 4 章。

第 6 节　代数与几何的桥梁——数轴和坐标系

数学史上非常光辉的思想和成就之一就是笛卡儿坐标系。通过建立坐标系，可以将代数与几何紧密地联系起来，从而形成用代数研究几何的一门系统的学科——

解析几何。这门学科的产生归功于两个人。其中，一个是法国哲学家、数学家、物理学家勒内·笛卡儿（1596—1650），他被称为"解析几何之父"；另一个是法国专业律师和业余数学家皮埃尔·德·费马（1601—1665），他以费马大定理而闻名，还独立于笛卡儿发现了解析几何的基本原理。

1. 数轴与坐标系的基本概念

数轴与坐标系的概念源于 17 世纪的航海、天文、力学等对于圆锥曲线的研究需要，但是也可以通过生活中的经验进行理解。

从某点出发，我们既可以往前走，也可以往后走。人们乘坐电梯，既可能上行，也可能下行。气温可能是零摄氏度，也可能在零摄氏度以上，还可能在零摄氏度以下……当我们把这些相关的数据描绘在一条带有刻度的直线上时，就得到了数轴的概念。

在一条直线上，我们指定两个不同的点，让它们分别代表数 0 和 1。这两个点分别叫作原点和单位点。单位点关于原点的对称点代表–1，其他的实数按照其正负以及大小分布在该直线上，点到原点的距离恰好等于该实数的绝对值，正数在正方向上，负数在相反的方向上。这条直线叫作数轴，如下图所示。

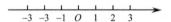

数轴上所有的点与全体实数形成一一对应的关系。所有的实数都按照从小到大的顺序排列在数轴上。数增大的方向是数轴的正方向，而相反的方向是数轴的负方向。若实数 x 在数轴上所对应的点为 P，则称点 P 的坐标为 x。因此，坐标为–2的点与原点的中点恰好就是坐标为–1 的点；原点与单位点的中点就是坐标为 0.5 的点；单位点是坐标为 3 的点与原点之间的一个三等分点。总之，规定了原点、方向和单位长度的直线叫作数轴。有了数轴就可以表示所有的实数。

注意，关于原点对称的点的坐标互为相反数。比如，坐标为 2 和 –2 的点对、坐标为 3 和 –3 的点对、坐标为 3.5 和 –3.5 的点对、坐标为 $\sqrt{2}$ 和 $-\sqrt{2}$ 的点对……都是对称的点对。

如果两个点的坐标分别为 –2 和 3，那么它们之间的距离等于 5。如果对这两个点的坐标作差，则可以得到 $3-(-2)=5$，$-2-3=-5$。无论是 5 还是 –5，它们的绝

对值都是 5，恰好就是这两个点之间的距离。一般地，数轴上两个点之间的距离等于它们的坐标之差的绝对值，即若点 A 和 B 的坐标分别为 x 和 y，则 $AB = |x - y|$。

　　将数轴的概念从一维推广到二维，就得到平面直角坐标系的概念。后者也可以来源于生活。从某点出发，我们既可能往东或往西走，也可能往南或往北走。若要精确地定位自己身在何处，就必须有一个参照点，还必须有两个数据。比如，你在火车站出口往东 500 米再往南 800 米处，或者往西 500 米再往北 1000 米处，此时参照点是出站口。又如，你在教室中的第几排第几列，此时参照点就是第一排第一列的位置。为了校对某一页书稿，你可以说其中第几行的第几个字错了。为了刻画两个变量之间的依存关系，我们可以借助互相垂直的两根数轴分别表示这两个变量。于是，平面内的点就代表互相连接的两个变量的数值。比如，8 点钟的气温是 20 摄氏度，9 点钟的气温是 22 摄氏度，10 点钟的气温是 25 摄氏度……

　　所谓平面直角坐标系就是两根互相垂直且原点重合的数轴所构成的整体。两根数轴的公共原点叫作该坐标系的原点，通常记为 O。两根数轴通常被分别画成横向的与纵向的。横向的数轴叫横轴，通常又叫作 x 轴，我们通常规定其正方向为往右；纵向的数轴叫纵轴，通常又叫作 y 轴，我们通常规定其正方向为往上。平面直角坐标系就像一个十字，它将整个平面划分成 4 个区域，这 4 个区域分别叫作第一、二、三、四象限，如下图所示。

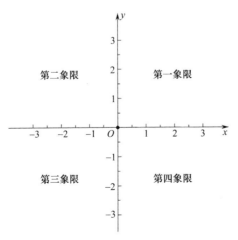

在平面直角坐标系中给定一个点 M，过该点分别作到横轴与纵轴的垂线，设垂足分别为 P 和 Q，则点 P 作为横轴上的点在横轴上的坐标 x 称为点 M 在坐标系中的横坐标或者第一坐标；点 Q 作为纵轴上的点在纵轴上的坐标 y 称为点 M 在坐标系中的纵坐标或者第二坐标；(x,y) 称为点 M 在直角坐标系中的坐标；点 M 及其坐标可以合起来记为 $M(x,y)$，如下图所示。

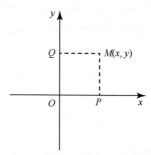

显然，点 $(1,2)$ 与点 $(-1,2)$ 关于 y 轴对称，点 $(1,2)$ 与点 $(1,-2)$ 关于 x 轴对称，而点 $(1,2)$ 与点 $(-1,-2)$ 关于原点 O 对称（也叫作中心对称）。一般地，点 (a,b) 与点 $(-a,b)$ 关于 y 轴对称，点 (a,b) 与点 $(a,-b)$ 关于 x 轴对称，而点 (a,b) 与点 $(-a,-b)$ 关于原点对称。

如下图所示，从点 $A(1,1)$ 出发，分别作其关于 y 轴的对称点 $B(-1,1)$、中心对称点 $C(-1,-1)$ 以及关于 x 轴的对称点 $D(1,-1)$，依次连接 AB，BC，CD，DA，则得到一个正方形 $ABCD$。

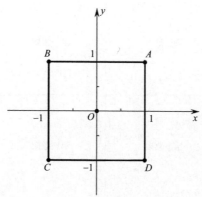

2. 两点之间的距离公式

下图中的点 $M(3,4)$ 的横坐标与纵坐标分别为 3 和 4，作点 M 到两根坐标轴的垂线，垂足分别为 $P(3,0)$ 和 $Q(0,4)$，再连接 OM，则四边形 $OPMQ$ 为矩形，而 $\triangle OPM$ 与 $\triangle OQM$ 均为直角三角形。由勾股定理可得：$OM = \sqrt{OP^2 + OQ^2} = \sqrt{3^2 + 4^2} = 5$。一般地，任意一点 $M(x,y)$ 到原点的距离 OM 为 $\sqrt{x^2 + y^2}$。

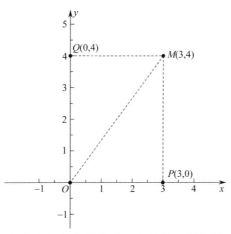

若将点 $M(3,4)$ 往左或者往右水平移动 2 个单位，则其横坐标减小或者增大 2，其纵坐标不变，因而点 M 变为 $M'(1,4)$ 或者 $M''(5,4)$。

若将点 $M(3,4)$ 往上或者往下竖直移动 2 个单位，则其纵坐标增大或者减小 2，而其横坐标不变，因而点 M 变为 $M'(3,6)$ 或者 $M''(3,2)$。

一般地，若将点 $M(x,y)$ 向右水平移动 s 个单位，再向上竖直移动 t 个单位，则点 M 变为 $M'(x+s,y+t)$。注意，这里的实数 s 和 t 可以是正数、负数或零。

设有点 $M(a,b)$，$N(c,d)$，$M'(a',b')$，$N'(c',d')$。若线段 MN 经过向右水平移动 s 个单位和向上竖直移动 t 个单位的平移后恰好得到了线段 $M'N'$，则有 $M'(a',b')=M'(a+s,b+t)$，$N'(c',d')=N'(c+s,d+t)$。对照点的坐标得到 $a'=a+s$，$c'=c+s$，$b'=b+t$，$d'=d+t$。移项后得到 $a'-a=s=c'-c$，$b'-b=t=d'-d$。这表明平移的数值等于新、旧坐标之差。

将上述最后一组等式再次移项，还可以得到 $a-c=a'-c'$，$b-d=b'-d'$。这表明线段的两个端点的坐标之差在平移过程中是不会改变的。

例如，设有点 $M(1,2)$ 和 $N(3,5)$。若线段 MN 经过平移使得点 M 变为点 $(-1,4)$，则点 N 必定变为点 $(3-2,5+2)=(1,7)$；若线段 MN 经过平移使得点 M 变为点 $(0,0)$，则点 N 必定变为点 $(3-1,5-2)=(2,3)$。

继续上述的例子，并记 $P(2,3)$。由于平移不改变线段的长度，所以 $MN=OP=$ $\sqrt{2^2+3^2}=\sqrt{(3-1)^2+(5-2)^2}=\sqrt{(1-3)^2+(2-5)^2}$。一般地，两个点 $M(a,b)$ 和 $N(c,d)$ 之间的距离公式为

$$MN=\sqrt{(a-c)^2+(b-d)^2}。$$

3. 线段分点的坐标表示

设直角坐标系中有异于原点的两个点 $M(a,b)$ 和 $N(c,d)$，我们看 O，M，N 是否共线。分别连接 OM 和 ON，过点 M 和 N 分别作 x 轴的垂线，垂足分别记为 P 和 Q，如下图所示。

注意，$\triangle OMP$ 和 $\triangle ONQ$ 都是直角三角形。当且仅当 $\triangle OMP \backsim \triangle ONQ$ 时，点 O，M，N 共线。而当且仅当 $\dfrac{a}{c}=\dfrac{b}{d}$ 时，$\triangle OMP \backsim \triangle ONQ$。设 $\dfrac{a}{c}=\dfrac{b}{d}=k$，则 $a=kc$，$b=kd$。注意，$\dfrac{OM}{ON}=k$。

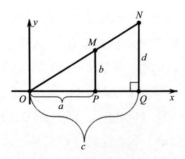

现在我们考虑 3 个点 $A(x_1,y_1)$，$C(x,y)$，$B(x_2,y_2)$。将它们一起平行移动，使得点 A 与原点重合。于是，点 B 和 C 分别变为点 $B'(x_2-x_1,y_2-y_1)$ 和 $C'(x-x_1,y-y_1)$。根据上述讨论，当点 O，B'，C' 共线时，点 A，B，C 共线。而当且仅当 $\dfrac{x-x_1}{x_2-x_1}=$

$\dfrac{y - y_1}{y_2 - y_1}$ 时，点 O，B'，C' 共线。因此，点 $A(x_1, y_1)$，$C(x, y)$，$B(x_2, y_2)$ 共线等价于

$$\frac{x - x_1}{x_2 - x_1} = \frac{y - y_1}{y_2 - y_1} \text{。}$$

设点 $A(x_1, y_1)$，$C(x, y)$，$B(x_2, y_2)$ 共线，且 $\dfrac{AC}{AB} = k$，则根据上述讨论，我们有

$$\frac{x - x_1}{x_2 - x_1} = \frac{y - y_1}{y_2 - y_1} = k \text{。}$$

所以，$x - x_1 = k(x_2 - x_1)$，$y - y_1 = k(y_2 - y_1)$。由此得到连接 $A(x_1, y_1)$ 和 $B(x_2, y_2)$ 的线段的分点 $C(x, y)$ 的坐标计算公式：

$$\begin{cases} x = (1 - k)x_1 + kx_2, \\ y = (1 - k)y_1 + ky_2 \text{。} \end{cases}$$

其中，$k = \dfrac{AC}{AB}$。特别地，连接 $A(x_1, y_1)$ 和 $B(x_2, y_2)$ 的线段的中点 $C(x, y)$ 的坐标计算公式为

$$\begin{cases} x = \dfrac{x_1 + x_2}{2}, \\ y = \dfrac{y_1 + y_2}{2} \text{。} \end{cases}$$

4. 线段平行的坐标条件

给定两条线段 AB 和 CD，假设有 $A(x_1, y_1)$，$B(x_2, y_2)$，$C(x_3, y_3)$，$D(x_4, y_4)$。我们通过这些坐标来寻找 $AB // CD$ 的条件。将线段 CD 平移，使得点 C 与 A 重合，则点 D 变为点 $D'(x_4 + x_1 - x_3, y_4 + y_1 - y_3)$。

$AB // CD$ 等价于 3 个点 A，D'，B 共线。根据前面得出的结论，点 A，D'，B 共线等价于

$$\frac{x_4 + x_1 - x_3 - x_1}{x_2 - x_1} = \frac{y_4 + y_1 - y_3 - y_1}{y_2 - y_1} \text{。}$$

化简后得到以下结论：$AB // CD$ 的充分必要条件是 $\dfrac{x_4 - x_3}{x_2 - x_1} = \dfrac{y_4 - y_3}{y_2 - y_1}$。该式比较好记，其意思是线段的两个端点的坐标之差成比例。

5. 线段垂直的坐标条件

为了探究线段垂直时点的坐标的规律，我们将点 $A(3,2)$ 沿逆时针方向旋转 $90°$ 得到点 B，如下图所示。过点 A 和 B 分别作 x 轴和 y 轴的垂线，垂足记为 P 和 Q。因为 $\angle AOP = 90° - \angle AOQ = \angle BOQ$，$AO = BO$，所以 Rt$\triangle AOP \cong$Rt$\triangle BOQ$。因此，$AP = BQ$ 且 $OP = OQ$，故得到 $B(-2,3)$。注意，$AO \perp BO$。对照 $A(3,2)$ 与 $B(-2,3)$，不难发现它们的坐标之间的关系为

$$3 \times (-2) + 2 \times 3 = 0 \text{。}$$

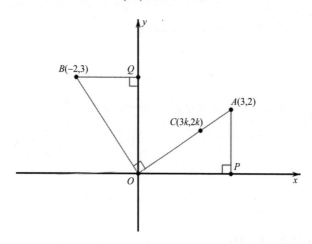

现在取点 C，使得 $CO \perp BO$，则 O，A，C 三点共线。根据前面的分点公式，可知存在实数 k，使得点 C 的坐标为 $(3k, 2k)$。对照 $C(3k, 2k)$ 与 $B(-2,3)$，不难发现它们的坐标之间的关系为

$$3k \times (-2) + 2k \times 3 = 0 \text{。}$$

综合以上讨论，我们发现对于任意的两个点 $A(x_1, y_1)$ 和 $B(x_2, y_2)$，当且仅当 $x_1 x_2 + y_1 y_2 = 0$ 时，$AO \perp BO$。

任意给出平面直角坐标系中的 3 个点 $A(x_1, y_1)$，$B(x_2, y_2)$，$C(x_3, y_3)$，我们来寻找 $AB \perp AC$ 的条件。为了利用上述结论，我们同时平移这 3 个点，使得点 A 与原点 O 重合。此时，点 $B(x_2, y_2)$ 和 $C(x_3, y_3)$ 分别变成点 $B'(x_2 - x_1, y_2 - y_1)$ 和 $C'(x_3 - x_1, y_3 - y_1)$。利用上述结论，我们立即得到 $AB \perp AC$ 的充分必要条件是

$$(x_2 - x_1)(x_3 - x_1) + (y_2 - y_1)(y_3 - y_1) = 0 \text{。}$$

6. 平行四边形与三角形的面积公式

首先假定平行四边形的一个顶点在坐标原点。如下图所示，四边形 $OMPN$ 是平行四边形，其中 $M(a,b)$ 和 $N(c,d)$ 为不相邻的两个顶点，NH 为 OM 边上的高，垂足为 $H(x,y)$。设平行四边形 $OMPN$ 的面积为 S。

因为 $NH \perp OM$，所以 $a(x-c)+b(y-d)=0$。该式变形后，有

$$ax + by = ac + bd \text{。} \tag{1}$$

设 $(x,y)=k(a,b)$，则

$$x = ka \text{，} \tag{2}$$

$$y = kb \text{。} \tag{3}$$

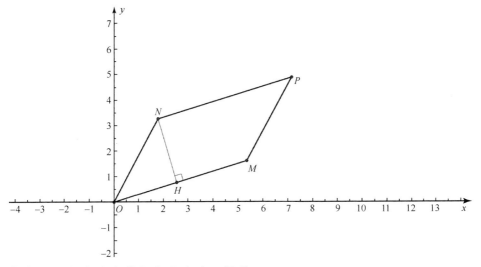

将式（2）和式（3）代入式（1）中，得到

$$k(a^2 + b^2) = ac + bd \text{，}$$

即

$$k = \frac{ac + bd}{a^2 + b^2} \text{。} \tag{4}$$

设 $NH = h$ ，由两点之间的距离公式得到

$$h^2 = NH^2 = (x-c)^2 + (y-d)^2$$
$$= (ka-c)^2 + (kb-d)^2。$$

将式（4）代入上式中，经计算可得

$$h^2 = \frac{(ad-bc)^2}{a^2+b^2}。 \qquad (5)$$

由 $S = OM \cdot NH$ 得到

$$S^2 = OM^2 \cdot h^2 = (a^2+b^2) \cdot h^2 = (ad-bc)^2。$$

将两端开方，便得到平行四边形 $OMPN$ 的面积公式：

$$S = |ad-bc|。 \qquad (6)$$

下面假设原点 O 不是平行四边形 $ABCD$ 的顶点。设 4 个顶点 A，B，C，D 的坐标分别为 $A(x_A, y_A)$，$B(x_B, y_B)$，$C(x_C, y_C)$，$D(x_D, y_D)$。将该平行四边形平移，使得点 B 与原点 O 重合，而点 A，C，D 分别变为点 M，N，P，此时得到一个新的平行四边形 $OMPN$ ，如下图所示。

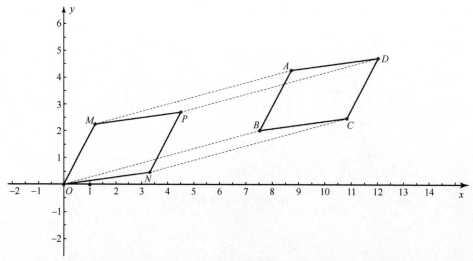

根据平移点的坐标关系式，得到点 M 和 N 的坐标分别为 $M(x_A - x_B, y_A - y_B)$ 和

$N(x_C - x_B, y_C - y_B)$。

对于平行四边形 $OMPN$，利用式（6）便得到平行四边形 $ABCD$ 的面积公式：

$$S_{\square ABCD} = |(x_A - x_B)(y_C - y_B) - (y_A - y_B)(x_C - x_B)|。 \qquad (7)$$

因为三角形的面积等于对应的平行四边形的面积的一半，所以我们立即得到三角形的面积公式：

$$S_{\triangle ABC} = \frac{1}{2}|(x_A - x_B)(y_C - y_B) - (y_A - y_B)(x_C - x_B)|。 \qquad (8)$$

式（6）是一个顶点在坐标原点的平行四边形的面积公式，比较容易记住。而式（7）和式（8）比较复杂，也无须记忆，因为根据上述推导过程，只要利用平移法对问题进行转化，就可以运用式（6）进行计算了。

【例 1】已知平面直角坐标系中的 3 个点 $A(1,1)$，$B(2,3)$，$C(4,5)$，求 $\triangle ABC$ 的面积。

解题思路：图略。对 $\triangle ABC$ 进行平移，得到 $\triangle OB'C'$，点 A, B, C 分别对应于点 O, B', C'。因为将点 A 平移到了原点 O，所以用点 B 和 C 的坐标减去点 A 的坐标，就分别得到点 B' 和 C' 的坐标，即 $B'(1,2)$ 和 $C'(3,4)$。利用式（6）进行计算，可得对应的平行四边形的面积为 $|1 \times 4 - 2 \times 3| = 2$。因为三角形的面积等于相应的平行四边形面积的一半，所以 $\triangle OB'C'$ 的面积为 1。又因为 $\triangle ABC \cong \triangle OB'C'$，所以 $\triangle ABC$ 的面积为 1。

【例 2】已知平面直角坐标系中有 3 个点 $A(1,2)$，$B(3,4)$，$C(5,6)$，判断这 3 个点之间的位置关系。

解题思路：图略。对点 A，B，C 进行平移，分别得到点 O，B'，C'。同上一个例题的计算过程，得到 $B'(2,2)$ 和 $C'(4,4)$。因为后一个点的坐标是前一个点的坐标的两倍，所以点 B' 是 OC' 的中点。又因为点 O，B'，C' 是点 A，B，C 平移后得到的，所以点 A，B，C 共线，且点 B 是 AC 的中点。

【例 3】已知平面直角坐标系中有 3 个点 $A(-1,-1)$，$B(1,3)$，$C(7,5)$，求 $\triangle ABC$ 的边 AC 上的高。

解题思路：图略。同前面两道例题的计算过程，得到 $\triangle ABC$ 的面积为

$S = \dfrac{1}{2}|2\times6 - 4\times8| = 10$。根据两点间的距离公式进行计算，可得 $AC = \sqrt{8^2 + 6^2} = 10$。设 $\triangle ABC$ 的边 AC 上的高为 h，则由通常的面积公式得 $S = \dfrac{1}{2}AC\cdot h$。因此，$h = \dfrac{2S}{AC} = \dfrac{2\times10}{10} = 2$，即所要求的高为 2。

最后，我们指出：给定多边形的所有顶点的坐标，就可以计算其面积，因为多边形可以被切割成一些三角形，而后者的面积容易计算。

第 7 节　几何的优美代数方法——质点几何*

如果说数轴与坐标系提供了几何与代数相互沟通的桥梁，那么质点几何则是几何的另一种优美的代数方法。何谓质点几何呢？我们来做一个简单的介绍。感兴趣的读者可以参看《质点几何学》（莫绍揆编著，重庆出版社，1992 年）。

1. 质点的倍数与加法

质点是物理学中的一个名词，用来表示没有体积而只有质量的物体。它是很小很小的物体的一种理想化的模型，占据一定的空间位置，具有质量，其中质量代表物质的含量。比如，两枚硬币的质量比一枚同样的硬币的质量大，而同等体积的金属的质量比棉花的质量大，等等。如果你暂时不理解质量的概念，也没有关系。在同一水平面上考虑问题时，物体的质量与其重量成正比，也就是说质量越大的东西越重。质量的单位是克、千克等。

质点几何借用质点这个名称，用以表示几何上的点，它没有面积、体积等度量，但是（可以想象）它具有质量。例如，平面上有一个普通的点 A，它占据适当的位置，如果它具有 1 个单位的质量，我们就认为它是一个质点，记为 $1A$（亦可以简记为 A）；如果它具有 2 个单位的质量，我们也认为它是一个质点，亦可认为它是质点 A 同时出现了 2 次，记为 $2A$；如果它具有 3 个单位的质量，我们也认为它是一个质点，亦可认为它是质点 A 同时出现了 3 次，记为 $3A$……如果它具有 $\dfrac{1}{2}$ 个单位的质量，我们也认为它是一个质点，记为 $\frac{1}{2}A$；如果它具有 $\frac{1}{3}$ 个单位的质量，我们也认为它是一个质点，记为 $\frac{1}{3}A$。为了满足完备性，我们假设质量还可以是零和负数。因此，还可以有诸如 $0A$，$-A$，$-2A$，$-\frac{1}{2}A$，$-\frac{1}{3}A$ 之类的质点。注意，$0A$ 可以简记为 O，我们称之为零质点，其质量为零，没有固定的位置，我们也可以认为它可以在任意位置。因此，对于任意的两个点 A 和 B，都有 $0A=0B$。

质点可以有倍数运算。比如，质点 $3A$ 的 2 倍显然是质点 $6A$，质点 $\frac{1}{3}A$ 的 3 倍显然是质点 $1A$，而质点 $\frac{2}{3}A$ 的 2 倍显然是质点 $\frac{4}{3}A$。也就是说，质点可以做与如下算式类似的一些代数运算：

$$2(3A)=(2\times 3)A=6A，$$

$$3\left(\frac{1}{3}A\right)=\left(3\times\frac{1}{3}\right)A=1A，$$

$$2\left(\frac{2}{3}A\right)=\left(2\times\frac{2}{3}\right)A=\frac{4}{3}A。$$

除了倍数运算，两个质点还可以做加法这一十分重要的运算。几乎可以这样说，质点加法运算是质点几何名称的根本由来。那么两个质点怎么做加法运算呢？这可以从物理上加以理解。

如果一个质点的质量是 1，另一个质点的质量也是 1，那么它们的和还是一个质点，其质量是 $1+1=2$，而其位置恰好就是原先两个质点所在位置的连线的中点。这好比一根均匀的细棒（或者铅笔），当我们选取其中点作为支点时，刚好可以维持平衡。现在我们想象细棒的质量可以忽略不计，而其两个端点承载着两个质量相等的重物，为了维持细棒的平衡，支点就得选择在细棒的中点。设想整个物理系统（包括细棒和两端的重物）的质量都集中在中点，也就是说我们可以将整个系统看成一个质点，它就是两端质点的和。

现在我们假设两端重物的质量分别为 2 和 3，这相当于两个质点，分别记为 $2A$

与 $3B$，如下图所示。现在要想使得系统平衡，支点就不能在中点，而应该是细棒上离质量大的重物那一端较近的某一点 C，而且该点到两端的距离与两端的质量刚好成反比，即

$$AC:CB = 3:2。$$

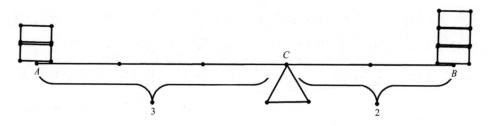

整个物理系统的质量都集中在支点 C，也就是说我们可以将点 C 看成一个质点，其质量等于系统的总质量 5。这就是两端质点的和（或者加法）。换言之，有

$$2A + 3B = 5C。$$

将上述表达式移项，我们得到

$$5C - 2A = 3B。$$

这相当于

$$5C + (-2)A = 3B = [5 + (-2)]B。$$

这里的系数出现了负数。如果仍然按照系数写出反比例关系式，我们可以得到

$$CB:BA = (-2):5 = -\frac{2}{5}。$$

注意到定向线段（即考虑了方向的线段）CB 与 BA 的方向刚好相反，而它们的比值刚好为负数。

一般地，我们定义任意两个非零质点 aA 与 bB 的和（加法）如下：

$$aA + bB = (a+b)C，$$

当 $A = B$ 时，$C = A$；当 $A \neq B$ 时，点 C 在直线 AB 上且定向线段的比值为

$$AC:CB = b:a。$$

如果其中有零质点，那么加法变得更为简单：

$$O + A = A,\ A + O = A。$$

　　质点的加法运算能够很好地表达线段的分比，因此用它处理有关几何问题特别方便。例如，如果点 C 是线段 AB 的中点，则有

$$A + B = 2C，$$

上式等价于

$$C = \frac{A + B}{2}。$$

　　又如，如果点 C 是线段 AB 的一个三等分点，它靠近端点 A，则线段 AC 与 CB 的定向长度的比值为 $1:2$。因此，我们得到

$$2A + B = 3C，$$

上式等价于

$$C = \frac{2}{3}A + \frac{1}{3}B。$$

　　下面我们看一道经典的几何题：证明三角形的 3 条中线交于一点。

　　如下图所示，假设 $\triangle ABC$ 的 3 条边的中点分别为 D，E，F。我们用质点几何的方法来证明 AD，BE，CF 相交于同一点。

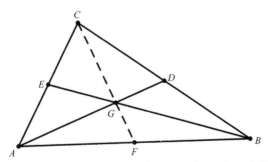

　　为此，我们首先假设 AD 与 BE 的交点为 G。因为 D 和 E 分别为线段 BC 和 AC 的中点，所以，

$$B + C = 2D，$$

$$C + A = 2E \text{。}$$

两式相减，消去 C，得到

$$B - A = 2D - 2E \text{。}$$

移项后，得到

$$B + 2E = A + 2D \text{。}$$

因为质点 $A+2D$ 所对应的点在 AD 上，质点 $B+2E$ 所对应的点在 BE 上，而这两个质点又是同一个点，所以这个点恰好就是 AD 与 BE 的交点 G，即

$$B + 2E = A + 2D = 3G \text{。}$$

由此我们看到，G 是 AD 与 BE 的三等分点，且

$$AG : GD = BG : GE = 2 : 1 \text{。}$$

同理，可证 BE 与 CF 的交点也是三等分点 G。因此，AD，BE，CF 相交于点 G。

我们看到，几何证明成为非常简单的代数运算。如果我们采用标记点的质量的方法，相应的几何证明将变得更简单。

如下图所示，我们首先在点 A，B，C 处分别标记质量 1，于是在点 D 和 E 处标记质量 2，在点 G 处则标记质量 3。因为质量之比就代表分线段长度之比，所以由质量标记立即得到

$$AG : GD = BG : GE = 2 : 1 \text{。}$$

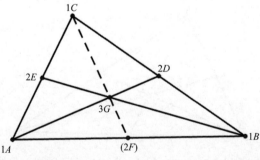

下面我们再看一个经典的例子。

【例】如下图所示，设 $\triangle ABC$ 的 3 条边上分别有点 D，E，F，则 AD，BE，CF 相交于一点的充分必要条件是

$$\frac{AF}{FB} \cdot \frac{BD}{DC} \cdot \frac{CE}{EA} = 1 \text{。}$$

这就是所谓的塞瓦定理。请证明。

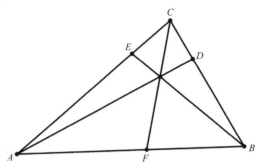

解题思路：用质点几何的方法来证明该定理十分简单。首先假设 AD，BE，CF 相交于一点。我们将定向线段 AF，FB，BD，DC，CE，EA 的长度分别记为 a，b，c，d，e，f。根据质量与定向线段的长度的反比例关系，我们得到点 A 和 B 处的质量之比为 $b:a$；点 B 和 C 处的质量之比为 $d:c$；点 C 和 A 处的质量之比为 $f:e$。由此推出，点 A，B，C 处的质量之比为 $bd:ad:ac$。这表明点 C 和 A 处的质量之比为 $ac:bd$。我们已经知道，点 C 和 A 处的质量之比为 $f:e$。因此，我们得到 $ac:bd=f:e$，即 $ace=bdf$，$\frac{ace}{bdf}=1$。这就证明了 $\frac{AF}{FB} \cdot \frac{BD}{DC} \cdot \frac{CE}{EA} = 1$。

反过来，假设该关系式成立，我们来证明 AD，BE，CF 相交于一点。为此，首先假设 AD 和 BE 的交点为 G，连接 CG 并延长，其延长线交边 AB 于点 F'，如下图所示。

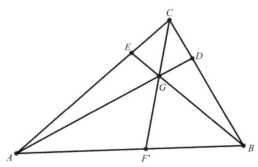

由上述已经证明的结论，我们得到

$$\frac{AF'}{F'B} \cdot \frac{BD}{DC} \cdot \frac{CE}{EA} = 1 \text{。}$$

与已知条件对照，得到

$$\frac{AF'}{F'B} = \frac{AF}{FB} \text{。}$$

可见，$F' = F$。这就证明了 AD，BE，CF 相交于点 G。

2. 用质点法探究平行问题

利用质点的加、减法运算，我们可以探讨两条直线的平行与重合。

给定平面内有两条直线 AB 和 CD，如果它们重合，则有

$$B - A = k(D - C) \text{。}$$

移项后，得到

$$A + kD = B + kC \text{。}$$

下面设直线 AB 和 CD 不重合，线段 AD 和 BC 的交点为 E，如下图所示。则 $AB // CD$ 等价于 $AE : ED = BE : EC = k$，又等价于下列质点关系式成立：

$$A + kD = B + kC \text{。}$$

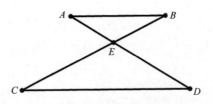

综上所述，直线 AB 与 CD 平行或者重合，当且仅当上述质点关系式成立时。

【例】证明梯形两腰上对应三等分点的连线平行于它的底边。

解题思路： 如下图所示，设在梯形 $ABCD$ 中，$AB // DC$，点 E 和 F 分别在线段 AD 和 BC 上，且 $AE : ED = BF : FC = 1 : 2$，我们来证明 $EF // AB$。

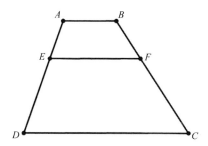

根据线段的比例关系，我们得到如下质点关系式：

$$2A + D = 3E，$$

$$2B + C = 3F。$$

移项，得到

$$D = 3E - 2A，$$

$$C = 3F - 2B。$$

因为 $AB // DC$ ，所以存在不全为 0 的实数 e 和 f，使得

$$eA + fC = eB + fD。$$

将前面的两个表达式代入最后一个表达式中，得到

$$eA + f(3F - 2B) = eB + f(3E - 2A)，$$

整理后，得到

$$(e + 2f)A + 3fF = (e + 2f)B + 3fE。$$

显然，$e + 2f$ 与 $3f$ 不全为 0。因此，$EF // AB$ 。证毕。

3. 定向图形及其加法运算

为了方便后面介绍质点的乘法运算，我们在这里首先需要明确定向线段、定向多边形、定向多面体等图形的定向问题。

定向线段 AB 的正方向是从 A 到 B，它与 BA 的正方向恰好相反。因此，我们有

$$AB = -BA。$$

定向多边形正方向的定义如下：如果在多边形的边沿上沿着该方向行走时该多边形总在自己的左手边，那么行走方向就是该多边形的正方向，而相反的方向是负

方向。因此，逆时针方向为正方向，而顺时针方向为负方向。比如，$\triangle ABC$ 与 $\triangle CBA$ 的方向恰好相反，即

$$ABC = -CBA \text{ 。}$$

注意，$\triangle ABC$ 与 $\triangle BCA$ 和 $\triangle CAB$ 的方向完全一致。因此，

$$ABC = BCA = CAB \text{ 。}$$

定向多面体的方向按照螺旋法则来确定。比如，假如四面体（三棱锥）的底面 ABC 恰好在水平面上，ABC 恰好按照逆时针方向排列，且锥体 $ABCD$ 的顶点 D 在水平面之上。右手拇指朝上指向顶点 D，如果其余 4 根指头刚好可以顺着 ABC 的方向握住该四面体，我们就说这个方向是该四面体的正方向。下面假设其余条件相同，但是 ABC 按照顺时针方向排列。左手拇指朝上指向顶点 D，如果其余 4 根指头刚好可以顺着 ABC 的方向握住该四面体，我们就说这个方向是该四面体的反方向。因此，$ABCD$ 与 $DCBA$ 的方向相反，即

$$ABCD = -DCBA \text{ 。}$$

注意，四面体 $ABCD$ 与 $BCDA$，$CDAB$，$DABC$ 的方向完全相同。因此，

$$ABCD = BCDA = CDAB = DABC \text{ 。}$$

定向线段可以相加。在一些特殊情况下，两条定向线段的和仍然为一条定向线段。例如，当点 A，B，C 共线时，无论点 C 在线段 AB 上还是在 AB 的延长线上，都有 $AB + BC = AC$ 。

定向三角形也可以相加。在一些特殊情况下，两个定向三角形的和为定向四边形或者仍然为一个定向三角形。例如，当点 A，B，C 共线时（见下图），$ABD + BCD = ACD$，这是因为定向线段 BD 与 DB 的方向相反，它们互相抵消掉了。

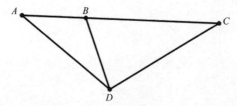

同理，下图中两个定向相同的三角形 ABC 与 CBD 相加，得到的是定向四边形 $ABDC$，即 $ABC + CBD = ABDC$ 。

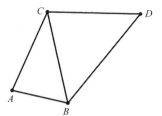

当点 A，B，C，D 共面且其中任意三点都不共线时，无论点 D 是在△ABC 之内还是在其外（见下图），都有 $DAB + DBC + DCA = ABC$，这也是由于一些方向相反的定向线段彼此互相抵消了。

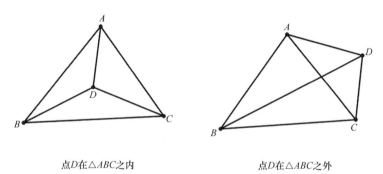

点D在△ABC之内　　　　　　　　　　点D在△ABC之外

4. 质点的乘法

由于质点有质量，所以定向线段、定向多边形和定向多面体等都有质量。定义质点 A 与 B 的乘积为定向线段 AB，其质量也是 1。定义质点 $2A$ 与 $3B$ 的乘积为定向线段 AB，其质量等于 6，即

$$(2A)(3B) = 6AB，$$

这相当于 2 个 A 点中的每一个与 3 个 B 点中的每一个都构造出一条定向线段 AB，一共构造出 6 条定向线段 AB，如下图所示。

一般地，我们定义质点 aA 与 bB 的乘积为定向线段 AB，其质量等于 ab，即

$$(aA)(bB) = (ab)AB 。$$

定义定向线段 AB 与点 C 的乘积为定向三角形 ABC，其质量为 1。一般地，我们定义带质量的定向线段 kAB 与质点 cC 的乘积为带质量的定向三角形 ABC，其质量为二者质量的乘积 kc，即

$$(kAB)(cC) = (kc)ABC 。$$

定义定向三角形 ABC 与点 D 的乘积为定向四面体 $ABCD$。一般地，我们定义带质量的定向三角形 $kABC$ 与质点 dD 的乘积为带质量的定向四面体 $ABCD$，其质量为二者质量的乘积 kd，即

$$(kABC)(dD) = (kd)ABCD 。$$

亦可定义点 A 与定向三角形 BCD 的乘积为定向四面体 $ABCD$，类似地得到

$$(aA)(kBCD) = (ak)ABCD 。$$

将上面的一些乘积综合起来，我们实际上定义了多个质点的乘法，比如

$$(aA)(bB)(cC) = (abc)ABC ，$$

$$(aA)(bB)(cC)(dD) = (abcd)ABCD 。$$

注意到起始点重合的定向线段的长度为 0，我们有所谓的幂零律，即

$$AA = O 。$$

类似地，我们有

$$AAB = ABA = ABB = O ，$$

$$AACD = ABCA = ABAD = ABCC = O ，$$

$$\cdots\cdots$$

如下图所示，两个同定向的四面体 $ABCD$ 与 $BCDE$ 可以相加，得到的是定向多面体 $ABCDE$，即

$$ABCD + BCDE = ABCDE 。$$

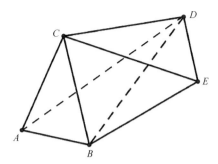

下面考察乘法对于加法的分配律。例如，

$$(A+B)C = AC + BC，$$

$$(AB+BC)D = ABD + BCD，$$

$$(ABC+CBD)E = ABCE + CBDE，$$

$$(A+B)CD = ACD + BCD。$$

这些都可以从几何上加以理解。比如，为了理解上述公式中的最后一个，我们假设 $A+B=2M$，即 M 是 AB 的中点，而且假定定向线段 CD 位于 AB 的同一侧，如下图所示。从点 A，B，M 向 CD 作垂线，分别得到 $\triangle ACD$，$\triangle BCD$，$\triangle MCD$ 的高 h_A，h_B，h_M。由于 M 是 AB 的中点，所以 $2h_M = h_A + h_B$。由于前述 3 个三角形有共同的底边 CD，它们的面积满足以下关系：$2MCD = ACD + BCD$。因此，

$$(A+B)CD = (2M)CD = 2MCD = ACD + BCD。$$

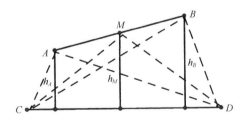

总而言之，质点可以做倍数、加法、乘法等运算，而且这些运算满足一些运算规律，如交换律、反交换律、结合律、分配律、幂等律等。这为我们运用质点代数分析几何问题提供了很好的基础。下面我们看一道综合运用质点的倍数、加法、乘法等运算解决几何问题的例题。

【例】如下图所示，设 $\triangle ABC$ 的面积为 48，点 D，E，F 分别在线段 BC，AC，AB 上，且 $\dfrac{AF}{FB}=1$，$\dfrac{BD}{DC}=2$，$\dfrac{CE}{EA}=3$。求 $\triangle DEF$ 的面积。

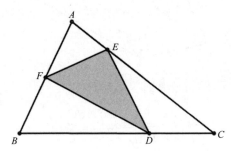

解题思路： 根据线段的比例关系，可以写出如下质点关系式。

$$3D = B + 2C，\quad 4E = C + 3A，\quad 2F = A + B。$$

利用质点的乘法，将上述 3 个表达式的两边分别相乘，我们得到

$$
\begin{aligned}
24DEF &= (A+B)(B+2C)(C+3A) \\
&= ABC + B(2C)(3A) \\
&= ABC + 6BCA \\
&= ABC + 6ABC \\
&= 7ABC
\end{aligned}
$$

可见，$\triangle DEF$ 的面积等于 $\triangle ABC$ 面积的 $\dfrac{7}{24}$，即 $\dfrac{7}{24} \times 48 = 14$。

第 8 节　几何解题思路与例题解析*

除了少量常规题型外，本节所选例题都是一些比较典型的例题，有一定的难度，旨在阐明几何解题思路，其中包括图形对称化与完备化、全等相似转化法、化动为静、圆的性质的应用、面积法、初等代数法与质点法。当然，这些并不是完全的分类。我们在这里应该将注意力集中在了解与掌握思想方法上。

1. 几何常规题

【例 1】证明平行四边形的对角线分出两个全等的三角形。

解题思路：如下图所示，我们来证明平行四边形 $ABCD$ 的对角线 BD 分出的两个三角形 ABD 与 CDB 全等。根据平行线的内错角相等，我们得到

$$\angle ABD = \angle CDB ， \quad \angle ADB = \angle CBD 。$$

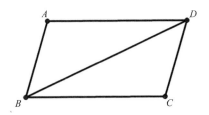

注意到 BD 是两个三角形的公共边，我们立即得到

$$\triangle ABD \cong \triangle CDB 。$$

【例 2】如下图所示，设在矩形 $ABCD$ 的对角线 AC 上有点 E 和 F 且 $AE = CF$，证明四边形 $BEDF$ 是平行四边形。

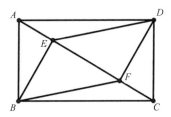

解题思路：根据 SAS，容易证明 $\triangle ABE \cong \triangle CDF$。由此推出

$$\angle AEB = \angle CFD 。$$

这是一对相等的外错角，由此得到

$$BE//DF 。$$

同理，可证

$$DE//BF 。$$

因此，四边形 $BEDF$ 是平行四边形。

【**例 3**】如下图所示，设 △*ABC* 的 3 条边上分别有点 *D*，*E*，*F*，且 △*ADE*≌ △*EFC* 。求 △*ADE* 与 △*ABC* 的面积的比值。

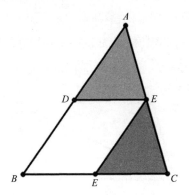

解题思路： 由给定的全等条件，立即得到 $AE = EC$ 与 $\angle AED = \angle ECF$ 。由后者推出 $DE // BC$ ，进一步得到 △*ADE* ∽ △*ABC* 。因此，△*ADE* 与 △*ABC* 的面积的比值为

$$\left(\frac{AE}{AC}\right)^2 = \left(\frac{1}{2}\right)^2 = \frac{1}{4} 。$$

【**例 4**】证明直角三角形斜边上的高的平方等于斜边被垂足分出的两条线段长度的乘积。

解题思路： 如下图所示，*AD* 是 Rt△*ABC* 斜边上的高。我们来证明 $AD^2 = BD \cdot DC$ 。

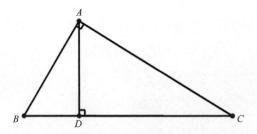

为此，只需证明 △*ABD* ∽ △*CAD* 。由于这是两个直角三角形，只需证明它们还有另外一对角相等即可。事实上，$\angle B = \angle DAC$ ，因为它们都是 $\angle C$ 的余角。

2. 图形的对称化与完备化

所谓图形的完备化，就是对图形进行扩充，使之看起来更加完整，以便我们在更大的范围内考察原图形的性质。添加辅助线实际上也是完备化的一种常见情形。在许多题目的命制过程中，通过擦除或隐藏一些线条使得题目的叙述更加精炼和紧凑，同时也给寻找解题思路带来更大的挑战。反过来说，为了解决这类问题，我们找到那些被拆掉的桥梁和线索就特别重要。而对称的图形，如等腰三角形、等边三角形、矩形、菱形、正方形等，可以让我们通过对称性来看清楚局部图形的一些性质。因此，将不对称的图形扩展为某种对称的图形是完备化的一个重要方向。

首先看一道非常简单而又十分有趣的例题。

【例 1】假设两个三角形的重叠区域是一个正六边形，问这两个三角形有什么特点？

解题思路：首先我们画出如下图形，△ABC 与 △DEF 的重叠区域构成正六边形 GHIJKL。根据对称性，我们猜想 △ABC 与 △DEF 是大小相同的等边三角形。为什么呢？通过计算角度很容易证明六边形外围的 6 个小三角形都是等边三角形。然而，这里我们首先抹掉这 6 个小三角形，再通过完备化图形来加以验证。

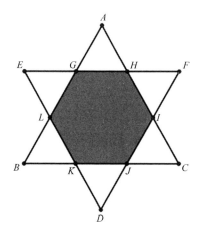
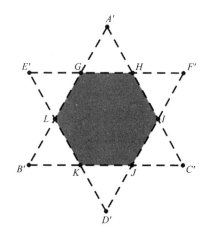

我们在正六边形 $GHIJKL$ 的每一条边上都往外重新画一个等边三角形，如上面的右图中的虚线所示。由于一个六边形可以划分成 4 个共一个顶点的三角形，所以其内角和为 $4 \times 180°$。因此，正六边形的每个内角为 $\frac{1}{6} \times 4 \times 180° = 120°$。每个正三角形的内角为 $60°$。于是，$\angle A'GH + \angle HGL = 60° + 120° = 180°$。可见，$A'$，$G$，$L$ 三点共线。同理，可证明图中其他的一些共线关系。因此，$\triangle A'B'C'$ 与 $\triangle ABC$ 重合，且 $\triangle D'E'F'$ 与 $\triangle DEF$ 重合。故 $\triangle ABC$ 与 $\triangle DEF$ 是大小相同的等边三角形。

接下来的两道例题有一定的难度，然而我们通过对称化、完备化的方法可以获得解题的思路。

【例 2】如下面的左图所示，已知 $AB = BC = CD$，$\angle B = 80°$，$\angle C = 40°$。求 $\angle A$ 的度数。

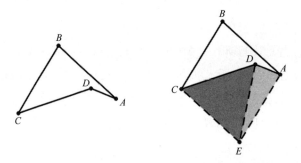

解题思路：利用图形完备化的思想。由于 $AB = BC$，可以将图形外框补充成一个菱形，参看上面的右图。

注意 $\angle ABC = 80°$，$\angle BCD = 40°$，而 $80° + 40° = 120°$。经计算可得，$\angle DCE = 60°$。由于 $EC = AB = CD$，所以 $\triangle CDE$ 是一个等边三角形。于是，$\angle CED = 60°$，且 $ED = CD = CB = EA$。可见，$\triangle EAD$ 是一个等腰三角形。经计算可得，$\angle DEA = 20°$，$\angle DAE = 80°$，$\angle BAD = 20°$，即原图中的 $\angle A = 20°$。问题解决了！

【例 3】如下面的左图所示，已知 4 个角度，求问号处的角度。

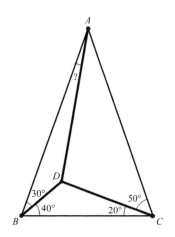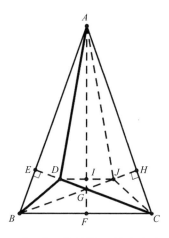

解题思路：首先注意到这里有个特殊角 30°，想到要将其放入某个直角三角形之中。注意 20°+30°+40°=90°，因此我们发现 $AB \perp CD$。自然地想到延长 CD 交 AB 于一点 E，如上面的右图所示。另外，注意到 30°+40°=20°+50°=70°，我们发现 $\triangle ABC$ 是一个等腰三角形。这里就想到对称性。取底边 BC 的中点 F，连接 AF 交 CD 于点 G。延长 BG 交 AC 于点 H。过点 D 作底边 BC 的平行线分别交 AG 和 BH 于点 I 和 J，连接 AJ。至此，我们通过完备化的方法得到了一个完整、对称的图形。

若从 20° 等于 40° 的一半出发想到构造 $\angle DBC$ 的角平分线，或者从左边腰上的垂线想到构造右边腰 AC 的垂线 BH，则我们一样可以将整个完备的图形构造出来。

剩下的问题就是分析我们所要求的角所处的位置。AD 看起来像 $\angle BAF$ 的角平分线。如果是这样，那么容易计算出 $\angle BAD = 10°$。

那么，怎么证明它是角平分线呢？我们看看可否利用三角形全等。由于 $DI \perp AI$，我们想到证明 Rt $\triangle AED$ 与 Rt $\triangle AID$ 全等。为此，我们设法证明 $DE = DI$。

在 $\triangle BED$ 中，30° 的角意味着 DE 等于 BD 的一半。而由于整个图形的对称性，DI 等于 DJ 的一半。现在问题转化为证明 $BD = DJ$。这就是要证明 $\triangle BDJ$ 是一个等腰三角形。根据平行线的内错角相等以及图形的对称性，经计算可得 $\angle DBJ = \angle DJB = 20°$。因此，$\triangle BDJ$ 的确是等腰三角形。问题解决了！

3. 全等相似转化法

基本的几何方法是利用三角形的全等与相似来建立几何对象之间的关系，由此实现问题的转化，从而达到解题的目的。因此，我们要善于观察图形，分析已知条件，从中找到全等或相似的三角形，有时甚至要自己构造全等或相似的三角形，以此作为方向找到需要添加的辅助线。

首先看一道比较简单的例题。

【例 1】如下面的左图所示，$\angle B = \angle C = 90°$，$E$ 是 BC 的中点，DE 平分 $\angle ADC$。求证 AE 是 $\angle DAB$ 的平分线。

解题思路： 我们首先想到利用已知的角平分线构造全等三角形。由于 $\angle C = 90°$，我们想到作 $EF \perp DA$，垂足为 F，如下面的右图所示。由 $\triangle DFE \cong \triangle DCE$ 得到 $EF = CE$。

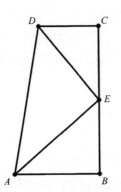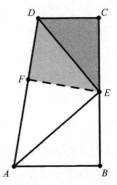

为了证明 AE 是 $\angle DAB$ 的平分线，只需证明 $\triangle AEB \cong \triangle AEF$。考虑到题目中给出的 E 是 BC 的中点的条件，可知 $BE = CE$。于是，$EF = BE$。AE 是两个三角形的公共边。注意 $\angle B = 90° = \angle AFE$。因此，$\triangle AEB \cong \triangle AEF$。问题解决了。

该题的关键是添加辅助线 EF，它是两组全等三角形的桥梁。

下面看两道中考真题。

【例 2】如下图所示，四边形 $ABCD$ 是矩形，$AE = AD$，$AF = AB$。求证 $EG - DG = \sqrt{2}AG$。（2020 年安徽省中考数学真题）

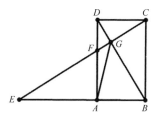

解题思路：根据已知条件 $AE = AD$ 和 $AF = AB$ ，可以看出两个直角三角形全等，即 $\triangle ABD \cong \triangle AFE$ 。由此得到 $\angle AEF = \angle ADB$ 。

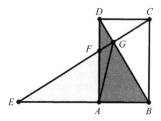 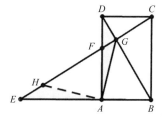

题目所要证明的目标等式的左边出现 $EG - DG$ 。这里的线段 EG 和 DG 并不在同一条直线上。因此，想到在 EG 上截取一段与 DG 相等的线段。这就是所谓的截长补短法。如上面的右图所示，点 H 在 EG 上且 $EH = DG$ 。于是，$EG - DG = EG - EH = HG$ ，问题转化为证明 $HG = \sqrt{2}AG$ 。

连接 HA 。现在容易证明 $\triangle EHA \cong \triangle DGA$ 。由此推出，$\angle EAH = \angle DAG$ 。注意 $AD \perp BE$ ，我们进一步得到 $AG \perp AH$ 。

现在容易证明 $\triangle HGA$ 是等腰直角三角形，于是根据勾股定理立即得到 $HG = \sqrt{2}AG$ 。因此，$EG - DG = \sqrt{2}AG$ 成立。

【例 3】如下图所示，在边长为 1 的正方形 $ABCD$ 中，点 E 为 AD 的中点，连接 BE ，将 $\triangle ABE$ 沿 BE 折叠后得到 $\triangle FBE$ ，BF 交 AC 于点 G 。求 CG 的长。（2021年广东省中考数学真题）

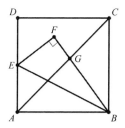

解题思路： 为了计算 CG 的长，我们看看它处于什么三角形之中。虽然它处于 $\triangle CGB$ 之中，但是后者与其他三角形没有相似和全等的关系，至少我们暂时看不出来，因为点 G 暂时无法定位。如果我们延长 BF 交 CD 于一点 H（见下图），则得到平行线 AB 和 CD 之间的一对相似三角形，即 $\triangle CHG \backsim \triangle ABG$。这就是所谓的 8 字形模式。

题述的折叠条件告诉我们有一对全等三角形，即 $\triangle ABE \cong \triangle FBE$。由此推出：$EF = AE = DE$。可否将 EF 和 DE 置于一对全等三角形之中呢？我们尝试连接 EH。

可以猜想，图中左上角的两个小三角形全等，即 $\triangle DEH \cong \triangle FEH$。这个猜想是否正确呢？注意，这里的两个三角形都是直角三角形，且已经有一对边相等，此外还有公共边 EH。因此，猜想正确，这两个三角形的确全等。

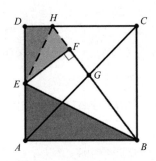

这两个三角形全等有什么好处呢？我们可以推出 $\angle DEH = \angle FEH$，即 EH 平分 $\angle DEF$。根据折叠的条件还知道，BE 平分 $\angle AEF$。如此一来，我们发现 $\angle HEB$ 是直角，进一步得到 $\angle DEH + \angle AEB = 90°$，故 $\angle DEH = \angle ABE$。因此，我们得到两个相似的直角三角形，即 $\triangle DEH \backsim \triangle ABE$。它们的对应边成比例，即 $DH : DE = AE :$ AB。至此，根据给定的边长条件容易计算出 $DH = \dfrac{1}{4}$，故 $CH = \dfrac{3}{4}$。

回到前面提到的 8 字形模式（$\triangle CHG \backsim \triangle ABG$），这导致对应边成比例。由此容易计算出 $CG : AG = 3 : 4$。因此，$CG = \dfrac{3}{7} AC = \dfrac{3}{7}\sqrt{2}$。

以上我们获得了一种解答方法。下面我们看看另外的解答方法。

从本质上讲，点 G 是由 $\angle ABE = \angle EBG$ 确定的，与点 F 并无关系。换句话说，题目中的折叠条件所给出的点 F 是多余的。我们并不是说题目出错了，命题者故意保留点 F 的意图可能正是要提示上面的解题方案中辅助线的作法。那么，如果不用点 F 及与之有关的辅助线，我们能否解答此题呢？当然可以，请看下面的说明。

参看下图，我们删除了点 F 以及与之相连的线段，只保留 BE 平分 $\angle ABG$ 的条件。BE 与 AC 的交点记为 P。现在我们作的辅助线是正方形的另外一条对角线 BD。设正方形的两条对角线的交点是 O，此处有直角，便于利用勾股定理。

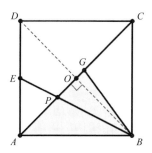

假设 $CG = x$。由于 $AC = \sqrt{2}$，$OA = OB = OC = OD = \dfrac{\sqrt{2}}{2}$，$OG = \dfrac{\sqrt{2}}{2} - x$。对于 Rt$\triangle GOB$，利用勾股定理得到 $BG^2 = 1 - \sqrt{2}x + x^2$。

在 $\triangle DAB$ 中，OA 和 BE 是两条中线，其交点 P 是该三角形的重心。因此，$OP : AP = 1 : 2$。由此容易计算出

$$OP = \frac{1}{3}OA = \frac{\sqrt{2}}{6}, \quad AP = \frac{2}{3}OA = \frac{\sqrt{2}}{3}。$$

于是，$PG = OP + OG = \dfrac{2\sqrt{2}}{3} - x$。

在 $\triangle ABG$ 中，BP 是角平分线。根据角平分线定理，$BG : AB = PG : AP$。由此得到如下方程：

$$\sqrt{x^2 - \sqrt{2}x + 1} = 2 - \frac{3}{2}\sqrt{2}x。$$

两边平方后，经整理可得

$$7x^2 - 10\sqrt{2}x + 6 = 0 \text{。}$$

利用二次多项式的求根公式可得

$$x = \sqrt{2} \text{ 或 } \frac{3}{7}\sqrt{2} \text{。}$$

注意整条对角线 AC 的长度为 $\sqrt{2}$。因此，$x = \sqrt{2}$ 不符合要求，故 $x = \frac{3}{7}\sqrt{2}$，即 $CG = \frac{3}{7}\sqrt{2}$。

下例是两个比较重要的模型，分别叫作手拉手模型与半角模型。

【例 4】如下面的左图所示，$OA = OB$，$OC = OD$，$\angle AOB = \angle COD$，AC 与 BD 相交于点 P，连接 OP。求证：（1）$AC = BD$；（2）OP 平分 $\angle APD$ 与 $\angle BPC$；（3）$\angle APB = \angle AOB$。

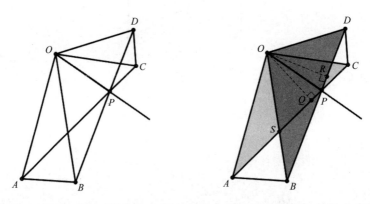

该题就是所谓的手拉手模型。之所以如此命名，是因为已知条件中有两个共顶点且顶角相等的等腰三角形通过两条边连接起来，有点像两个人双手拉在一起的样子，而且是左手拉左手，右手拉右手。

解题思路： 请看下面的分析过程。

（1）根据题目所给的条件以及所要证明的边所在的三角形，只需证明两个三角形全等，即 $\triangle OAC \cong \triangle OBD$。在所给的角度等式 $\angle AOB = \angle COD$ 的两边加上同一个角度 $\angle BOC$，便得到所需的结果，即 $\angle AOC = \angle BOD$。

（2）因为 *OP* 平分 ∠*APD* 与平分 ∠*BPC* 是等价的，所以我们只需证明 *OP* 平分 ∠*APD* 即可。根据证明角平分线的常规方法，就是证明其上的一点到夹角两边的距离相等。因此，我们作 *OQ* 垂直于 *AP* 于点 *Q*，作 *OR* 垂直于 *DP* 于点 *R*，如上面的右图所示。显然，*OQ* 与 *OR* 分别是 △*OAC* 与 △*OBD* 的高。由于这两个三角形全等，所以这两条对应的高也相等。

（3）为了证明 ∠*APB* = ∠*AOB*，我们看看这两个角可以放在哪些三角形中。显然，它们可以被置于 △*OAS* 与 △*PBS* 中。根据前面已经证明的结论 △*OAC*≌△*OBD*，可以推出 ∠*OAS* = ∠*PBS*。根据对顶角相等，可得 ∠*OSA* = ∠*PSB*。至此，我们推出两个对顶的三角形相似，即 △*OAS* ∽ △*PBS*。这里用到的是一个所谓的倒 8 字形模型。由三角形的相似立即推出 ∠*APB* = ∠*AOB*。

∠*APB* 与 ∠*AOB* 还可以被置于 △*OAB* 与 △*PAB* 中。由于这两个三角形有一条公共边，我们需要证明 *A*，*B*，*P*，*O* 四点共圆。根据前面已经证明的结论 △*OAC*≌△*OBD*，可以推出 ∠*OAP* = ∠*OBP*。由共边同旁等角立即推出共圆，故所要证明的结论成立。

【例 5】如下面的左图所示，正方形 *ABCD* 的边长为 1，点 *E* 和 *F* 分别为边 *BC* 与 *CD* 上的动点，∠*EAF* = 45°，*AE* 和 *AF* 分别交 *BD* 于点 *G* 和 *H*。（1）证明点 *A* 到 *EF* 的距离为定值；（2）证明 $EF = \sqrt{2}GH$；（3）求 *EF* 的最小值。

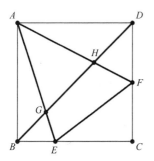 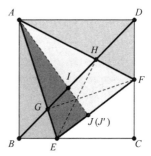

本例属于半角模型的一种，因为图中有 90°角包含 45°角，而后者的度数刚好等于前者的一半。

解题思路：请看下面的分析过程。

（1）因为 $\angle EAF = 45°$，所以 $\angle EAF = \angle BAE + \angle DAF$。据此，我们作直线 AJ 交 BD 于点 I，交 EF 于点 J，使得 $\angle EAJ = \angle BAE$，如上面的右图所示。此时，恰好有 $\angle JAF = \angle DAF$。在射线 AJ 上取一点 J'，使得 $AJ'=1$。于是便得到两组全等三角形：$\triangle BAE \cong \triangle J'AE$，$\triangle DAF \cong \triangle J'AF$。由于 $\angle AJ'E = \angle AJ'F = 90°$，$E$，$J'$，$F$ 三个点共线，故点 J' 与 J 重合。由此立即推出 AJ 是 $\triangle AEF$ 的一条高，且 $AJ = AB = 1$。因此，点 A 到 EF 的距离为定值 1。

（2）为了证明 EF 与 GH 之间的长度关系，我们将这两条边放在 $\triangle AEF$ 与 $\triangle AHG$ 中来考察。我们看这两个三角形是否相似。注意 $\angle HAE = \angle HBE = 45°$，由此推出 A，B，E，H 四点共圆。因此，$\angle AHE = 90°$。可见，$\triangle AHE$ 是等腰直角三角形，$AE:AH = \sqrt{2}$。同理，$\triangle AGF$ 也是等腰直角三角形，$AF:AG = \sqrt{2}$。现在容易证明 $\triangle AEF \sim \triangle AHG$，由此推出 $EF = \sqrt{2}GH$。

（3）根据上一条结论，只需求 GH 的最小值。我们在 $\triangle ABD$ 中考虑问题。现在有两条角平分线，即 AG 与 AH。两次使用角平分线定理并设 $AI=k$，得到

$$GI:GB = AI:AB = k，$$

$$HI:HD = AI:AD = k。$$

因此，$GH = GI + HI = k(GB + HD)$。由此可见，要使 GH 最小，只需 k 最小，而这只有当 $AI \perp BD$ 时才能成立。此时整个图形关于对角线 AC 对称，$k = AI = \dfrac{AC}{2} = \dfrac{\sqrt{2}}{2}$。由 $GH = k(GB + HD)$ 可知，$GH = \dfrac{k}{1+k}BD$。于是，$EF = \sqrt{2}GH = \dfrac{\sqrt{2}k}{1+k}BD = \dfrac{2k}{1+k} = 2(\sqrt{2}-1)$。从另外一个观点看，此时 $\triangle ECF$ 是等腰直角三角形，其斜边 EF 等于其高 CJ 的两倍。而 $CJ = AC - AJ = \sqrt{2}-1$，故 $EF = 2(\sqrt{2}-1)$。

4. 化动为静

数学的美妙时常体现在动静结合之中，有些数学问题的解决体现出动静转化的魅力。一些涉及动点问题的几何题往往需要通过化动为静才能找到解决办法。下面是一些生动的例子，其解答都有一定的难度。

【例 1】设 P 是边长为 1 的等边三角形 ABC 内的一个动点，求 $PA+PB+BC$ 的

最小值。

解题思路： 首先画出图形，如下面的左图所示。必须设法将线段 PA ，PB ，BC 转化到同一条折线上。为此，我们将整个图形绕着点 B 沿顺时针方向旋转 60°。

由 BP 旋转 60°得到 BQ ，$\triangle BPQ$ 是一个等边三角形，所以 $BP = PQ$ 。由 BP 旋转 60°得到 BQ ，BC 旋转 60°得到 BD ，$\triangle BPC \cong \triangle BQD$ ，所以 $PC = QD$ 。因此，$PA + PB + PC = PA + PQ + QD$ 。现在问题转化为求折线 $APQD$ 的最小值。

因为该折线的两个端点 A 和 D 是固定的，而两个固定点之间的直线距离最短，所以只有当 A ，P ，Q ，D 四点共线时，折线 $APQD$ 才最短。因此，所要求的最小值实际上等于线段 AD 的长度。

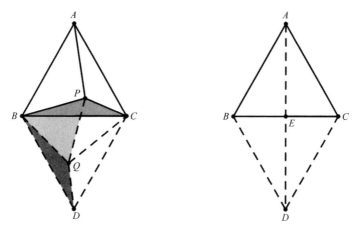

注意四边形 $ABCD$ 是一个菱形，参看上面的右图。AD 等于 $\triangle ABC$ 的高 AE 的 2 倍，即 $AD = 2AB \cdot \sin 60° = 2 \times 1 \times \dfrac{\sqrt{3}}{2} = \sqrt{3}$ 。故 $PA + PB + BC$ 的最小值为 $\sqrt{3}$ 。

【例 2】 如下面的左图所示，$\triangle ABC$ 是边长为 1 的等边三角形，D 为 BC 的中点，E 和 F 分别为线段 AC 和 AD 上的动点，$CE = AF$ ，连接 BE 和 CF 。求 $BE + CF$ 的最小值。

解题思路： 这是一个动点问题，我们需要化动为静。由于 BE 与 CF 不在一条折线上，我们需要把它们转化在一条折线上。

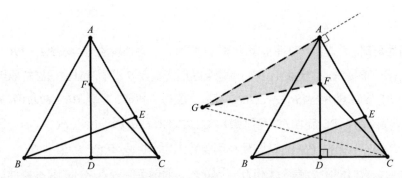

条件 $CE = AF$ 提示我们构造全等三角形,见上面右图中的 $\triangle AFG$ 与 $\triangle CEB$。为此,我们只需取 $\angle GAF = \angle BCE = 60°$,$AG = BC$。此时,自然地有 $AG \perp AC$。

由于 $\triangle AFG \cong \triangle CEB$,所以 $GF = BE$。于是,$BE + CF = GF + CF$,问题转化成了求两个定点 G 和 C 之间的距离。在 Rt$\triangle GAC$ 中利用勾股定理,立即得到 $GC = \sqrt{2}$。故 $BE + CF$ 的最小值为 $\sqrt{2}$。

【例3】如下面的左图所示,在 Rt$\triangle ABC$ 中,$\angle ABC = 90°$,$AB = \sqrt{5}$,$BC = 2$。求 $2PA + 3PC$ 的最小值。

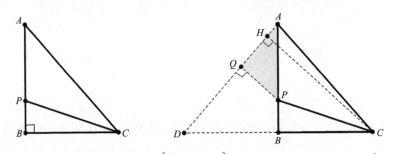

解题思路: 因为 $2PA + 3PC = 3\left(\dfrac{2}{3}PA + PC\right)$,所以问题可以转化成求 $\dfrac{2}{3}PA + PC$ 的最小值。虽然 APC 构成一条折线,但是 $\dfrac{2}{3}PA$ 使得折线的起点是变动的。因此,我们需要化动为静。假设我们通过直角三角形构造了一条新的线段 QP,使其长度恰好等于 $\dfrac{2}{3}PA$(见上面的右图),那么不难看出 $\angle PAQ$ 是一个固定的角度。如此一来,直线 AQ 就是一条固定的直线,点 Q 在这条固定的直线上运动,而问题化为求折线 QPC 的最小值。由于点到直线的距离以垂线段最短,我们只需求出点 C 到直

线 AD 的距离 CH 即可。

　　由勾股定理得到，$AC = 3$，BC/AC 恰好等于 $2/3$。可见，Rt△ABC 与 Rt△AQP 相似。由此推出，$\angle QAP = \angle BAC$。这提示我们可以将图形对称化，也就是说我们可以构造如上面右图所示的等腰三角形 ADC。画出了图形，求腰 AD 上的高 CH 即可。

　　分别以 AD 和 DC 为底边来计算△ADC 的面积，得到如下等式：

$$\frac{1}{2} \times 3 \times CH = \frac{1}{2} \times 4 \times \sqrt{5}$$ 。

由此解得 $CH = \dfrac{4}{3}\sqrt{5}$。可见，$\dfrac{2}{3}PA + PC$ 的最小值为 $\dfrac{4}{3}\sqrt{5}$，所以 $2PA + 3PC$ 的最小值为 $4\sqrt{5}$。这正是我们所要寻找的答案。

5. 圆的性质的应用

　　圆是高度对称的图形，有许多美妙的性质。利用这些性质，不仅可以解决圆本身的问题，还可以解决一些其他几何问题。在求解一些关于点与线段的几何问题时，往往可以通过一些共圆的点来构造辅助圆，这是寻找和构造辅助线的重要方向。

　　【例 1】证明托勒密定理：圆内接四边形的两组对边的乘积之和等于两条对角线的乘积。

　　解题思路：如下面的左图所示，四边形 $ABCD$ 是圆内接四边形。欲证 $AB \bullet CD + AD \bullet BC = AC \bullet BD$。

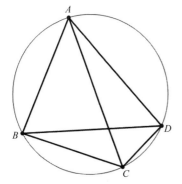 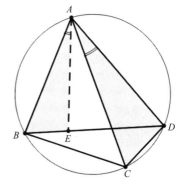

　　基本想法是构造相似三角形，如上面右图中的两个阴影三角形所示。由于同弧所对应的圆周角相等，$\angle ABD = \angle ACD$。三角形相似还需要一对角相等，这提示我

们在线段 BD 上取一点 E，使得 $\angle BAE = \angle CAD$。此时得到图中的两个阴影三角形相似。于是它们的对应边成比例，即 $AB : AC = BE : CD$。将此比例关系式改为乘积关系：$AB \cdot CD = AC \cdot BE$。

此外，在 $\angle BAE = \angle CAD$ 的两边加上同一个角度 $\angle EAC$ 后，还可以得到 $\angle BAC = \angle EAD$。由于同弧所对应的圆周角相等，所以 $\angle ACB = \angle ADE$。因此，我们还可以得到另外一组三角形相似，即 $\triangle ABC \backsim \triangle AED$。于是有对应边成比例：$BC : ED = AC : AD$。将比例关系式改为乘积关系：$AD \cdot BC = AC \cdot ED$。

将上述两个乘积等式的两边分别相加，并注意 $BE + ED = BD$，立即得到

$$AB \cdot CD + AD \cdot BC = AC \cdot BE + AC \cdot ED$$

$$= AC \cdot (BE + ED) = AC \cdot BD。$$

这就证明了托勒密定理。下面的例题是该定理的一个简单应用。

【例 2】如下图所示，等边三角形 ABC 的外接圆上的一点 T 位于优弧 $\overparen{AB}$ 上。证明：$TA + TB = TC$。

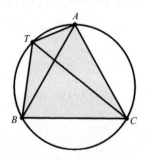

解题思路： 对圆内接四边形直接应用托勒密定理，得到

$$TA \cdot BC + TB \cdot AC = TC \cdot AB。$$

由于 $\triangle ABC$ 是等边三角形，$BC = AC = AB$，约去上式中的这些量，立即得到所需结论：$TA + TB = TC$。

【例 3】如下面的左图所示，设 $\triangle ABC$ 是边长为 8 的等边三角形，P 是 AB 上的一个动点，$PD \perp BC$，$PE \perp AC$，点 D 和 E 为垂足。求线段 DE 的最小值。

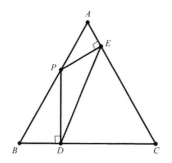
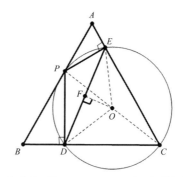

解题思路：注意到两个垂足处的直角，我们知道 P，D，C，E 四点共圆，如上面的右图所示。要使线段 DE 最短，就必须让 $\odot O$ 最小，也就是让其直径 PC 最小。因为点到直线的垂直距离最短，所以当 PC 是 $\triangle ABC$ 的边 AB 上的高时，PC 最小。此时，P 是边 AB 的中点。

根据勾股定理，经计算可得，此时的高 $PC = \sqrt{8^2 - 4^2} = 4\sqrt{3}$。因此，$\odot O$ 的半径 OD 为 $2\sqrt{3}$。因为圆周角 $\angle ECD = 60°$，所以对应的圆心角 $\angle EOD = 120°$。作 $OF \perp DE$，垂足为 F。注意 $\triangle OED$ 是等腰三角形，我们得到 $\angle DOF = 60°$。$DE = 2DF = 2OD \cdot \dfrac{\sqrt{3}}{2} = 2 \times 2\sqrt{3} \times \dfrac{\sqrt{3}}{2} = 6$。故 DE 的最小值为 6。

6. 面积法

我们已经知道，面积法是十分有效的几何方法。在寻找解题思路时，我们的心里一定要有面积这根弦。

下一道例题中的结论是三角形的外角平分线定理。

【**例 1**】如下图所示，在 $\triangle ABC$ 中，$\angle BAC$ 的外角平分线与对边 BC 的延长线相交于点 D。证明：$AB : AC = BD : CD$。

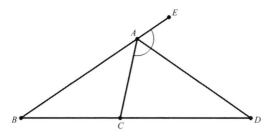

解题思路： 首先，看外角平分线这个条件怎么用。外角平分线 AD 意味着有两个角相等，即 $\angle EAD = \angle CAD$。因为 $\angle BAD$ 与 $\angle EAD$ 互补，所以 $\angle BAD$ 与 $\angle CAD$ 互补。这就说明对于 $\triangle BAD$ 与 $\triangle CAD$ 可以运用共角定理。于是，这两个三角形的面积之比等于两个互补的角的两条夹边长度的乘积之比：

$$S_{\triangle BAD} : S_{\triangle CAD} = (AB \cdot AD) : (AC \cdot AD) = AB : AC \text{。}$$

其次，我们注意到这两个三角形具有公共边 AD。这就说明可以对它们运用共边定理。于是，这两个三角形的面积之比可以转化为它们的顶点 B 和 C 到点 D 的距离之比：

$$S_{\triangle BAD} : S_{\triangle CAD} = BD : CD \text{。}$$

最后，将上述两个等式结合起来，便得到

$$AB : AC = BD : CD \text{。}$$

这就证明了三角形的外角平分线定理。接下来是一道经典的例题。

【例 2】 如下图所示，过圆外的一点 A 作圆的两条切线，在连接切点 P 和 Q 的弦上任取一点 B，连接 AB 的线段交圆周于点 C，延长 AB 交圆周于点 D。我们来证明 A，C，B，D 构成调和点列，即 $\dfrac{AC}{BC} = \dfrac{AD}{BD}$。

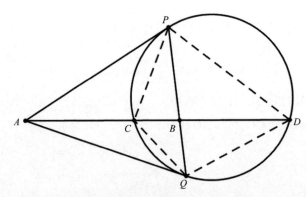

解题思路： 首先，画出图中的虚线，得到一个圆内接四边形 $PCQD$。这是一个很常见的模型。根据共边定理与共角定理，可得

$$BD : BC = S_{\triangle DPQ} : S_{\triangle CPQ} = (DP \cdot DQ) : (CP \cdot CQ) \text{。}$$

注意 AP 是圆的切线，$\angle APC = \angle ADP$。又由于 $\angle PAC = \angle DAP$，我们得到 $\triangle PAC \backsim \triangle DAP$。因此，

$$DP : CP = AD : AP。$$

在切线 AQ 处做类似的讨论，我们得到

$$DQ : CQ = AD : AQ。$$

因为两条切线的长度相等，即 $AP = AQ$，所以，

$$\frac{BD}{BC} = \frac{DP}{CP} \cdot \frac{DQ}{CQ} = \frac{AD}{AP} \cdot \frac{AD}{AQ} = \left(\frac{AD}{AP}\right)^2。$$

我们知道两个相似三角形的面积之比等于边长之比的平方，因此上述等式就是两个三角形的面积之比，即

$$\frac{BD}{BC} = \left(\frac{AD}{AP}\right)^2 = \frac{S_{\triangle DAP}}{S_{\triangle PAC}}。$$

注意到所述的两个三角形有公共边 AP，利用共边定理得到

$$\frac{S_{\triangle DAP}}{S_{\triangle PAC}} = \frac{AD}{AC}。$$

综合以上两个等式，得到

$$\frac{BD}{BC} = \frac{AD}{AC}，$$

即

$$\frac{AC}{BC} = \frac{AD}{BD}。$$

可见，A，C，B，D 构成调和点列。

7. 初等代数法与质点法

最后提醒大家，在我们寻找解题思路时，别忘了代数方法。这既包括初等代数法，就是将未知的边长或角度设置为未知量，通过解代数方程来解决几何问题，也包括前面专门介绍过的质点法，这是几何的另外一种特殊的代数方法。虽然教科书中不介绍后一种方法，但作为解题思路的一种，我们可以适当地加以利用。

【例1】 已知三角形的 3 条边分别为 6，10，14，求其最大内角的度数。

解题思路： 首先画图。如下面的左图所示，在 $\triangle ABC$ 中，$AB = 6$，$AC = 10$，$BC = 14$，要求 $\angle BAC$ 的度数。

设法构造直角三角形，以便运用勾股定理。如下面的右图所示，过点 C 作直线 AB 的垂线，设垂足为 D。

现在图中有两个直角三角形，但是 AD 和 CD 的长度未知。于是，我们采用初等代数的方法，假设 $AD = x$，$CD = y$。

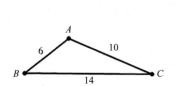 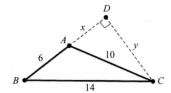

对 Rt$\triangle DAC$ 与 Rt$\triangle DBC$ 分别运用勾股定理，得到如下方程组：

$$\begin{cases} x^2 + y^2 = 10^2, \\ (x+6)^2 + y^2 = 14^2 \, 。 \end{cases}$$

两式相减消去 y，解得 $x = 5$。

注意，数据 5 是 10 的一半，可见在 Rt$\triangle DAC$ 中，AD 是 AC 的一半。因此，$\angle DCA = 30°$。于是，$\angle BAC = 90° + 30° = 120°$。

【例2】 如下图所示，在梯形 $ABCD$ 中，$AD//BC$ 且 $BC = 2AD$，E 是 AB 的中点，P 为底边 BC 上的一个动点，连接 PD 和 PE 分别交梯形的对角线 AC 和 BD 于点 Q 和 R。当点 P 处于 BC 上的什么位置时，$QR//DE$？

解题思路： $QR//DE$ 等价于 $\triangle PQR \backsim \triangle PDE$，等价于 $PQ:PD = PR:PE$。这提示我们可以利用质点法来计算交点 Q 和 R。因为要寻找点的位置，所以我们可以事先假定 $BP:BC = k$。根据质点加法，有

$$P = (1-k)B + kC \, 。 \qquad （1）$$

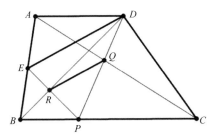

接下来根据已知条件写出质点关系式。首先，由于 $AD/\!/BC$ 且 $BC = 2AD$，我们有 $B - C = 2(A - D)$，即

$$2A + C = 2D + B \text{。} \tag{2}$$

其次，因为 E 是 AB 的中点，所以

$$A + B = 2E \text{。} \tag{3}$$

现在可以利用上述 3 个关系式来获得交点 Q 和 R 的信息。由式（1）和式（2）消去 B，得到

$$2(1-k)A + C = 2(1-k)D + P = (3-2k)Q \text{。} \tag{4}$$

由式（1）和式（2）消去 C，并进一步由式（3）消去 A，得到

$$4kE + P = 2kD + (2k+1)B = (4k+1)R \text{。} \tag{5}$$

由式（4）可见

$$QD : PD = 1 : (3-2k) \text{，}$$

由式（5）可见

$$ER : EP = 1 : (4k+1) \text{。}$$

$QR/\!/DE$ 的充分必要条件是 $QD : PD = ER : EP$，即

$$3 - 2k = 4k + 1 \text{。}$$

解得

$$k = \frac{1}{3} \text{。}$$

于是，我们得到最终结论：$QR/\!/DE$ 的充分必要条件是 $BP : BC = 1 : 3$。

　　用质点法，我们获得点 P 是一个三等分点的结论。根据这个三等分点，反过来通过常规的几何方法，是否可以证明所要求的平行关系呢？这个问题留给读者进一步思考。

　　最后要指出的是，几何解题思路并不局限于上面列举的这些，正所谓题有万千，解无定法。但是万变不离其宗，所要求的几何知识点就是那些，常考的方法和模型就是那些。只要我们掌握了这些知识和方法，并善于利用分析法、综合法、反证法、重合法、转化法等基本思维方法，就会不断提高分析和解决几何问题的能力。

第5章 ▶▶▶
函数学习有殊方

函数是现代数学的重要研究对象，也是中学数学的一大知识模块。本章从变化的观点与生活中的实例出发，讲解函数的抽象概念及 3 种具体的表示方法。从常用的三角板出发讲解三角函数，并通过转换法理解一次函数、反比例函数和二次函数，通过联系法讨论函数与方程和不等式的关系。最后，对一些有趣的函数例题进行解析。

第 1 节　变化的观点与生活中的函数

运动是绝对的，静止是相对的。我们应该用运动、发展、变化的观点看待世界，看待数学，看待数量。一切数量都是相对的、可变的。当我们用变化的观点看待数量的时候，自然就得到变量。而世界上的万事万物之间存在着有机联系，特别是变量与变量之间也存在有机联系。当考察成对的变量之间的某些特定的依存关系时，我们就得到函数的概念。所谓函数，就是指按照某种规则，对于自变量的任意确定的取值，因变量（函数）都有唯一确定的取值与之对应。由于变量以及它们之间的这种依存关系的普遍性，函数无处不在。

我们可以列举生活中函数的许许多多实例。

某一个地点的气温是时间的函数,早晨、中午、傍晚、夜晚等不同的时辰可能有不同的气温。有时白天和黑夜的温差可能还比较大,但不管怎样,每个不同的时刻都有实实在在的确定的气温。

在某一辆公交车某一次的运行过程中,每站上车的人数可能相同,也可能不同,但无论如何,每经过一站,该站上车的人数是唯一确定的。若将车站用数字编码,则各站上车的人数是车站编码的函数。同理,各站下车的人数也是车站编码的函数。

任何一条河流在不同地方的宽度可能相同,也可能不同,但就某一个固定的时刻来说,对于每个确定的地方,河流的宽度是确定的。因此,河流的宽度是相应长度(用以确定河流的位置)的函数。此外,就某个固定的地点来说,随着时间的变化,河流的宽度也在变化。因此,河流的宽度也是时间的函数。

班上不同的学生可能有相同的身高,也可能有不同的身高,但无论如何,就某个固定的时刻来说,对于每位确定序号的学生,其身高是确定的。因此,身高是学生序号的函数。如果固定考察某一位学生在不同年龄的身高,那么其身高是年龄的函数。

类似地,某一次考试中某门功课的考分也是学生序号的函数。如果固定考察某一位学生在某次期末考试中的成绩,那么各门功课的考分是这些功课编号的函数。

考虑一些正方形地砖。地砖可大可小,但是只要其边长确定,那么其面积就是确定的,因为后者等于前者的平方。因此,单块地砖的面积是其边长的函数。

不同的商品可能有不同的价格,也可能有相同的价格。但是无论如何,只要明确了商品是什么,就可以确定其价格是多少。因此,商品的价格是商品序号的函数。假设某件商品的单价是确定的,我们购买该商品所需的金额就是所购买商品件数的函数,因为很显然,购买商品的金额等于单价与件数的乘积。

某个家庭在去年每个月的水电费可能不同,也可能相同,但是对于每个确定的月份,水电费是确定的。因此,该家庭在去年内每个月的水电费是月份的函数。

类似地,某个工厂每个季度的产量是季度的函数,每个商场每天的营业额是以天为单位的时间的函数。每栋楼的入住率是楼号的函数。某个快递点每天接收的快件的数量也是时间(天)的函数。

阳光照耀万物，万物投下影子。在某一固定时刻和固定地点，不同高度的物体有不同长度的影子。因此，影子长度是实物高度的函数。

投掷一个石块，石块飞向空中。在每个确定的时刻，石块有确定的高度。因此，飞行的高度是时间的函数。类似地，放飞气球或者孔明灯时，放飞的高度也是时间的函数。

为了走完某一段路程，如果平均速度快，就只需用较短的时间；但是如果平均速度慢，那么就需要用较长的时间。因此，走完该段路程所需的时间是平均速度的函数。

总之，生活中无处没有数量，无处没有函数。

第 2 节　函数的抽象概念与具体表示

函数是一个十分抽象的概念，它是两个变量之间的依存关系的体现，是描述运动和变化的最佳工具。函数有一些十分具体的表示方法，包括代数表示、几何表示和表格表示。只有将抽象概念与这些具体的表示方法结合起来，我们才能更好地理解函数。

1. 函数的抽象概念

设 A 和 B 是实数集合的两个非空子集合，变量 x 和 y 分别在集合 A 和 B 中取值。如果对于 x 的每一个具体的取值，按照某种规则，y 都有唯一确定的取值与之对应，那么我们就称 y 是 x 的函数，可以记为 $y = f(x)$，$y = g(x)$，或 $y = h(x)$ 等。其中，x 叫作自变量，而 y 叫作因变量。x 的取值范围叫作该函数的定义域，而与 x 对应的 y 的取值范围叫作该函数的值域。若 $y = f(x)$ 是一个函数，则 $x = a$ 所对应的 y 的取值 b 叫作 $x = a$ 时的函数值，记为 $b = f(a)$，或者简记为 $f(a)$。

一个函数实际上给出了两个变量之间的对应关系。第一个变量的每一个具体数值都对应于第二个变量的唯一具体数值。这是函数概念的核心。至于是如何对应的，对应的规则是什么，并没有要求。当然，不同的规则可能给出不同的对应关系，从而产生不同的函数。下面看一些例子。

$m = (-1)^n$ 是一个函数，自变量 n 的取值范围是全体整数，而函数值 m 的取值

范围是 $\{-1, 1\}$。事实上，当 n 为偶数时，$m = 1$；而当 n 为奇数时，$m = -1$。因此，该函数的定义域为全体整数，而其值域为二元集合 $\{-1, 1\}$。

正方形的面积 S 是其边长 x 的函数，即 $S = x^2$，其定义域是 $x > 0$，因为边长必须是正数。对于每一个确定的边长 x，正方形的面积 S 是唯一确定的，因为 $S = x^2$。

如果我们脱离实际背景，仅仅从数学上讨论函数 $y = x^2$，那么 x 的取值范围可以是任意实数。因此，该函数的定义域是全体实数，即 $x \in (-\infty, +\infty)$。经计算可知，$f(-2) = 4 = f(2)$，可见 x 的不同取值可以对应于相同的函数值。这与函数的概念并不矛盾，因为函数的定义仅仅要求对于 x 的每一个取值都有 y 的唯一取值与之对应，就是说不能让 x 的一个取值对应于 y 的两个不同的取值，而反过来，让 x 的不同取值对应于 y 的一个相同取值则是允许的。

如果对于自变量的任意取值，函数值都等于一个常数，则该函数就是常数函数。例如，$y = 1$ 就是取值恒为 1 的常数函数。

如果函数表达式是分段给出的，那么这个函数就叫作分段函数。例如，

$$y = f(x) = \begin{cases} 0, & \text{当} x < 0 \text{时}; \\ x, & \text{当} 0 \leqslant x \leqslant 1 \text{时}; \\ 1, & \text{当} x > 1 \text{时}。 \end{cases}$$

这是一个分段函数，它由三段来定义。第一段，当自变量为负数时，函数值始终等于 0；第二段，当自变量落入区间 [0, 1] 的时候，函数值等于自变量的取值；第三段，当自变量大于 1 时，函数值始终等于 1。

当在数学上讨论问题时，函数的定义域通常就是使得数学表达式有意义的 x 的一切取值。例如，$y = \dfrac{1}{x}$ 的定义域就是 $\{x \mid x \neq 0\}$，因为只要 $x \neq 0$，表达式 $\dfrac{1}{x}$ 就是有意义的。

2. 代数表示

对应规则通过代数式来表达，这就是函数的代数表示。比如，$y = x$，$y = 2x$，$y = x - 1$，$y = 2x + 3$，$y = x^2$，$y = \dfrac{1}{x}$，$y = \dfrac{1}{x-1}$，这些都是函数的代数表示。

代数表示的好处是便于代数计算,对于每一个 x ,我们很容易计算出函数值 y ,这只要利用代数式 $f(x)$ 进行计算即可。

此外,代数表示为我们研究函数的性质提供了准确的表达式(也叫作函数的解析式)。

如果 $f(-x) = -f(x)$ 恒成立,那么这个函数 $f(x)$ 就叫作奇函数;如果 $f(-x) = f(x)$ 恒成立,那么这个函数就叫作偶函数。例如, $y = 2x$ 是一个奇函数,因为 $2(-x) = -2x$;而 $y = x^2$ 是一个偶函数,因为 $(-x)^2 = x^2$ 。

如果存在常数 T ,使得 $f(x+T) = f(x)$ 恒成立,那么函数 $f(x)$ 就叫作周期函数,其周期是 T 。若 T 是周期函数 $f(x)$ 的周期,那么很显然, $\pm T$, $\pm 2T$, $\pm 3T$, $\pm 4T$,…都是该函数的周期。一个函数所有的正周期中的最小者叫作该函数的最小正周期。取整函数 $y = [x]$ 表示不超过 x 的最大整数,如 $[1.3] = 1$, $[2.9] = 2$, $[3.5] = 3$, $[4.3] = 4$, $[5] = 5$, $[6] = 6$, $[0.13] = 0$, $[-1.3] = -2$, $[-2.8] = -3$, $[-3.5] = -4$, $[-4] = -4$,…。容易看出,函数 $f(x) = x - [x]$ 是一个周期函数,其最小正周期为 1 。容易验证 $f(1.3) = f(2.3) = f(3.3) = f(4.3) = \cdots = 0.3$ 。

如果对于 $x_1 < x_2$,总有 $f(x_1) < f(x_2)$ 成立,那么就说函数 $f(x)$ 是单调递增的;如果对于 $x_1 < x_2$,总有 $f(x_1) > f(x_2)$ 成立,那么就说函数 $f(x)$ 是单调递减的。例如,由 $x_1 < x_2$ 容易推出 $2x_1 - 3 < 2x_2 - 3$,因此函数 $y = 2x - 3$ 是单调递增的;而由 $x_1 < x_2$ 容易推出 $3 - 2x_1 > 3 - 2x_2$,因此函数 $y = 3 - 2x$ 是单调递减的。

总之,函数的代数表示为我们研究函数的各种性质提供了很好的计算工具。

3. 几何表示

函数的几何表示是指在直角坐标系中画出函数的图像。设有函数 $y = f(x)$,则对于 x 的每个取值,都有唯一的 y 值与之对应。于是,这一对数值 (x, y) 对应于平面直角坐标系 xOy 中的一个点。所有这些点的轨迹叫作函数 $y = f(x)$ 的图像。

例如,对于 $y = x$,无论 x 取什么值, y 的取值都等于 x 。因此,该函数的图像包括点 $(-3, -3)$, $(-2, -2)$, $(-1, -1)$, $(0, 0)$, $(1, 1)$, $(2, 2)$, $(3, 3)$,…。而所有的点 (x, x) 的轨迹是一条平分第一、三象限的直线,这就是函数 $y = x$ 的图像,如下图所示。

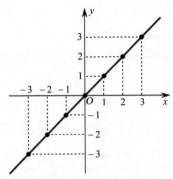

函数的几何表示为研究函数的性质提供了几何直观。例如，单调递增函数的图像从左往右是逐渐上升的，而单调递减函数的图像从左往右是逐渐下降的。偶函数的图像关于纵轴对称，而奇函数的图像关于原点对称。周期函数的图像每隔相同的间隔重复呈现。

当然，函数的几何表示也有其局限性。因为我们只能画出有限的图像，而函数的图像从理论上讲往往是无限的。不管我们在多大范围内画出了一幅图像，在一个更大的范围内，我们都可以按照任意的方式来扩展该图像。因此，我们原先所画出的函数图像实际上可能代表无穷多个不同的函数。

4. 表格表示

函数的表格表示是指通过表格表示自变量和因变量之间的对应关系。例如，函数 $y = f(x) = 2x$ 可以通过如下表格来表示。

x	$\cdots$	-3	-2	-1	0	1	2	3	$\cdots$
y	$\cdots$	-6	-4	-2	0	2	4	6	$\cdots$

表格表示的好处是能够直接呈现某些函数值，也便于我们从局部推断函数整体的某些性质。

例如，从上述不完整的表格中，我们看到 $f(-3) = -6$，$f(-2) = -4$，$f(-1) = -2$，$f(0) = 0$，$f(1) = 2$，$f(2) = 4$，$f(3) = 6$。当自变量的取值相反时，该函数的取值也是相反的。因此，函数 $y = 2x$ 是一个奇函数。此外，由表格还能看出 $y = 2x$ 是一个单调递增函数。

　　表格表示的不足之处是它往往不能刻画完整的函数，因为表格总是有限的，而函数的定义域通常是无限的。也就是说，表格只能代表函数的局部，不能表示整体。有些相同的表格可能代表完全不同的两个函数，例如下表。

x	$\cdots$	-1	1	$\cdots$
$y = g(x)$	$\cdots$	1	1	$\cdots$

　　由上表可见，$g(1) = g(-1) = 1$。显然，常数函数 $g(x) = 1$ 满足这个条件。但是，还有其他函数也满足这样的条件，如 $g(x) = x^2$，$g(x) = x^4$，$g(x) = x^6$，$\cdots$。此外，$g(x) = 2 - x^2$，$g(x) = 2 - x^4$，$g(x) = 2 - x^6$，$\cdots$也都满足这些条件。可见，一个表格可以表示无限多个不同的函数。

　　以上介绍了函数的抽象概念以及表示方法，后者包括代数表示、几何表示和表格表示。这 3 种表示方法各有优缺点，我们在具体情形下要灵活选择，并且要善于在这几种不同的表示方法之间自由地转换，以获得问题的最优解决方案，也便于更全面地理解函数。

第 3 节　从一个组合问题看函数概念与数学符号的威力

　　假设有人写了 n 封信准备寄给 n 个不同的地址，并在 n 个信封上写下了相应的正确地址。请问，有多少种不同的方式可以把所有的信都放入错误的信封里？

　　乍一看，这似乎是一个十分简单的问题。比如，如果 $n = 1$，那么将信放入信封只有一种方式，而且该方式是正确的，因此错误方式的数量为 0。如果 $n = 2$，那么只有一种方式将所有的信都放入错误的信封。你也可以尝试寻找 $n = 3$ 时的答案。但是，随着 n 的增大，尤其是当你试图寻找解的一般规律的时候，你就会发现事情并没有那么简单。

　　事实上，这是一个比较困难的组合问题，原因是该问题本身并不是一个单一的问题，而是无限多个问题的集合，而且我们要获得关于 n 的一般结论，采用简单的归纳法并不奏效，其中充满了陷阱。为了解决该问题，我们引入适当的记号，最后归纳出一般的结果。这显示出函数概念与记号的巨大威力。

1. 引入函数概念和记号

首先，对于问题的解，如果按照通常的习惯随便使用一个记号（比如 x），那么这对于问题的解决没有任何意义，因为它忽视了问题的解对于 n 的依赖关系。为此，我们选择使用记号 x_n，这里的下标 n 表示问题的解与信封的数量 n 直接相关，也就是说装错信封的方式的数量 x 是关于信封的序号 n 的函数。不用代数记号，而是用函数概念和记号，这是非常关键的一步。显然，$x_1 = 0$，$x_2 = 1$。

为了标记第 n 封信与第 n 个信封，我们必须注意它们的对应关系。为此，我们可以将第 k 封信标记为 L_k，同时将与之对应的正确的信封标记为 E_k。显然，L_k 与 E_k 都是关于序号 k 的函数。这样标记的好处是，不仅赋予不同的信和信封以不同的记号，而且明确了信与信封之间的对应关系。

2. 计算 x_3

现在我们可以使用这些记号来说明如何计算 x_3。将 L_1 错误地放入信封中有两种不同的方式，即放入 E_2 与放入 E_3。我们可以用简单的记号将其分别表示为 $L_1 \rightarrow E_2$ 与 $L_1 \rightarrow E_3$。如果 $L_1 \rightarrow E_2$，那么由于 L_3 不能放入 E_2，也不能放入 E_3，即 $L_3 \dashrightarrow E_2$ 且 $L_3 \dashrightarrow E_3$，只能是 $L_3 \rightarrow E_1$，进而只能是 $L_2 \rightarrow E_3$。类似地，如果 $L_1 \rightarrow E_3$，那么由于 $L_2 \dashrightarrow E_2$ 且 $L_2 \dashrightarrow E_3$，只能是 $L_2 \rightarrow E_1$，进而只能是 $L_3 \rightarrow E_2$。综合以上两种情况，可得 $x_3 = 2$，如下图所示。

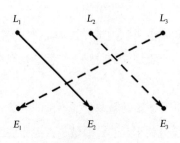 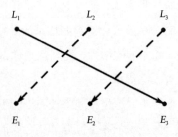

$n=3$ 时的第一种情形：$L_1 \rightarrow E_2$　　　　$n=3$ 时的第二种情形：$L_1 \rightarrow E_3$

3. 计算 x_4

为了计算 x_4，我们考虑 3 种情形，它们分别是 $L_1 \rightarrow E_2$，$L_1 \rightarrow E_3$，$L_1 \rightarrow E_4$。由于这 3 种情形的计数结果是相同的，我们只需讨论第一种情形，即 $L_1 \rightarrow E_2$。而这又可以分为 3 种子情形，它们分别是 $L_2 \rightarrow E_1$，$L_2 \rightarrow E_3$，$L_2 \rightarrow E_4$。从下图可以看出，在每种子情形下都只有一种方式将 4 封信都放入错误的信封内，因此在 $L_1 \rightarrow E_2$ 这一种情形下共有 3 种错误的放置方式。同理可得，在另外两种情形下也分别有 3 种错误的放置方式。将这 3 种情形的结果合并起来，我们得到 $x_4 = 3 \times 3 = 9$。

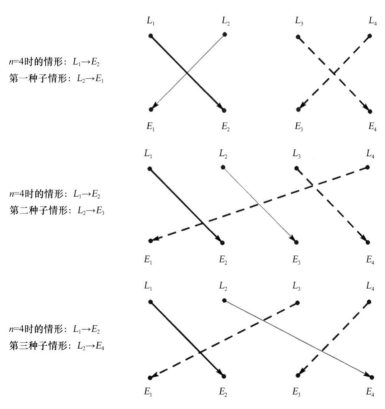

4. 计算 x_5

随着 n 的增大，完全按照上述计数方法计算 x_n 会越来越复杂，从而使得计算实际上越来越不可能真正实现。为了获得系统的计算方法，下面我们来分析 x_5 的计算方法，特别注意它与前面已经计算过的 x_3 和 x_4 之间的关系。

当 $n=5$ 时，第一封信放错的情形可以分为 4 种，它们分别是 $L_1 \to E_2$，$L_1 \to E_3$，$L_1 \to E_4$，$L_1 \to E_5$。根据对称性，我们只需讨论第一种情形。为此，根据第二封信是否放入第一个信封内，我们将 $L_1 \to E_2$ 这种情形分为两种子情形。第一种子情形是 $L_2 \to E_1$，如下图所示。此时只能将 L_3，L_4，L_5 分别放入 E_3，E_4，E_5，因此错误的放置方式的数量恰好等于 x_3。第二种子情形是 $L_2 \overset{\cdot}{\to} E_1$。此时的情况相对复杂，而我们应对的关键是采用新的记号。分析我们现在的处境，必须将 L_2，L_3，L_4，L_5 分别放入 E_1，E_3，E_4，E_5，而且必须保证 $L_2 \overset{\cdot}{\to} E_1$。如果我们将 L_2，L_3，L_4，L_5 分别重新标记为 l_1，l_2，l_3，l_4，而将 E_1，E_3，E_4，E_5 分别重新标记为 e_1，e_2，e_3，e_4，那么事情就变成将 l_1，l_2，l_3，l_4 分别放入 e_1，e_2，e_3，e_4，其错误的放置方式的数量恰好等于 x_4，如下图所示。

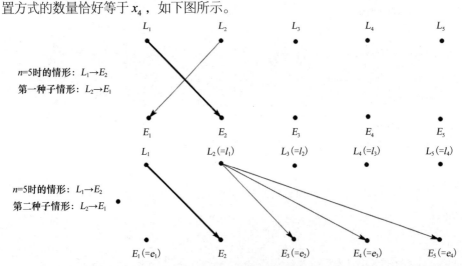

综合两种子情形的结果，我们得到第一种情形 $L_1 \to E_2$ 所对应的错误放置方式的数量为 $x_3 + x_4$。由于一共有 4 种类似的情形，我们得到 $n=5$ 时的错误放置方式的数量为 $4(x_3 + x_4)$，即 $x_5 = 4(x_3 + x_4)$。

5. 归纳出一般结论

不难看到，以上处理问题的方式可以推广到一般情形。由此，我们归纳出一般结果：$x_n = (n-1)(x_{n-2} + x_{n-1})$。

例如，由于 $x_1 = 0$ 和 $x_2 = 1$，我们得到 $x_3 = 2 \times (0 + 1) = 2$，$x_4 = 3 \times (1 + 2) = 9$，$x_5 = 4 \times (2 + 9) = 44$，$x_6 = 5 \times (9 + 44) = 265$，$x_7 = 6 \times (44 + 265) = 1854$，…。

第 4 节　从常用三角板到三角函数

通过直角三角形的边长，我们可以定义一系列函数，这些函数统称为三角函数，其中最重要的是正弦函数、余弦函数、正切函数和余切函数。这里借助常用三角板来帮助大家理解这些三角函数。

1. 三角函数的定义

任意给定一个锐角，让它处于一个直角三角形中，则该锐角的对边长度与斜边长度的比值是由该角的大小所决定的。也就是说，只要这个角度固定，即使是两个大小不同的直角三角形，该角对边的长度与斜边长度的比值也是相同的，这是因为两个直角三角形是相似的，而相似三角形的对应边成比例。因此，该锐角的对边长度与斜边长度的比值是该角度的函数。可将这个角度记为 x（单位是度或者弧度），将这个函数记为 $\sin x$。该函数叫作正弦函数。简单地说，

$$\sin x = \frac{\text{对边}}{\text{斜边}}。$$

类似地，可以定义余弦函数 $\cos x$ 为直角三角形中角 x 的邻边与斜边长度的比值。简言之，

$$\cos x = \frac{\text{邻边}}{\text{斜边}}。$$

可以定义正切函数 $\tan x$ 为直角三角形中角 x 的对边与邻边长度的比值。简言之，

$$\tan x = \frac{\text{对边}}{\text{邻边}}。$$

可以定义余切函数 $\cot x$ 为直角三角形中角 x 的邻边与对边的比值。简言之，

$$\cot x = \frac{邻边}{邻边}。$$

上述 4 个三角函数的定义如下图所示。

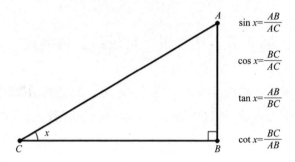

$$\sin x = \frac{AB}{AC}$$

$$\cos x = \frac{BC}{AC}$$

$$\tan x = \frac{AB}{BC}$$

$$\cot x = \frac{BC}{AB}$$

2. 三角函数与圆

作直径为 1 的圆以及一条直径所对应的圆周角，则该圆周角为直角，由此我们得到一个直角三角形。假设该直角三角形的一个锐角为 x，它的对边与另一条直角边分别为 a 和 b，如下图所示。

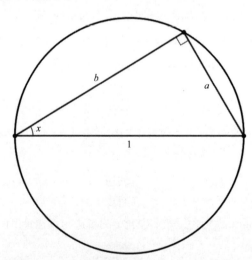

根据上述三角函数的定义，我们得到

$$\sin x = a，$$

$$\cos x = b，$$

$$\tan x = \frac{a}{b},$$

$$\cot x = \frac{b}{a}。$$

现在想象角度 x 从 $0°$ 逐渐变大到 $90°$，并观察边 a 和 b 的变化，由此得到三角函数的变化规律：$\sin x$ 从 0 逐渐变大到 1，$\cos x$ 从 1 逐渐变小为 0，$\tan x$ 从 0 逐渐变大到无穷大，而 $\cot x$ 从无穷大逐渐变小为 0。特别地，我们得到特殊角度 $0°$ 与 $90°$ 的三角函数值：

$$\sin 0° = \cos 90° = 0，$$

$$\sin 90° = \cos 0° = 1，$$

$$\tan 0° = \cot 90° = 0。$$

注意：$\cot 0°$ 和 $\tan 90°$ 均为无穷大，或者说它们都没有意义。

3. 三角函数之间的关系

从定义容易看出这些三角函数之间的关系：

$$\sin^2 x + \cos^2 x = 1，$$

$$\tan x = \frac{\sin x}{\cos x}，$$

$$\cot x = \frac{\cos x}{\sin x}，$$

$$\tan x \cdot \cot x = 1。$$

如果两个角之和为 $90°$，那么我们称这两个角互余。例如，直角三角形中的两个锐角互余。假设角 x 与 y 互余，那么可以将这两个角视为同一个直角三角形的两个锐角。根据三角函数的定义，我们立即得到

$$\sin x = \cos y，$$

$$\tan x = \cot y。$$

例如，根据以上关系，有

$$\sin 10° = \cos 80°，$$

$$\tan 20° = \cot 70°。$$

4. 常用的等腰直角三角板与三角函数

作为学习用具的常用三角板包括两种，其中一种是等腰的，另一种是非等腰的。前者含两个 45° 的锐角，后者的两个锐角分别为 30° 和 60°。在这两种三角板中，我们容易获得三角函数在特定角度下的函数值。

在等腰直角三角板中，两个锐角都是 45°。假设两条腰都是 1，那么根据勾股定理，斜边必定为 $\sqrt{2}$，如下图所示。

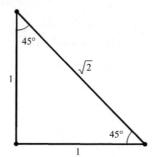

于是，我们立即得到

$$\sin 45° = \cos 45° = \frac{1}{\sqrt{2}} = \frac{\sqrt{2}}{2},$$

$$\tan 45° = \cot 45° = 1。$$

5. 常用的非等腰直角三角板与三角函数

在常用的非等腰直角三角板中，两个锐角分别为 30° 和 60°。假设 30° 角的对边为 1。由于在直角三角形中，30° 角的对边为斜边的一半，所以斜边必然为 2。根据勾股定理，60° 角的对边为 $\sqrt{2^2 - 1^2} = \sqrt{3}$，如下图所示。

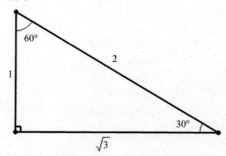

于是，我们立即得到

$$\sin 30° = \cos 60° = \frac{1}{2} ,$$

$$\cos 30° = \sin 60° = \frac{\sqrt{3}}{2} ,$$

$$\tan 30° = \cot 60° = \frac{1}{\sqrt{3}} = \frac{\sqrt{3}}{3} ,$$

$$\cot 30° = \tan 60° = \sqrt{3} 。$$

总之，根据勾股定理容易确定两种常用直角三角板的边长关系，由此容易计算出 $30°$，$45°$，$60°$ 等几个特殊角度的三角函数值。记住上述两个直角三角板的边长关系，是掌握这些特殊三角函数值的关键所在。

第 5 节　用转换法理解一次函数、反比例函数和二次函数

我们在初中阶段所能接触的函数类型不多，主要是一次函数、反比例函数和二次函数。为了更好地理解这些函数，我们可以采用转换推理的方法（简称转换法）。

1. 用转换法理解一次函数

形如 $y = kx + b$ 的函数叫作一次函数，因其自变量 x 的次数为 1 而得名，其中 k 和 b 是常数，且 $k \neq 0$。我们称 k 为一次项的系数，而 b 为常数项。当 $b = 0$ 时，一次函数的表达式变为 $y = kx$，这也叫作正比例函数。

如何通过转换推理来理解一次函数呢？我们可以从简单到复杂依次考虑函数 $y = x$，$y = -x$，$y = kx$（$k > 0$），$y = kx$（$k < 0$），$y = kx + b$（$b > 0$），$y = kx - b$（$b > 0$），$y = k(x-a) + b$（$a > 0$），$y = k(x+a) + b$（$a > 0$）。

第一，看最简单的情形 $y = x$。此时，自变量与因变量始终相等。$x = 0$ 时 $y = 0$，因此该函数的图像过原点；$x = 1$ 时 $y = 1$，$x = 2$ 时 $y = 2$，$x = 3$ 时 $y = 3$……因此其图像经过第一象限的平分线；$x = -1$ 时 $y = -1$，$x = -2$ 时 $y = -2$，$x = -3$ 时 $y = -3$……因此其图像经过第三象限的平分线。综合起来看，函数 $y = x$ 的图像是

经过原点、斜率为 1 的直线，它平分第一、三象限。

第二，看 $y=-x$ 。由于点 $(x,-x)$ 与 (x,x) 关于 x 轴对称，所以函数 $y=-x$ 的图像与 $y=x$ 的图像关于 x 轴对称，因此 $y=-x$ 的图像是第二、四象限的平分线。将 $y=x$ 的图像沿顺时针方向或者逆时针方向旋转 $90°$，就得到 $y=-x$ 的图像，反之亦然，如下图所示。

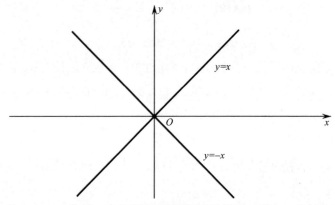

第三，看 $y=2x$ 。此时，自变量与因变量始终相差 1 倍。$x=0$ 时 $y=0$ ，因此该函数的图像过原点；$x=1$ 时 $y=2$ ， $x=2$ 时 $y=4$ ， $x=3$ 时 $y=6$ ……因此其图像是一条斜率等于 2 的直线，它在第一象限内比直线 $y=x$ 要高，而在第三象限内比直线 $y=x$ 要低。

第四，依次考察 $y=3x$, $y=4x$, $y=5x$ ，…。随着 x 的系数的增大，直线的斜率越来越大，也就是说直线越来越陡峭，越来越向 y 轴靠拢，如下图所示。

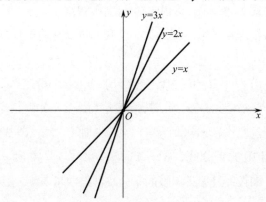

第五，看 $y=\dfrac{1}{2}x$。此时，自变量与因变量的比值始终是 2。$x=0$ 时 $y=0$，因此该函数的图像过原点；$x=1$ 时 $y=\dfrac{1}{2}$，$x=2$ 时 $y=1$，$x=3$ 时 $y=\dfrac{3}{2}$……因此其图像是一条斜率等于 $\dfrac{1}{2}$ 的直线，它在第一象限内比函数 $y=x$ 的图像要低，而在第三象限内比函数 $y=x$ 的图像要高。

第六，依次考察 $y=\dfrac{1}{3}x$，$y=\dfrac{1}{4}x$，$y=\dfrac{1}{5}x$，…。随着 x 系数的减小，直线的斜率越来越小，也就是说直线越来越平缓，越来越向 x 轴靠拢，如下图所示。

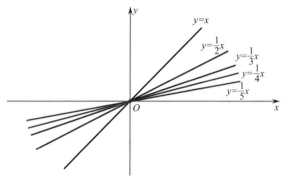

将以上的讨论综合在一起看，我们得到以下结论：当 $k>0$ 时，$y=kx$ 的图像是斜率等于 k 的直线，该图像单调上升，而且随着 k 增大，直线越来越陡，越来越靠近 y 轴；反过来，随着 k 减小，直线越来越平缓，越来越靠近 x 轴。可以想象时钟的时针，它从 12 点钟的位置逐渐走到 3 点钟的位置，随着时间的推移，指针越来越接近水平位置，这相当于函数 $y=kx$ 的系数越来越小并逐渐趋于零。

根据前面讨论的 $y=-x$ 与 $y=x$ 的图像的对称关系，我们可以得到 $y=-kx$ 与 $y=kx$ 的图像的对称关系。由此得到以下结论：当 $k<0$ 时，$y=kx$ 的图像是斜率等于 k 的直线，该图像是单调下降的，而且随着 k 增大，直线越来越平缓，越来越靠近 x 轴；反过来，随着 k 减小，直线越来越陡，越来越靠近 y 轴。可以想象时钟的时针，它从 3 点钟的位置逐渐走到 6 点钟的位置，随着时间的推移，指针越来越靠下，这相当于函数 $y=kx$ 的系数越来越小并逐渐趋于负的无穷大，如下图所示。

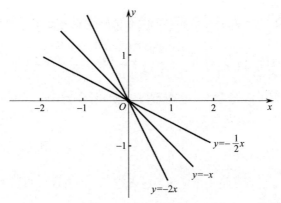

下面考察 $y = x + 1$。由于对于 x 的每一个取值，对应的 y 值都比其大 1，所以函数 $y = x + 1$ 的图像也是一条直线，而且它是 $y = x$ 的图像向上平移一个单位的结果，如下图所示。

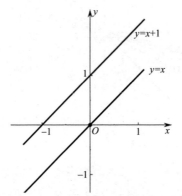

类似地，考察 $y = x - 1$。函数 $y = x - 1$ 的图像也是一条直线，而且它是 $y = x$ 的图像向下平移一个单位的结果，如下图所示。

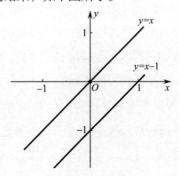

一般地，设 $b>0$ ，$y=kx+b$ 的图像是 $y=kx$ 的图像向上平移 b 个单位的结果，因此它是斜率等于 k 的直线；而 $y=kx-b$ 的图像是 $y=kx$ 的图像向下平移 b 个单位的结果，因此它也是斜率等于 k 的直线。

下面考虑函数 $y=k(x-a)+b$ ，其中 $a>0$ 。当 $x=a$ 时，函数 $y=k(x-a)+b$ 的取值相当于函数 $y=kx+b$ 在 $x=0$ 时的取值；当 $x=c+a$ （ c 为任意实数）时，函数 $y=k(x-a)+b$ 的取值相当于函数 $y=kx+b$ 在 $x=c$ 时的取值。可见，函数 $y=k(x-a)+b$ 的图像是函数 $y=kx+b$ 的图像向右平移 a 个单位的结果，因此它仍然是斜率为 k 的直线。简言之，将 $y=kx+b$ 的图像向右平移 a 个单位，得到函数 $y=k(x-a)+b$ 的图像。

将上述平移过程反过来，就得到以下结论：函数 $y=kx+b$ 的图像向左平移 a 个单位，便得到函数 $y=k(x+a)+b$ 的图像。

例如，将函数 $y=2x+3$ 的图像向左平移 1 个单位，得到函数 $y=2(x+1)+3=2x+5$ 的图像；而向右平移 1 个单位，得到函数 $y=2(x-1)+3=2x+1$ 的图像，如下图所示。

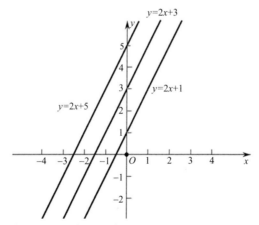

注意，直线上下平移与左右平移是等价的。比如，函数 $y=2x+3$ 的图像向左平移 1 个单位与它向上平移 2 个单位是等价的，因为我们都会得到函数 $y=2x+5$ 的图像。

综上所述，只要掌握了最简单的一次函数 $y=x$ 的图像，其他所有的一次函数的图像都可以通过对称、旋转、平移等得到，因此所有这些函数的图像都是直线。

这里我们所采用的转换法可以通过想象时钟的指针、自行车的辐条等的运动来理解，也可以借助画图软件的静态图形乃至动画来理解。

2. 用转换法理解反比例函数

形如 $y=\dfrac{k}{x}$ 的函数叫作反比例函数，其中常数 $k \neq 0$，x 和 y 分别为自变量与因变量。

如何通过转换法来理解反比例函数呢？我们可以从简单到复杂依次考虑函数 $y=\dfrac{1}{x}$，$y=-\dfrac{1}{x}$，$y=\dfrac{k}{x}(k>0)$，$y=\dfrac{k}{x}(k<0)$。我们还可以顺便探讨函数 $y=\dfrac{1}{x}+b(b>0)$，$y=\dfrac{1}{x}-b(b>0)$，$y=\dfrac{k}{x-a}(a>0)$，$y=\dfrac{k}{x+a}(a>0)$，$y=\dfrac{k}{x-a}\pm b$ $(a>0，b>0)$，$y=\dfrac{k}{x+a}\pm b$ $(a>0，b>0)$。这些函数虽然不是反比例函数，但是它们与反比例函数密切相关。

我们先看最简单的情形 $y=\dfrac{1}{x}$。此时，自变量与因变量的乘积始终等于 1，因此 $x \neq 0$，$y \neq 0$。x 与 y 的符号始终相同：若 $x>0$，则 $y>0$；若 $x<0$，则 $y<0$。当 $x>0$ 或 $x<0$ 时，随着 x 的增大，y 反而减小，因此函数 $y=\dfrac{1}{x}$ 的图像在 $x>0$ 或 $x<0$ 时都是下降的。点 $\left(x,\dfrac{1}{x}\right)$ 与 $\left(-x,-\dfrac{1}{x}\right)$ 同时都在该图像上，因此该图像关于原点呈中心对称。此外，该图像关于函数 $y=x$ 的图像对称，也关于函数 $y=-x$ 的图像对称。函数 $y=\dfrac{1}{x}$ 的图像是双曲线，它由不相交的、对称的两个分支组成，这两个分支分别在第一、三象限，整个图像呈中心对称，如下图所示。

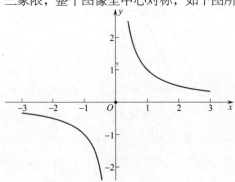

再看 $y = -\dfrac{1}{x}$。可以将函数 $y = -\dfrac{1}{x}$ 的图像与函数 $y = \dfrac{1}{x}$ 的图像进行对照。因为对于 x 的相同取值，这两个函数的取值刚好相反，所以这两个函数的图像关于 x 轴对称。因此，函数 $y = -\dfrac{1}{x}$ 的图像也是双曲线，它由不相交的、对称的两个分支组成，这两个分支分别在第二、四象限，整个图像呈中心对称，如下图所示。

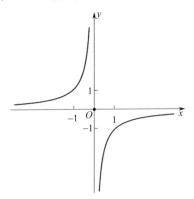

下面将 $y = \dfrac{1}{x}$ 的分子改为其他常数，如 $y = \dfrac{2}{x}$。将函数 $y = \dfrac{2}{x}$ 与函数 $y = \dfrac{1}{x}$ 的图像进行对照。因为对于 x 的相同取值，这两个函数的取值刚好相差 1 倍，所以前者的图像是后者的图像从竖直方向拉开到 2 倍而得到的，所得图像仍然是双曲线，其两支分别位于第一、三象限。

类似地考虑 $y = \dfrac{3}{x}$，$y = \dfrac{4}{x}$，$y = \dfrac{1}{2x}$，$y = \dfrac{1}{3x}$，…。这些函数的图像都是位于第一、三象限的双曲线，只不过随着分子的增大或减小，图像与 x 轴的距离被拉开或压缩了。

加上一个负号，考虑 $y = -\dfrac{2}{x}$，$y = -\dfrac{3}{x}$，$y = -\dfrac{1}{2x}$，$y = -\dfrac{1}{3x}$，…。这些函数的图像也是双曲线，它们都位于第二、四象限，而且随着分子的绝对值增大或减小，图像与 x 轴的距离被拉开或压缩了。

设 $b > 0$，函数 $y = \dfrac{1}{x} + b$ 的图像是双曲线 $y = \dfrac{1}{x}$ 向上平移 b 个单位的结果，函数

$y = \dfrac{1}{x} - b$ 的图像是双曲线 $y = \dfrac{1}{x}$ 向下平移 b 个单位的结果。

对函数 $y = \dfrac{1}{x-1}$ 和 $y = \dfrac{1}{x}$ 的图像进行比较。前者在 $x = 1$ 时的情形相当于后者在 $x = 0$ 时的情形，前者在 $x = c+1$ 时的取值等于后者在 $x = c$ 时的取值，其中 $c \neq 0$。可见，前者的图像是后者的图像向右平移 1 个单位的结果，因此它的图像还是双曲线。反过来，函数 $y = \dfrac{1}{x+1}$ 的图像也是双曲线，它是函数 $y = \dfrac{1}{x}$ 的图像向左平移 1 个单位的结果。

一般地，将函数 $y = \dfrac{k}{x} + b$（$k \neq 0$）的图像向右平移 a（$a > 0$）个单位，可以得到函数 $y = \dfrac{k}{x-a} + b$ 的图像；向左平移 a 个单位，可以得到函数 $y = \dfrac{k}{x+a} + b$ 的图像。

综上所述，只要掌握了最简单的反比例函数 $y = \dfrac{1}{x}$ 的图像，其他所有反比例函数以及相关函数的图像都可以通过翻转、平移等方法得到，因此所有这些图像都是双曲线。这里我们采用了转换法，图像的变换过程可以连续，也可以借助画图软件的静态图形乃至动画来呈现。

3. 用转换法理解二次函数

所谓二次函数就是形为 $y = ax^2 + bx + c$ 的函数，因自变量的次数最高为 2 而得名，其中 a，b，c 是常数，且 $a \neq 0$。这里，我们称 a 为二次项系数，b 为一次项系数，c 为常数项。注意，如果 $a = 0$，二次函数就退化为一次函数 $y = bx + c$（$b \neq 0$）或常数函数 $y = c$。

如何用转换法来理解二次函数呢？我们可以从简单到复杂依次观察函数 $y = x^2$，$y = -x^2$，$y = ax^2$（$a > 0$），$y = ax^2$（$a < 0$），$y = a(x-b)^2$（$b > 0$），$y = a(x+b)^2$（$b > 0$），$y = a(x \pm b)^2 + c$（$c > 0$）和 $y = a(x \pm b)^2 - c$（$c > 0$）的图像的变化情况。

首先，看最简单的情形 $y = x^2$。由于 $(-x)^2 = x^2$，该函数的图像上有对称点对 (x, x^2) 和 $(-x, x^2)$。可见，函数 $y = x^2$ 的图像关于 y 轴对称。因为 $x^2 \geqslant 0$，所以函数 $y = x^2$ 的图像上除了原点外，其余所有点都在 x 轴的上方。当 $x \geqslant 0$ 时，随着 x 的增大，y 值也增大。也就是说，函数 $y = x^2$ 的图像在第一象限内单调上升。根据对称性，该函数的图像在第二象限内单调下降，整个图像是一条抛物线。当我们向斜上方抛掷一块石头时，石头先上升，然后逐渐下降，整个运动轨迹就是一段抛物线，只不过此时抛物线开口的朝向与函数 $y = x^2$ 的图像的开口朝向不一样，前者的开口朝下，后者的开口朝上。函数 $y = x^2$ 的图像如下图所示。

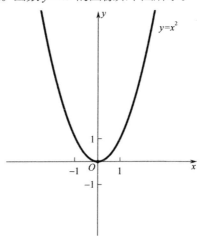

其次，添加一个负号，看 $y = -x^2$。对于 x 的相同取值，$-x^2$ 与 x^2 的值总是相反数。因此，函数 $y = -x^2$ 的图像与函数 $y = x^2$ 的图像关于 x 轴对称。也就是说，将函数 $y = x^2$ 的图像向下翻转，就得到了函数 $y = -x^2$ 的图像。可见，后者也是一条抛物线，只不过其开口朝下，如下图所示。

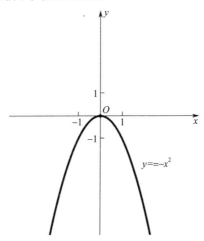

下面考虑函数 $y = 2x^2$，将它与函数 $y = x^2$ 进行比较。对于 x 的相同取值，这两个函数的取值总是相差 1 倍。因此，函数 $y = 2x^2$ 的图像是函数 $y = x^2$ 的图像向上拉伸得到的，它仍然是一条抛物线，所不同的是前者的开口比后者的开口要小一些，如下图所示。

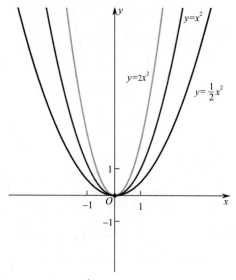

由类似的讨论可知，函数 $y = \dfrac{1}{2}x^2$ 的图像是函数 $y = x^2$ 的图像在竖直方向上压缩而得到的，因此它还是一条抛物线，所不同的是开口更大一些。

一般地，函数 $y = ax^2 (a > 0)$ 的图像是函数 $y = x^2$ 的图像在竖直方向上伸缩而得到的，因此它还是一条抛物线。当 $a > 1$ 时，抛物线的开口变小，随着 a 无限增大，抛物线无限靠近 y 轴；当 $a < 1$ 时，抛物线的开口变大，随着 a 无限趋于 0，抛物线无限靠近 x 轴。

根据对称性，函数 $y = -ax^2 (a > 0)$ 的图像是函数 $y = ax^2$ 的图像沿着 x 轴翻转而得到的，因此它还是一条抛物线，不过其开口朝下。随着 a 的增大，函数 $y = -ax^2$ 的图像的开口变小，该抛物线越来越靠近 y 轴；随着 a 的减小，函数 $y = -ax^2$ 的图像的开口变大，该抛物线越来越靠近 x 轴，如下图所示。

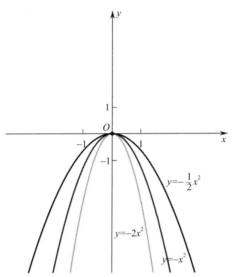

下面考虑函数 $y=a(x-b)^2$（$a\neq 0$，$b>0$），可以将其与 $y=ax^2$ 进行比较。函数 $y=a(x-b)^2$ 在 $x=b$ 处的取值等于函数 $y=ax^2$ 在 $x=0$ 处的取值。对于任意的实数 c，函数 $y=a(x-b)^2$ 在 $x=c+b$ 处的取值等于函数 $y=ax^2$ 在 $x=c$ 处的取值。可见，函数 $y=a(x-b)^2$ 的图像可以由函数 $y=ax^2$ 的图像向右平移 b 个单位而得到，因此它也是一条抛物线。下图展示了函数 $y=2x^2$ 与 $y=2(x-1)^2$ 的图像。

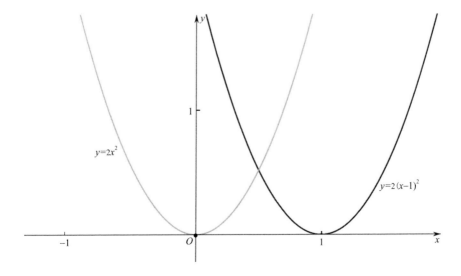

由类似的讨论可得，函数 $y = a(x+b)^2$ $(a \neq 0,\ b > 0)$ 的图像可以由函数 $y = ax^2$ 的图像向左平移 b 个单位而得到，因此它也是一条抛物线。

最后，我们考虑函数 $y = a(x-b)^2 + c$ $(a \neq 0,\ c > 0)$。显然，对于自变量 x 的任意取值，该函数的取值比函数 $y = a(x-b)^2$ 的取值大 c。可见，前者的图像可以由后者的图像向上平移 c 个单位而得到，因此它还是一条抛物线。

同理，函数 $y = a(x+b)^2 - c$ $(a \neq 0,\ c > 0)$ 的图像可以由函数 $y = a(x+b)^2$ 的图像向下平移 c 个单位而得到，因此它还是一条抛物线。下图展示了函数 $y = x^2 \pm 1$ 与 $y = x^2$ 的图像之间的关系。

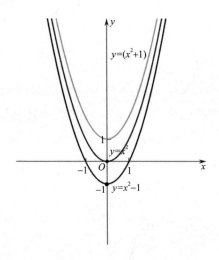

第 6 节 函数与方程和不等式的关系

为了更好地理解函数，我们采用联系法，将函数与方程和不等式联系起来看。对于任意的函数 $y = f(x)$，其图像上的点代表方程 $y = f(x)$，而图像外的点代表不等式。其中，图像上方的点代表 $y > f(x)$，而图像下方的点代表 $y < f(x)$。两个函数 $y = f(x)$ 与 $y = g(x)$ 的图像的交点的横坐标对应于方程 $f(x) = g(x)$ 的解。由函数 $y = f(x)$ 的图像位于函数 $y = g(x)$ 的图像上方的点的横坐标，可以确定不等式 $f(x) > g(x)$ 的解。本节简单讨论函数与方程和不等式的关系。

1. 函数与一次方程（组）

函数 $y = kx + b$（$k \neq 0$）的图像是一条直线，它与 x 轴的交点的横坐标就是方程 $kx + b = 0$ 的解。

函数 $y = ax + b$（$a \neq 0$）与 $y = cx + d$（$c \neq 0$）的图像是两条直线，它们的交点的横坐标就是方程 $ax + b = cx + d$ 的解。

为了考察函数与二元一次方程组的关系，我们看方程组：

$$\begin{cases} ax + by = e, \\ cx + dy = f, \end{cases}$$

其中 $abcd \neq 0$。由 $ax + by = e$ 得到

$$y = \frac{e - ax}{b},$$

这是一个一次函数，其图像是一条直线。这表明二元一次方程 $ax + by = e$ 对应于一个一次函数，其图像是一条直线。同理，二元一次方程 $cx + dy = f$ 也对应于一个一次函数，其图像也是一条直线。于是，原方程组的解就是这两条直线的交点坐标。

2. 函数与分式方程

函数 $y = \dfrac{k}{x - a}$（$k \neq 0$）的图像是双曲线，函数 $y = b$ 的图像是直线，分式方程 $\dfrac{k}{x - a} = b$（$b > 0$）对应于函数 $y = \dfrac{k}{x - a}$ 与 $y = b$ 的图像的交点的横坐标，分式方程的解为 $x = a + \dfrac{k}{b}$。若 $k > 0$，则该交点位于双曲线右侧的那一支；若 $k < 0$，则交点位于双曲线左侧的那一支。下图展示的是函数 $y = \dfrac{2}{x - 1}$ 的图像以及分式方程 $\dfrac{2}{x - 1} = 1$ 的解的情况。

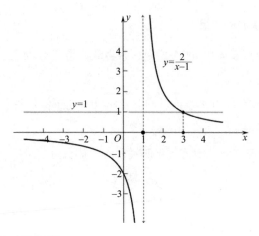

3. 函数与一元二次方程

二次函数 $y = ax^2 + bx + c\,(a \neq 0)$ 的图像是抛物线。一元二次方程 $ax^2 + bx + c = 0$ 的解对应于函数 $y = ax^2 + bx + c$ 的图像与 x 轴的交点的横坐标。假设 $a > 0$，则抛物线的开口朝上。下面根据判别式 $\Delta = b^2 - 4ac$ 的取值情况进行讨论。

若 $\Delta < 0$，则方程 $ax^2 + bx + c = 0$ 无解，此时抛物线位于 x 轴的上方。下图展示的是函数 $y = x^2 + 1$ 的图像以及方程 $x^2 + 1 = 0$ 无解的情况。

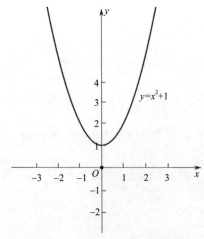

若 $\Delta = 0$，则方程 $ax^2 + bx + c = 0$ 有唯一解，此时抛物线与 x 轴有唯一的交点。下图展示的是函数 $y = x^2 - 4x + 4$ 的图像以及方程 $y = x^2 - 4x + 4 = 0$ 有唯一解 $x = 2$

的情况。

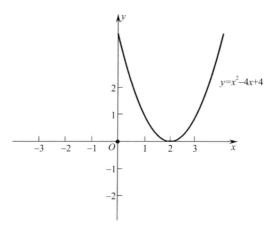

若 $\Delta > 0$ ，则抛物线与 x 轴有两个不同的交点，交点的横坐标为 $\dfrac{-b \pm \sqrt{\Delta}}{2a}$ ，这就是方程 $ax^2 + bx + c = 0$ 的两个不同的实数解。下图表示的是函数 $y = x^2 - x - 2$ 的图像以及一元二次方程 $x^2 - x - 2 = 0$ 有两个不同的实数解的情况。

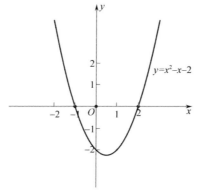

可以类似地讨论 $a < 0$ 的情况。

还可以将一次函数与二次函数联合起来得到方程。例如，下图表示的是函数 $y = x^2 - x - 2$ 与 $y = x + 1$ 的图像以及一元二次方程 $x^2 - x - 2 = x + 1$ 的解的情况。

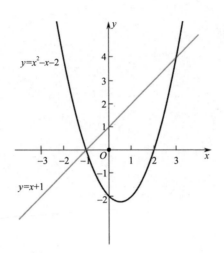

4. 函数与一元一次不等式（组）

一元一次不等式 $kx+b>0(k\neq 0)$ 对应于坐标平面中函数 $y=kx+b$ 的图像（一条直线）位于 x 轴上方的部分。若 $k>0$，则直线左低右高，位于 x 轴上方的部分就是直线与 x 轴的交点往右的部分；若 $k<0$，则直线左高右低，位于 x 轴上方的部分就是直线与 x 轴的交点往左的部分。事实上，在第一种情况下不等式的解集为 $x>-\dfrac{b}{k}$，而在第二种情况下不等式的解集为 $x<-\dfrac{b}{k}$。下图是函数 $y=x-2$ 的图像及其所对应的不等式 $x-2>0$ 与 $x-2<0$ 的解集的情况。

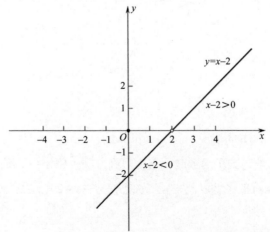

一元一次不等式组 $\begin{cases} ax+b>0\,(\,a\neq 0\,) \\ cx+d>0\,(\,c\neq 0\,) \end{cases}$ 对应于坐标平面中函数 $y=ax+b$ 与 $y=$ $cx+d$ 的图像位于 x 轴上方的部分的公共区域。这里可能出现两种情况。

第一种情况是 $a=c$，此时这两条直线平行。我们可以比较 b 和 d 的大小。若 $b<d$，则第一条直线位于第二条直线的下方，原不等式组对应于第一条直线位于 x 轴上方的部分，其解集为 $x>-\dfrac{b}{a}$（$a>0$）或 $x<-\dfrac{b}{a}$（$a<0$）；若 $b>d$，则第一条直线位于第二条直线的上方，原不等式组对应于第二条直线位于 x 轴上方的部分，其解集为 $x>-\dfrac{d}{c}$（$c>0$）或 $x<-\dfrac{d}{c}$（$c<0$）。下图显示了函数 $y=x+1$ 与 $y=x+2$ 的图像及其所对应的不等式组 $\begin{cases} x+1>0 \\ x+2>0 \end{cases}$ 的解集的情况。

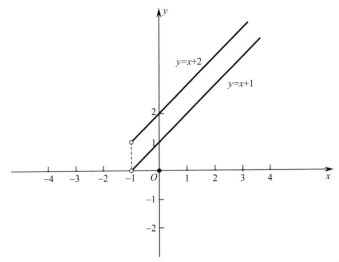

第二种情况是 $a\neq c$，此时这两条直线相交，交点的横坐标为 $x=-\dfrac{b-d}{a-c}$。在此，我们只讨论 $a>0$ 且 $c<0$ 的情况，对其余的情况可以进行类似的讨论。若该交点位于 x 轴的上方，则原不等式组代表两条直线位于 x 轴上方的公共部分，此时的解集由两条直线与 x 轴的两个交点确定，即 $-\dfrac{b}{a}<x<-\dfrac{d}{c}$ 或者 $-\dfrac{d}{c}<x<-\dfrac{b}{a}$；若该交点位于 x 轴上或 x 轴的下方，则没有 x 的取值使得两条直线均有位于 x 轴上方的部分，

因此原不等式组无解。下图显示了函数 $y=x$ 和 $y=2-x$ 的图像以及所对应的不等式组 $\begin{cases} x>0 \\ 2-x>0 \end{cases}$ 的解集的情况，其解集为 $0<x<2$。

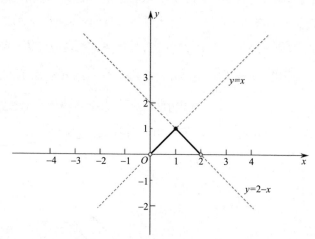

下面讨论一元一次不等式组

$$\begin{cases} ax+b>0\,(a\neq 0)\,, \\ cx+d<0\,(c\neq 0)\,。 \end{cases}$$

它的解对应于坐标平面中函数 $y=ax+b$ 的图像的上方和函数 $y=cx+d$ 的图像的下方的公共区域。

5. 函数与分式不等式

函数 $y=\dfrac{k}{x-a}(k\neq 0)$ 的图像是双曲线，不等式 $\dfrac{k}{x-a}>b\,(b>0)$ 对应于双曲线的一支中位于 $y=b$ 的图像上方的部分。若 $k>0$，则不等式的解集对应于双曲线右侧的那一支中位于 $y=b$ 的图像上方的部分，即不等式的解集为 $a<x<a+\dfrac{k}{b}$；若 $k<0$，则不等式的解集对应于双曲线左侧的那一支中位于 $y=b$ 的图像上方的部分，即不等式的解集为 $a+\dfrac{k}{b}<x<a$。下图展示的是函数 $y=\dfrac{2}{x-1}$ 的图像以及不等式 $\dfrac{2}{x-1}>1$ 的解集的情况，其解集为 $1<x<3$。

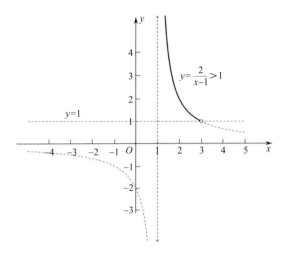

6. 函数与一元二次不等式

二次函数 $y = ax^2 + bx + c$（$a \neq 0$）的图像是抛物线。一元二次不等式 $ax^2 + bx + c > 0$ 对应于函数 $y = ax^2 + bx + c$ 的图像位于 x 轴上方的部分。假设 $a > 0$，抛物线的开口朝上。下面根据判别式 $\Delta = b^2 - 4ac$ 的取值情况进行讨论。

若 $\Delta < 0$，则方程 $ax^2 + bx + c = 0$ 无解，此时抛物线位于 x 轴的上方，x 的任意取值都使得 $ax^2 + bx + c > 0$ 成立，即不等式的解集为全体实数。下图展示的是函数 $y = x^2 + 1$ 的图像以及不等式 $x^2 + 1 > 0$ 的解集为全体实数的情况。

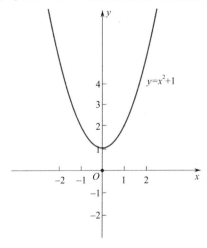

若 $\Delta = 0$，则方程 $ax^2 + bx + c = 0$ 有唯一解，此时抛物线与 x 轴有唯一的交点（d，0），x 的任意不等于 d 的取值都使得 $ax^2 + bx + c > 0$ 成立，即不等式的解集为 $x \neq d$。下图展示的是函数 $y = x^2$ 的图像以及不等式 $x^2 > 0$ 的解集的情况。

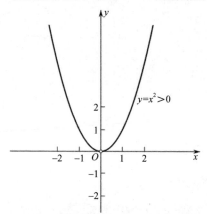

若 $\Delta > 0$，则方程 $ax^2 + bx + c = 0$ 有两个不同的实数解。此时抛物线与 x 轴有两个不同的交点，交点的横坐标为 $\dfrac{-b \pm \sqrt{\Delta}}{2a}$。抛物线位于横轴上方的部分分成左右两部分，对应于两个交点往外的部分，即不等式的解集为 $x < \dfrac{-b - \sqrt{\Delta}}{2a}$，或者 $x > \dfrac{-b + \sqrt{\Delta}}{2a}$。

下图表示的是函数 $y = x^2 - x - 2$ 的图像以及不等式 $x^2 - x - 2 > 0$ 的解集的情况，其解集为 $x < -1$ 或 $x > 2$。

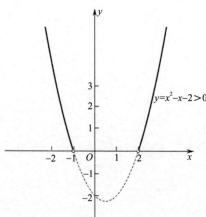

还可以将一次函数与二次函数合起来得到不等式。例如，下图表示的是函数 $y = x^2 - x - 2$ 与 $y = x + 1$ 的图像以及不等式 $x^2 - x - 2 < x + 1$ 的解集的情况，其解集为 $-1 < x < 3$ 。

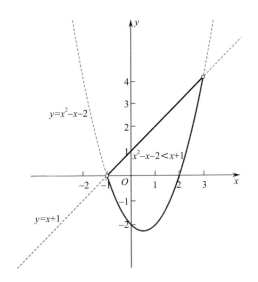

第 7 节　函数解题思路与例题解析*

有关函数的题目往往具有一定的综合性和难度，也经常作为考试中的压轴题而出现。函数题目的综合性通常体现在一次函数、二次函数、反比例函数等知识的综合运用上，有些问题甚至同时涉及以上 3 种函数。由于其综合性，我们难以对相关题目进行完全的分类。下面所讲的函数例题，除了少数常规题型外，都是一些综合性题目，其中涉及对称性的运用、几何知识的运用、代数技巧的运用以及一些动态问题。

1. 函数常规题

【例 1】判断点 $A(2,3)$ 与直线 L：$y = 2x - 3$ 的位置关系。

解题思路：将点 $A(x_A, y_A)$ 的横坐标 x_A 代入直线 L 的方程 $y = f(x)$ 中进行计算，

若所得值 $f(x_A)$ 等于 y_A，则说明点 A 在直线 L 上；若小于 y_A，则说明点 A 位于直线 L 的上方；若大于 y_A，则说明点 A 位于直线 L 的下方。

因为 $f(2) = 2 \times 2 - 3 = 1 < 3$，所以点 A 位于直线 L 的上方，参看下图。

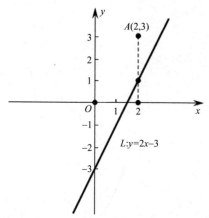

【例2】设在直角坐标系 xOy 中有点 $A(2,4)$，$B(4,0)$，点 C 和 D 分别是线段 OA 与 AB 的中点。求直线 BC 与 OD 的交点 M 的坐标。

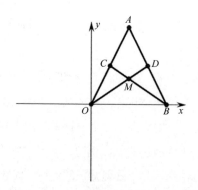

解题思路： 利用中点的坐标公式，容易求出点 $C(1,2)$ 与 $D(3,2)$。显然，直线 OD 的方程为 $y = \dfrac{2}{3}x$。

设直线 BC 的方程为 $y = ax + b$。由于它过点 $B(4,0)$ 与 $C(1,2)$，我们得到方程组：

$$\begin{cases} 4a+b=0, \\ a+b=2。 \end{cases}$$

解该方程组，得到

$$\begin{cases} a=-\dfrac{2}{3}, \\ b=\dfrac{8}{3}。 \end{cases}$$

可见，直线 BC 的方程为 $y=-\dfrac{2}{3}x+\dfrac{8}{3}$。

下面求点 $M(x,y)$ 的坐标。由于它是直线 BC 与 OD 的交点，只需要解由这两条直线的方程所构成的联立方程组：

$$\begin{cases} y=\dfrac{2}{3}x, \\ y=-\dfrac{2}{3}x+\dfrac{8}{3}。 \end{cases}$$

最后得到点 M 的坐标为 $\left(2,\dfrac{4}{3}\right)$。

【例 3】求周长等于 4 的矩形的最大面积。

解题思路：设矩形的一条边的长度为 x ，则该矩形的面积为

$$y=x(2-x)\quad(\,0<x<2\,)。$$

这是一个二次函数，当 $x=1$ 时取得最大值 $f(1)=1\times(2-1)=1$ 。可见，矩形的最大面积等于 1，参看下图。

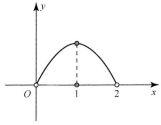

容易得知，当取得最大面积的时候，该矩形是正方形。

【例 4】分别画出函数 $y = |x|$ 与 $y = \dfrac{1}{|x|}$ 的图像。

解题思路： 根据绝对值的定义，当 $x > 0$ 时，$|x| = x$；$x < 0$ 时，$|x| = -x$。可见，函数 $y = |x|$ 的图像是函数 $y = x$ 与 $y = -x$ 的图像（直线）各取一半拼合而成的，如下图所示。

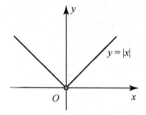

同理，函数 $y = \dfrac{1}{|x|}$ 的图像是函数 $y = \dfrac{1}{x}$ 与 $y = -\dfrac{1}{x}$ 的图像（双曲线）各取一半拼合而成的，如下图所示。

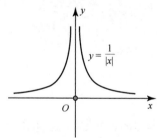

2. 运用对称性

【例 1】在平面直角坐标系中有一个点 $A(1,4)$，反比例函数 $f(x)$ 的图像上有一个定点 $B(4,1)$ 和一个动点 P。求 $f(x)$ 的解析式以及 $PA = PB$ 时点 P 的坐标。

解题思路： 设 $f(x)$ 的解析式为 $y = f(x) = \dfrac{k}{x}$。由点 $B(4,1)$ 在该函数的图像上可得 $1 = \dfrac{k}{4}$，即 $k = 4$。因此，$f(x) = \dfrac{4}{x}$，此即 $f(x)$ 的解析式。

显然，点 $A(1,4)$ 实际上也在 $f(x)$ 的图像上。由图像的对称性可知，动点 P 在函数 $y = x$ 的图像上。联立 $y = x$ 与 $y = \dfrac{4}{x}$，得到 $x = \dfrac{4}{x}$，即 $x^2 = 4$。可见，$x = \pm 2$，所以 $y = \pm 2$。因此，当 $PA = PB$ 时，点 P 的坐标为 $(2,2)$ 或 $(-2,-2)$。

【例 2】设有二次函数 $y = f(x)$，对于它的一些取值列表如下。

x	$\cdots$	-4	-3	-2	-1	0	1	$\cdots$
y	$\cdots$	r	s	t	s	3	8	$\cdots$

求该函数的解析式以及表中 r，s，t 的具体数值，并比较 $f(-4.5)$ 与 $f(0.45)$ 的大小。

解题思路：由对称性立即得到 $r = 3$。设 $f(x) = ax^2 + bx + c$，其图像是一条抛物线，则 $c = f(0) = 3$。

注意到 $f(-3) = f(-1)$，由抛物线的对称性可知 $(-2, f(-2))$ 是抛物线的顶点。因此，$-\dfrac{b}{2a} = -2$，即 $b = 4a$。

最后，由 $f(1) = 8$ 得到 $a + b + c = 8$，即 $a + b = 5$。将 $b = 4a$ 代入 $a + b = 5$ 后得到 $5a = 5$，即 $a = 1$。于是，$b = 4$。故所要求的解析为 $f(x) = x^2 + 4x + 3$。

经直接计算得到 $s = f(-1) = 0$，$t = f(-2) = -1$。

下面比较 $f(-4.5)$ 与 $f(0.45)$ 的大小。

只需对自变量的取值 -4.5 和 0.45 与中心位置 -2 的距离进行比较即可。$-2 - (-4.5) = 2.5$，$0.45 - (-2) = 2.45$，而 $2.5 > 2.45$，这表明 -4.5 离中心位置较远。因此，根据抛物线的对称性，并注意抛物线的开口是向上的，我们得到 $f(-4.5) > f(0.45)$。

3. 运用几何知识

【例 1】如下图所示，在 $\triangle ABC$ 中，D 是边 BC 的中点，动点 E 和 F 分别在边 AB 和 AC 上，且 $EF /\!/ BC$。$\triangle DEF$ 的面积在何时取最大值？求出该最大值与 $\triangle ABC$ 的面积之比。

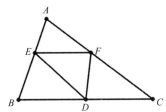

解题思路：乍一看，这是一道几何题，但是可以用函数来解。

设 $AE:AB=x$（$0<x<1$）。由于 $EF//BC$，所以 $\triangle AEF \backsim \triangle ABC$。因此，$EF:BC=AE:AB=x$。假设 $\triangle DEF$ 在边 EF 上的高为 g，而 $\triangle ABC$ 在边 BC 上的高为 h。于是，$\triangle AEF$ 在边 EF 上的高为 $h-g$。由前述三角形的相似得到高之比等于边之比：$(h-g):h=AE:AB=x$。利用分数的性质可得 $g:h=1-x$，由三角形的面积公式得到

$$S_{\triangle DEF}:S_{\triangle ABC}=\left(\frac{1}{2}EF\cdot g\right):\left(\frac{1}{2}BC\cdot h\right)=\frac{EF}{BC}\cdot\frac{g}{h}=x(1-x)。$$

我们得到二次函数 $f(x)=x(1-x)$（$0<x<1$）。$f(x)=0$ 的两个根为 0 和 1。可见，当 $x=\frac{0+1}{2}=\frac{1}{2}$ 时，函数 $f(x)$ 取最大值，其最大值为 $f\left(\frac{1}{2}\right)=\frac{1}{2}\left(1-\frac{1}{2}\right)=\frac{1}{4}$。显然，$x=\frac{1}{2}$ 等价于 E 是 AB 的中点，即等价于 EF 是中位线。

故得到结论：当 EF 是中位线时，$\triangle DEF$ 的面积取最大值，该最大值等于 $\triangle ABC$ 面积的 $\frac{1}{4}$。

【例2】（1）给定相邻边在两条坐标轴上的矩形。证明：若任意反比例函数的图像与该矩形有两个交点，则连接这两个交点的直线与矩形的一条对角线平行。（2）设上述矩形的面积等于 8，且一个反比例函数的图像平分该矩形的一条边，求该反比例函数的解析式。

解题思路：请看以下分析过程。

（1）如下图所示，矩形 $OABC$ 的一组邻边在坐标轴上，一个反比例函数的图像与矩形的另外一组邻边分别相交于点 M 和 N。为了证明题述的结论，只需证明 $MN//AC$。

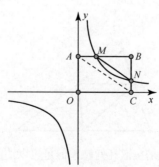

设反比例函数为 $y = \dfrac{k}{x}$（$k > 0$），并设点 M 和 N 的坐标分别为 (x_1, y_1) 与 (x_2, y_2)。因为点 M 和 N 在 $y = \dfrac{k}{x}$ 的图像上，所以有 $x_1 \cdot y_1 = k = x_2 \cdot y_2$。由此得到 $x_1 : x_2 = y_2 : y_1$。所以，$\triangle BMN \backsim \triangle BAC$。因此，$MN /\!/ AC$。

（2）参考（1）中的图形，现在假设 M 是 AB 的中点。由（1）的结论可知，N 必然是 BC 的中点。过点 N 作水平线将矩形 $OABC$ 平分，得到其中一个小矩形的面积为 4。设反比例函数为 $y = \dfrac{k}{x}$，则 $k = xy$ 恰好等于该小矩形的面积，即 $k = 4$。故反比例函数为 $y = \dfrac{4}{x}$。

4. 运用代数技巧

【例 1】已知二次函数 $f(x)$ 满足 $f(4x-1) = f(-4x-1)$，其最小值为 -4，$f(x) = 0$ 的两个实根的平方和等于 10，一次函数 $g(x) = x + 3$ 的图像与 $f(x)$ 的图像相交于点 A 和 B。（1）求 $f(x)$ 的解析式。（2）y 轴上是否存在一点 P，使得 $PA + PB$ 取最小值？若存在，则求出点 P 的坐标并求出相应的最小值；若不存在，请说明理由。

解题思路： 请看以下分析过程。

（1）可以将 $f(4x-1) = f(-4x-1)$ 改写成 $f(-1+t) = f(-1-t)$，可见函数 $f(x)$ 在 $x = -1$ 时取得最小值 -4。因此，可以假设函数 $f(x) = a(x+1)^2 - 4$（其中 $a \neq 0$）。于是，

$$f(x) = ax^2 + 2ax + (a-4)。 \tag{1}$$

设 $f(x) = 0$ 的两个实根为 x_1 和 x_2，则有

$$f(x) = a(x-x_1)(x-x_2) = ax^2 - a(x_1+x_2)x + ax_1x_2。 \tag{2}$$

对照（1）、（2）两式，得到

$$\begin{cases} x_1 + x_2 = -2, \\ x_1 x_2 = 1 - \dfrac{4}{a}。 \end{cases}$$

由题设条件可知，$x_1^2 + x_2^2 = 10$。因为 $x_1^2 + x_2^2 = (x_1+x_2)^2 - 2x_1x_2 = (-2)^2 -$

$2\left(1-\dfrac{4}{a}\right)=2+\dfrac{8}{a}$，所以 $2+\dfrac{8}{a}=10$，即 $a=1$。因此，$f(x)$ 的解析式为

$$f(x)=x^2+2x-3 \text{。}$$

（2）解方程组：

$$\begin{cases} y=x+3, \\ y=x^2+2x-3 \text{。} \end{cases}$$

由 $x^2+2x-3=x+3$ 得到 $x^2+x-6=0$，于是得到 $x_A=-3$，$x_B=2$。进一步得到 $y_A=0$，$y_B=5$。我们得到 A 和 B 两点的坐标分别为 $(-3,0)$ 和 $(2,5)$，如下图所示。

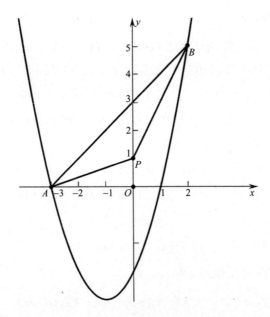

设 P 是 y 轴上的一个动点。注意图中的 $\triangle PAB$。因为三角形的两边之和大于第三边，所以只有当 P，A，B 三点共线时，$PA+PB$ 取得最小值，最小值等于 $|AB|=\sqrt{[2-(-3)]^2+(5-0)^2}=5\sqrt{2}$。此时的点 P 就是直线 AB 与 y 轴的交点。在 $y=x+3$ 中，令 $x=0$，得到 $y=3$。因此，所要求的点 P 的坐标为 $(0,3)$。

【例 2】将反比例函数 $y = \dfrac{a}{x}$ 的图像向上平移 3 个单位，并且向右平移若干个单位，得到的新函数记为 $f(x)$。设 $f(x) + f\left(\dfrac{1}{x}\right) = 4$。求 $f(x)$ 的解析式。

解题思路：将函数 $y = \dfrac{a}{x}$ 的图像向上平移 3 个单位，函数变为 $y = \dfrac{a}{x} + 3$；再向右平移 b 个单位（ $b > 0$ ），函数变为 $f(x) = \dfrac{a}{x-b} + 3$。于是，有

$$f\left(\frac{1}{x}\right) = \frac{a}{\dfrac{1}{x} - b} + 3 = \frac{ax}{1 - bx} + 3。$$

由题目中的等式得到

$$4 = f(x) + f\left(\frac{1}{x}\right) = \left(\frac{a}{x-b} + 3\right) + \left(\frac{ax}{1-bx} + 3\right),$$

$$\frac{a - 2abx + ax^2}{b - (b^2+1)x + bx^2} = 2,$$

$$a - 2abx + ax^2 = 2b - 2(b^2+1)x + 2bx^2。$$

对照最后一个等式两边关于 x 的系数，得到

$$\begin{cases} a = 2b, \\ ab = b^2 + 1。 \end{cases}$$

将其中的第一个等式代入第二个等式中，得到 $2b^2 = b^2 + 1$，即 $b^2 = 1$。因此，$b = 1$，$a = 2$。所以，解析式为 $f(x) = \dfrac{2}{x-1} + 3$。

5. 动态问题与最值问题

【例 1】如下图所示，已知反比例函数的图像上的一点 P 到点 $(m,0)$ 与 $(0,m)$ 的距离相等（ 其中 $m \neq 0$ ），且到原点的距离为 2 。某一次函数的图像是斜率为 2 的直线，且它与上述反比例函数的图像的两个交点之间的距离最短。求该反比例函数与一次函数的解析式。

解题思路：由于点 P 到点 $(m,0)$ 与 $(0,m)$ 的距离相等，所以反比例函数的图像

一定经过第一、三象限。因此，可设反比例函数为 $y = \dfrac{a}{x}$ （ $a > 0$ ）。再根据点 P 到点 $(m,0)$ 与 $(0,m)$ 的距离相等，推知 $x_P = y_P = \sqrt{a}$ 。因为点 P 到原点 $(0,0)$ 的距离为 2 ，所以 $2 = \sqrt{x_P^2 + y_P^2} = \sqrt{2a}$ 。因此， $a = 2$ ，该反比例函数为 $y = \dfrac{2}{x}$ 。

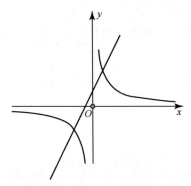

因为直线的斜率为 2，所以可以假设一次函数的表达式为 $y = 2x + b$ 。设一次函数与反比例函数在第一、三象限的交点分别为 A 和 B 。为了求这两个交点的坐标，可以解以下方程组：

$$\begin{cases} y = \dfrac{2}{x}, \\ y = 2x + b \text{。} \end{cases}$$

将上述第一个方程代入第二个方程中化简，得到

$$x^2 + \dfrac{b}{2}x - 1 = 0 \text{。}$$

这是一个一元二次方程，它的两个根为 x_A 和 x_B 。因此，有

$$\begin{cases} x_A + x_B = -\dfrac{b}{2}, \\ x_A \bullet x_B = -1 \text{。} \end{cases}$$

于是， $(x_A - x_B)^2 = (x_A + x_B)^2 - 4x_A \bullet x_B = \dfrac{b^2}{4} + 4$ 。

注意， $x_A > 0$ ， $x_B < 0$ 。由于直线的斜率固定为 2，要使两个交点 A 和 B 之间

的距离最短，只需它们的横坐标的差 $x_A - x_B$ 最小，即只需取 $b = 0$ 。因此，所要求的一次函数的解析式为 $y = 2x$ 。

【例 2】设有如下图所示的矩形 $ABOC$ ，点 A 的坐标为 $(2,3)$ ，O 是坐标原点。二次函数 $f(x) = x^2 + (1-m)x - m$ 的图像与该矩形有两个交点 P 和 Q ，其中点 P 位于折线段 CAB 上，点 Q 位于线段 OB 上。当 $\triangle OPQ$ 的面积最大时，求 $f(x)$ 的解析式。

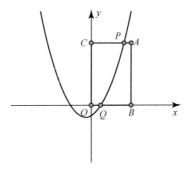

解题思路：因为 $f(x) = x^2 + (1-m)x - m = (x+1)(x-m)$ ，可见 $f(x) = 0$ 有实根 -1 和 m 。于是，我们得到点 Q 的坐标为 $(m,0)$ 。根据题设确定出参数的范围：$0 < m < 2$ 。当 $m = 0$ 时，点 Q 与 O 重合；当 $m = 1$ 时，点 P 与 A 重合；当 $m = 2$ 时，P ，Q ，B 三点重合。

当 $0 < m \leqslant 1$ 时，点 P 在线段 AC 上，$\triangle OPQ$ 的面积等于 $\dfrac{3}{2}m$ ，它随着 m 的增大而增大。当 $m = 1$ 时，点 P 与 A 重合，$\triangle OPQ$ 的面积等于 $\dfrac{3}{2}$ 。

当 $1 \leqslant m < 2$ 时，点 P 在线段 AB 上，如下图所示。此时点 P 的纵坐标为 $y_P = f(2) = 3(2-m)$。

$\triangle OPQ$ 的面积为 $\dfrac{1}{2} x_Q \cdot y_P = \dfrac{3}{2}m(2-m)$。

我们得到一个新的二次函数 $g(m) = \dfrac{3}{2}m(2-m)$ ，其零点是 0 和 2，当 $m = 1$ 时取得最大值 $g(1) = \dfrac{3}{2}$ 。

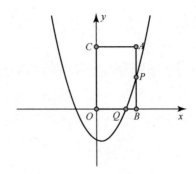

综合上述两种情形，我们得到：当 $m=1$ 时，$\triangle OPQ$ 的面积取最大值 $\dfrac{3}{2}$。因此，所要求的解析式为 $f(x)=x^2-1$。

6. 3 种函数的综合运用

【**例 1**】（1）求一次函数 $y=ax+b$ 的图像与反比例函数 $y=\dfrac{c}{x}$ 的图像的所有交点的坐标。（2）反比例函数的图像上是否存在共线的三点？（3）是否存在过原点的直线，它与反比例函数 $y=\dfrac{c}{x}$ 的图像有唯一的交点？

解题思路：请看以下分析过程。

（1）考虑联立方程组：

$$\begin{cases} y=ax+b, \\ y=\dfrac{c}{x}。 \end{cases}$$

我们得到分式方程 $ax+b=\dfrac{c}{x}$。去分母并移项，得到

$$ax^2+bx-c=0。 \tag{1}$$

这是一个一元二次方程，其判别式为 $\Delta=b^2+4ac$。

当 $b^2+4ac<0$ 时，方程（1）无解，一次函数的图像与反比例函数的图像没有交点。

当 $b^2 + 4ac = 0$ 时，方程（1）有唯一解，即 $x = -\dfrac{b}{2a}$。相应地，$y = ax + b = a \times$

$\left(-\dfrac{b}{2a}\right) + b = \dfrac{b}{2}$。此时，一次函数的图像与反比例函数的图像有唯一的交点

$\left(-\dfrac{b}{2a}, \dfrac{b}{2}\right)$。

当 $b^2 + 4ac > 0$ 时，方程（1）有两个不同的解，即 $x = \dfrac{-b \pm \sqrt{b^2 + 4ac}}{2a}$。相应地，

$y = ax + b = a \times \dfrac{-b \pm \sqrt{b^2 + 4ac}}{2a} + b = \dfrac{b \pm \sqrt{b^2 + 4ac}}{2}$。此时，一次函数与反比例函数有

两个交点，其坐标为 $\left(\dfrac{-b \pm \sqrt{b^2 + 4ac}}{2a}, \dfrac{b \pm \sqrt{b^2 + 4ac}}{2}\right)$。

（2）由（1）可知，任何直线与反比例函数的图像至多有两个交点。因此，反比例函数的图像上不可能存在共线的 3 个点。

（3）过原点的直线包括坐标轴，但是它们与反比例函数 $y = \dfrac{c}{x}$ 的图像显然没有交点。设一次函数 $y = ax + b$ 的图像过原点，这意味着 $b = 0$。此时，$b^2 + 4ac = 4ac \neq 0$，根据（1）的结论，一次函数的图像（直线）与反比例函数 $y = \dfrac{c}{x}$ 的图像要么没有交点，要么有两个交点。因此，不存在过原点的直线，它与反比例函数 $y = \dfrac{c}{x}$ 的图像有唯一的交点。

【例 2】 如下图所示，设相邻两条边在两条坐标轴上的矩形 $ABOC$ 的一个顶点为 $A(4,9)$，反比例函数 $y = f(x)$ 的图像 Γ 经过点 A，Γ 在第一象限内离原点最近的点记为 M。在 Γ 上求一点 N，使得直线 MN 平分矩形 $ABOC$。

解题思路: 设 $f(x) = \dfrac{a}{x}$。根据点 $A(4,9)$ 得到 $9 = \dfrac{a}{4}$，即 $a = 36$。因此，$f(x) = \dfrac{36}{x}$。根据对称性，Γ 上离原点最近的点在 $y = x$ 的图像（一条直线）上，由此求得点 M 的坐标为 $(6,6)$。因为平分矩形的任何直线都必然经过该矩形的中心（读者可以给出几何证明），所以直线 MN 经过矩形 $ABOC$ 的中心 $D\left(2, \dfrac{9}{2}\right)$。

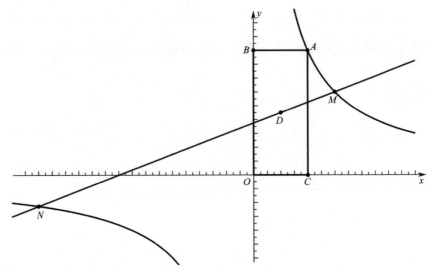

设一次函数 $g(x) = kx + b$ 的图像为直线 MN，由于它经过点 $M(6,6)$ 与 $D\left(2, \dfrac{9}{2}\right)$，可以得到如下方程组：

$$\begin{cases} 6 = 6k + b, \\ \dfrac{9}{2} = 2k + b。 \end{cases}$$

解该二元一次方程组，得到 $k = \dfrac{3}{8}$，$b = \dfrac{15}{4}$。因此，$g(x) = \dfrac{3}{8}x + \dfrac{15}{4}$。

注意点 N 是 MN 与 Γ 的另外一个交点。为了求点 N 的坐标，只需解如下方程组：

$$\begin{cases} y = \dfrac{36}{x}, \\ y = \dfrac{3}{8}x + \dfrac{15}{4}。 \end{cases}$$

将上述第一个方程代入第二个方程中，得到

$$\dfrac{36}{x} = \dfrac{3}{8}x + \dfrac{15}{4}。$$

这是一个分式方程。化简后得到 $x^2+10x-96=0$，即 $(x-6)(x+16)=0$。因此，$x=6$ 或 -16。后者是点 N 的横坐标，点 N 的纵坐标为 $\dfrac{36}{-16}=-\dfrac{9}{4}$。故得点 N 的坐标为 $\left(-16,-\dfrac{9}{4}\right)$。

第 **6** 章 ▶▶▶

寄语家长

本章阐述自主学习数学的意义和方法，在分析初中数学的特点的同时给出应对策略，讲述如何让孩子欣赏数学之美，培养学习数学的兴趣，并养成良好的学习习惯。最后，本章还简单谈论了新题型与创新能力培养的问题。

第 1 节　做孩子的朋友，让孩子自主学习

孩子都是家中的宝，家长都盼望孩子学习好。对于望子成龙心切的家长，我愿意给出如下建议：做孩子的朋友，让孩子自主学习。本节阐述家长为什么要做孩子的朋友以及如何做孩子的朋友，介绍什么叫自主学习，为什么要让孩子自主学习，以及如何让孩子自主学习。

1. 为什么要做孩子的朋友

卢梭说："青年期是一个狂风暴雨的危险时期。"青少年在成长过程中可能面临诸多心理问题，这主要包括自我意识危机、社会适应危机、情绪发展危机和个性发展危机。为了帮助孩子度过这些危机、顺利成长，家长必须做他们的朋友。

初中生正处于一个十分特殊的时期。随着生理上的发育与成熟，他们的心理也

发生了巨大的变化。伴随着自我意识的觉醒，他们的独立意识和自尊心增强；他们的情绪、情感强烈，同时情绪容易波动，爱走极端；他们爱幻想，但是抗压能力弱，稍遇挫折就可能出现灰心、气馁、自卑等消极心理。《青少年心理学》（司继伟主编，中国轻工业出版社，2010 年）指出，青少年常见的消极心理有叛逆心理、依赖心理、自私心理、自卑心理、自负心理、忌妒心理、疑虑心理、自闭心理和任性心理等。在当代社会，人们的物质条件普遍相对优越，加上很多孩子都是独生子女，家长对于孩子无条件的付出与娇宠使得一些孩子极端自私，完全以自我为中心，一个个都变成了家里的小皇帝，经不起任何批评，有的甚至出现叛逆行为。为了解决这些问题，家长必须重新认识孩子和自我，做孩子的朋友，和他们一起成长。

高尔基说："爱护子女，这是母鸡都会做的事情。然而，会教育子女则是一件伟大的国家事业，需要才能和广泛的生活知识。"随着时代的发展，孩子在学校所要学习的知识越来越多，家长未必能够完全理解和掌握。即使家长已经理解和掌握了这些知识，让孩子理解和掌握则是另外一回事。这需要教学的艺术，牵涉心理学、教育学等广泛的内容。

有些家长把对孩子的爱变成了包办孩子的一切，从生活到学习的方方面面，事无巨细，大包大揽，要求苛刻，爱抱怨，爱唠叨。结果往往适得其反，孩子不但没有提高学习成绩，反而对学习产生厌恶情绪，对家长也产生逆反心理。如何让孩子接纳自己并让家庭教育成为学校教育的有效补充，最好的办法就是做孩子的朋友。

这里讲一个真实的故事。有一次我在外地出差，偶然碰到一位家长。他大概是体育教练，在教其他小朋友体育，同时让自己的儿子在场地外背诵乘数为 9 的乘法口诀。每隔一段时间，他就来检查孩子的背诵情况。每次检查，孩子都不能完全背诵，他都会将孩子狠狠地训斥一番。好几次了，孩子还是不能通过检查，都哭了，但还是会遭到他父亲的呵斥。哭过了，训过了，继续背，再检查，再训斥，再背诵，就这样反反复复，但这个孩子始终不能完整地背诵这段口诀。

九九乘法表，他的父亲肯定会背诵，但是在我看来他未必真懂。一九得九，二九一十八，三九二十七……这里有没有什么规律呢？事实上，被乘数从一开始越来越大，直至 9 结束，乘积的个位数恰好反过来从 9 递减到 1。乘积的十位数总是比被乘数小 1，如 $3 \times 9 = 27$，十位数 2 恰好比被乘数 3 小 1。再者，乘积的十位数与个位数之和始终等于 9，例如 $0 + 9 = 9$，$1 + 8 = 9$，$2 + 7 = 9$……如果你给孩子讲通了这些道理，那么孩子背诵起来是不是就容易多了？家长不懂不要紧，关键是态度还有问题。你越是批评他，他的心理负担越重，背诵起来就越容易出错。久而久之，恶性循环，孩子就会对家长产生抗拒心理，进而对数学也产生厌恶情绪。

这个故事的主人翁是小学生家长，我们可以想象，这个孩子在初中阶段的处境能好到哪儿去呢？因此，所有的家长朋友不能不引以为戒。为了让孩子健康成长，为了让孩子有效地学习，我们必须学会做孩子的朋友！

2. 如何做孩子的朋友

家长如何做孩子的朋友呢？下面是一些不完全的建议。

第一，家长要花时间和孩子共同进行一些有益的活动，以增进感情，比如可以一起逛书店、看电影、看演出、散步、运动、旅游、参观博物馆或展览。家长在闲暇时可以与孩子一起分享活动中的感受。家长还可以和孩子一起打扫家庭卫生，可以让孩子做诸如收拾碗筷、收拾个人卫生等一些他们力所能及的事情。

第二，家长对于孩子要以礼相待，从语言、态度等方面让孩子感觉到尊重与平等，而不要总是用命令的口吻对他们讲话。对于同一个话题，要想想换一种表达方式又会如何。比如，可否把"你赶紧把碗筷收拾一下"换成"我们一起来收拾洗刷餐具""你可以帮我把碗筷送到厨房里吗，其余的事情我来做"？又如，可否把"今天的作业怎么还没有做完"换成"今天老师留的作业是不是有点儿多，也许还有点儿难"？

家长对于孩子要多欣赏、多表扬、多鼓励。你看现在的孩子在学校里所学科目的广度和深度都超过家长小时候所处的时代，孩子能够学成这样，已经很不容易了，我们不应该欣赏他们吗？孩子这么小，还发展了这么多兴趣爱好，我们不应该欣赏他们吗？孩子长得很健康、活泼可爱，我们不应该欣赏他们吗？要及时发现孩子的优点并加以赞扬。即使孩子的考试成绩不理想，家长也应欣赏他们付出的努力，可以这样安慰他们："这次考试是不是有点儿难，题目是不是有点儿多？""不要灰心，你尽力了就好，接下来继续努力就行！""我相信你能行！"

第三，家长要帮助孩子正确认识自我，积极接纳自我，重塑理想自我，实现理想自我与现实自我的积极统一，努力引导他们进行自我计划、自我监督、自我说服、自我命令和自我激励。

为了帮助孩子学会心理调适，我们可以借鉴《实用青年心理学：从自我探索到心理调适》（［美］韦恩·韦登、［美］达纳·邓恩、［美］伊丽莎白·约斯特·哈默著，杨金花等译，商务印书馆，2023 年）中的建议。我们要帮助孩子学会随时调整和控制情绪，鼓励他们自觉进行体育锻炼，引导他们正确交友，激发他们的求知欲以及对学习的兴趣，引导他们培养和发展其他正常的兴趣和爱好，为他们提供欣赏艺术的机会，不断提高他们的审美能力，培养美好的情操。

家长要协助孩子培养意志力。意志力就是自控力，即控制自己的注意力、情绪和欲望的能力。建议家长和孩子阅读一本畅销书《自控力：斯坦福大学广受欢迎的心理学课程》（［美］凯利·麦格尼格尔著，王岑卉译，北京联合出版公司，2021年）。该书将意志力的作用分为 3 类。第一类是"我要"（I will）：面对有益、该做的事，即便不情愿也依然坚持，例如我要学好数学。第二类是"我不要"（I won't）：面对有害、不该做的事，即便很诱人也坚持说不，比如我不要总把时间浪费在网络游戏上。第三类是"我想要"（I want）：时刻牢记远期目标，并以此作为决策的第一法则，比如我想成为数学家、科学家、工程师或者艺术家。我们可以借鉴书中介绍的一些方法来提高孩子的自控力，比如放慢呼吸、冥想、锻炼、自我奖赏等。

第四，激发和培养孩子学习数学的兴趣十分重要。从众多数学家的成长经历中可以看到，他们对数学的兴趣大都是由家长或老师所激发的，但是归根结底是由书籍激发的。高尔基说："书是人类进步的阶梯。"这给家长以启示，可以时常陪孩子逛逛书店，购买和收藏一些有价值的书籍，内容可以广泛一些，比如文学、艺术、科普、名人尤其是科学家的传记等。当然，也可以根据需要让他们参加一些课外兴趣培训班，但是要注意方向和尺度，一定要针对他们真正的兴趣。家长自己也可以进行一些阅读，发展一些个人兴趣，以此激发孩子同样的兴趣。

家长还可以和孩子一起背诵《弟子规》，并努力实践其中的要求，严于律己，一起进步，一起成长。

3. 什么叫自主学习

所谓自主学习就是让学生自己主导自己的学习，而不是在老师或者家长的高压下被动地学习。根据认知建构主义的学习理论，自主学习是由元认知监控的学习，是学习者自己制定学习任务、自觉进行学习、自我评价学习效果、积极主动地调整学习策略和努力程度的过程。自主学习对孩子提出了较高的要求，就是他们必须明确为什么学习、学习什么、如何学习、如何评价学习成果等。同时，这也给家长提出了较高的要求，就是不能过于干涉孩子的学习，但是又不能完全放任自流，而是应该学会引导和帮助他们实现自主学习。当他们碰到学习和生活上的问题时，要及时地安慰和鼓励他们，和他们一起探讨问题，并根据自己的水平提供力所能及的帮助和及时有效的指导。

4. 为什么要自主学习

为什么要让孩子自主学习呢？简单地说，这是提升学习效果的需要、发展学习能力的需要、发展独立个性的需要、培养未来创新人才的需要。

根据唯物辩证法，认识是对客观世界的能动反映，学习过程也应该是一个主动的过程。要学好知识，外在条件是外因，内在努力是内因，内因和外因相互作用，其中内因是关键。因此，学习不是可以越俎代庖的事情。为了让孩子取得好的学习效果，必须让他们自觉、自主地学习才行。

认知主义学习理论认为教学目标在于帮助学习者习得有关事物及其特征，使外界的客观事物内化为内部的认知结构。建构主义学习理论认为学习过程就是图式的扩充与改变，前者是心理同化环境而使已有的心理图式得以发展，后者是心理顺应环境而使旧的图式得以瓦解，新的图式得以建立。人类的认知结构就是在心理图式与客观环境的"平衡—不平衡—再平衡"的循环模式中不断得以发展的。这些理论表明学习的关键是学习者的心理图式的建立和改造，而学习能力的培养与提高还得依靠学习主体。因此，为了培养孩子的学习能力，必须让雏鹰自己飞翔，让孩子学会自主学习。

此外，人的培养是一个系统工程。除了学习，培养独立的人格也是教育的一个重要方面。如果连功课的学习都是家长紧紧盯着，孩子连一点自由的空间都没有，他们的独立精神和独立人格怎么培养呢？孩子属于自己，也属于家庭，更属于社会，而现代社会的发展主要依靠创新。创新当然要依靠创新型人才，而要成为创新型人才，首先得有独立精神和独立人格。只有让他们的人格独立，让他们自主学习、独立思考、独立探索、独立发现，他们才能发展创新能力。达尔文说："我所学到的任何有价值的知识都是由自学中得来的。"可见，自学对于创新能力的培养有多么重要。总之，让孩子自主学习，是社会发展的需要，也是培养创新型人才的需要。

5. 如何自主学习

根据我国目前的教育现状，中学生要自主学习，只需重点做好如下事情：在每个学期初制订好本学期的学习任务与学习计划并自觉执行；在学习过程中能够调节好自己的精神状态，克服不良情绪的影响，专心致志地进行学习；课前自觉预习功课；课堂上聚精会神地听讲，并根据需要适当做笔记；课后主动进行复习，归纳好知识重点，独立完成课后作业；积极与同学们合作，做好课外活动；制订好月复习计划和考前复习计划并认真执行；在每次测验和考试结束后，自觉找到自己学习的薄弱环节并加以自我补救；学会利用现代技术条件查阅学习资料，研究学习方法。此外，在学好学校科目的同时，根据个人的特点和意愿，自觉培养和发展适当的爱好与特长；充分利用课外时间和寒暑假，有计划地进行课外阅读，进行适当的创新实验和探索性学习。

当然，自主学习不等于完全撇开同学、老师和家长，也不等于将自己完全封闭起来而与世隔绝。相反，孩子应该积极主动地参与社会实践活动，积极与其他人交流，正常交友并感受友谊的力量；以优秀同学为榜样，积极学习他人的优点；当碰到问题百思不得其解的时候，可以主动寻求别人的帮助，包括向同学、老师和家长请教，或者与他们一起讨论和研究问题。

第2节 欣赏数学之美，培养学习兴趣

兴趣是最好的老师、最忠实的朋友。有了对于数学的兴趣，我们就会自觉地、快乐地学习数学，就会在钻研的过程中不断发现数学之美，体会成功的乐趣，并以此作为继续前进的动力。反之，如果对于数学没有任何兴趣，学习的时候就会无精打采、心不在焉，数学学习就只能是敷衍了事、浅尝辄止、半途而废。因此，培养和发展对数学的兴趣，是孩子们学好数学的关键。而作为家长，爱护和引导孩子对数学的兴趣是教育孩子的重要课题。

那么，如何培养孩子对数学的兴趣呢？

我们可以让孩子看一些数学史和数学科普书籍，让成功数学家的事迹激励他们，鼓励他们自己动手解决数学问题以及应用数学知识解决少量的实际问题，让他们看到数学的意义和力量。顺便指出，非常适合中学生阅读的数学史著作之一是《他们创造了数学：50位著名数学家的故事》（徐泓、冯承天译，人民邮电出版社，2022年）。这本书的语言简练，故事生动，数学材料选取恰当。

兴趣来自欣赏。我们应该让孩子逐渐学会欣赏数学之美。法国数学家笛卡儿说："上帝必以数学法则建造宇宙。"德国数学家魏尔斯特拉斯说："一个没有几分诗人才能的数学家绝不会成为一个完全的数学家。"的确，数学与艺术是相通的，二者有着水乳交融的关系。一方面，数学是美好的，数学就是美。从这个意义上来说，数学也是一门艺术。另一方面，一切的美都蕴含着数学，艺术之美在本质上受到科学规律特别是数学法则的支配，艺术之美必然符合数学之美，艺术之美必然闪耀数学之美的光辉。从这个意义上来讲，艺术也是数学，更何况数学与艺术都需要创新精神，都需要灵感，也都创造美，因此也都需要自由美好的心灵。对于求知欲旺盛的孩子来说，适当学习一些门类的艺术，不断提高个人的艺术修养，不仅有助于丰富和美化自己的精神家园，而且对于理解数学、欣赏数学乃至创造数学也将是大有裨益的。

本节除了讲述运用数学解决实际问题的益处、由兴趣引领成功的一些数学家的

故事外，主要谈谈如何欣赏数学之美，这些美包括平行美、对称美、比例美、和谐美、抽象美、统一美、动态美、静态美、朦胧美、清晰美。

1. 平行美与对称美

平行美和对称美实际上就是不同事物之间的合同美、相似美，或者说是相同的元素在不同情境下的重复美、再现美。在任何一种艺术形式中，都可以找到大量体现平行美和对称美的例子。

例如，"天地玄黄，宇宙洪荒。日月盈昃，辰宿列张。""豫章故郡，洪都新府。星分翼轸，地接衡庐。""江中斩蛟，云间射雕，席上挥毫。""一声梧叶一声秋，一点芭蕉一点愁，三更归梦三更后。""尔乃税驾乎蘅皋，秣驷乎芝田，容与乎阳林，流盼乎洛川。"这里的对偶句、鼎足对、排比句展现了诗词歌赋中的平行美和对称美。

达·芬奇的油画《蒙娜丽莎》、拉斐尔的油画《草地上的圣母》和《花园中的圣母》，其构图都具有对称性。大量的建筑、雕塑作品也都展现出平行美和对称美。

在音乐作品中，旋律的上行与下行必然同时存在，从而必然体现对称美，而重复手段、级进手法的大量采用也必然体现平行美。

学会了欣赏艺术中的平行美和对称美，就能够更好地理解数学中的平行美和对称美。在数学中，的确有大量体现平行美和对称美的关系存在。我们要学会发现和欣赏它们。

比如，解析几何建立了代数与几何之间的平行关系。在引入笛卡儿坐标系之后，任何几何的点都对应于坐标（有序数组），任何点的集合（线、面）都对应于坐标所满足的关系式，即代数方程。例如，求两条直线的交点就等价于解一个二元或三元一次方程组。

又如，方幂所满足的性质 $a^m \times a^n = a^{m+n}$ 体现了乘法运算与加法运算之间的一种平行关系：两个自然数 m 和 n 做加法运算 $m+n$，平行于自然数 a^m 与 a^n 做乘法运算 $a^m \times a^n$。

再如，一元二次方程的两个根之间也有某种对称性，因为它们的和与积都由方程中未知量的系数所决定。设一元二次方程 $x^2 + px + q = 0$ 的两个根为 x_1 和 x_2，则

有 $x_1 + x_2 = -p$ ，$x_1 x_2 = q$ 。这里的 x_1 和 x_2 的地位是平等的、对称的，因为交换它们的次序之后，所得到的还是这两个等式。我们可以根据 x_1 和 x_2 的这种对称性计算出这两个根。由于 $(x_1 - x_2)^2 = (x_1 + x_2)^2 - 4x_1 x_2 = p^2 - 4q$ ，我们得到 $x_1 - x_2 = \sqrt{p^2 - 4q}$ ，将其与 $x_1 + x_2 = -p$ 联立，立即解出 $x_1 = \frac{1}{2}\left(-p + \sqrt{p^2 - 4q}\right)$ ，$x_2 = \frac{1}{2}\left(-p - \sqrt{p^2 - 4q}\right)$ 。

在历史上，伽罗瓦正是注意到多项式的根之间的这种对称性，提出了群的概念，建立了群结构与域结构之间的平行关系，创立了著名的伽罗瓦理论，彻底解决了用公式求解多项式的经典难题以及其他一些历史遗留问题。

2. 比例美与和谐美

美是各种对立因素的和谐统一，而要做到这一点，对立因素之间的比例协调乃是关键。比例合适才能和谐，要做到"秾纤得衷，修短合度"；否则，反差过大，比例失调，必然破坏和谐美。

世界就是按照比例构造的，因为大多数化合物的分子由不同的原子构成，而其中不同原子的质量之比是固定不变的。例如，每一个水分子（H_2O）由两个氢原子（H）和一个氧原子（O）组成，而一个氢原子与一个氧原子的相对原子质量分别为 1 和 16，因此，在一个水分子中，氢元素与氧元素的相对原子质量的比值为 $2:16 = 1:8$ 。既然如此，在理想的纯净水中，不管它们的量有多少，其中氢元素与氧元素的质量之比始终等于 $1:8$ 。类似地，一个二氧化碳分子（CO_2）由一个碳原子和两个氧原子组成，而一个碳原子和一个氧原子的相对原子质量分别为 12 和 16。因此，在二氧化碳分子中，碳元素与氧元素的相对原子质量的比值为 $12:32 = 3:8$ 。可见，在理想的纯净二氧化碳中，碳元素与氧元素的质量之比始终等于 $3:8$ 。由于这些比例关系的存在，各种元素和谐相处。这就是自然界中的比例美与和谐美！

所有的艺术美也都离不开比例美与和谐美。例如，在书法中，笔画的长短、粗细、方圆、疏密、浓淡、干湿、敧正、动静等的比例，直接决定了书法作品的好坏和风格。王羲之、欧阳询、颜真卿、智永禅师、孙过庭等的书法作品之所以能够流传千古，光从形式美的角度讲，就是因为其中的比例关系都达到了完美的和谐。又如，音乐上的和弦之所以和谐，就是因为各个音程之间存在良好的比例关系。譬如，大三和弦中根音、三音、五音的频率之比为 $4:5:6$，而小三和弦中相应的比例关系为 $10:12:15$。除了音程的和谐之外，每个音的时值也是重要因素，音符序列中所有音的时值之比决定了音乐的节奏，而节奏是音乐的灵魂。

理解了艺术中的比例美与和谐美，就可以更好地欣赏数学中相应的美。数学中的正比例函数、反比例函数、三角形的相似等都是体现比例美与和谐美的例子。

我们知道，整数之比就是有理数。和谐的音程实际上都对应于一些简单的有理数。在建筑、雕塑和绘画中，艺术家们有时候追求所谓的黄金比（又称黄金比值、黄金分割数）。这虽然是一个无理数，但是它符合某种简单的比例关系。下面我们从数学上来谈谈这个黄金比。

如下图所示，点 C 在线段 AB 上，若满足 $AC:CB = CB:AB$，则称这个比值为黄金比，而点 C 就叫作线段 AB 的黄金分割点。

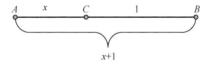

可见，黄金比本身就代表了一个正比例关系，即部分之比等于其中一部分与整体之比。假设黄金比等于 x，则根据定义得到

$$x/1 = 1/(1+x)。$$

整理后得到 $x^2 + x - 1 = 0$。解该方程，得到黄金比 $x = \dfrac{\sqrt{5}-1}{2} \approx 0.618$。

黄金比也可以从如下斐波那契数列 $\{F_n\}$ 中得到：

$$1,\ 1,\ 2,\ 3,\ 5,\ 8,\ 13,\ 21,\ 34,\ 55,\ 89,\ \cdots$$

其规律是从第三个数开始，每个数等于前两个数之和，即

$$F_{n+1} = F_{n-1} + F_n。$$

该数列有一条很好的性质，就是虽然相邻两项的比值不是一个常数，但是当项

数越来越多的时候，该比值有一个稳定的趋势，也就是存在极限 x。由

$$F_{n+1} / F_n = F_{n-1} / F_n + 1$$

可以得到 $1/x = x+1$。整理后再次得到方程 $x^2 + x - 1 = 0$，由此再次解得黄金比

$x = \dfrac{\sqrt{5}-1}{2}$。

黄金比还有一条非常美好的性质，这表现在它与其倒数的关系上。因为

$\dfrac{\sqrt{5}+1}{2} \times \dfrac{\sqrt{5}-1}{2} = 1$，所以 $\dfrac{\sqrt{5}-1}{2}$ 与 $\dfrac{\sqrt{5}+1}{2}$ 互为倒数。注意 $\dfrac{\sqrt{5}+1}{2} - \dfrac{\sqrt{5}-1}{2} = 1$，这意

味着黄金比与其倒数刚好相差 1。黄金比 $x = \dfrac{\sqrt{5}-1}{2} \approx 0.618$，因此其倒数

$\dfrac{1}{x} = \dfrac{\sqrt{5}+1}{2} \approx 1.618$。有时也可以把后者叫作黄金率。

我们知道，三角形的相似意味着对应边的比值相等。因此，当我们把放映机正对着屏幕投影的时候，人物的相貌不会走样。但是，当投影方向不是那么正的时候，我们还是能够辨认出相同的面孔。这是为什么呢？这是因为其中包含某种相似的、不变的成分。比如，线段的分比的比（即所谓的交比）在投影变换下是不变的。研究这种在投影变换下不变的性质的几何叫作射影几何，该学科的主要奠基人是法国数学家 J.-V. 彭赛列（1788—1867）。他是画法几何的创始人、法国数学家 G. 蒙日（1746—1818）的学生。我们在这里看到数学与艺术合流了，它们都展现了比例美与和谐美。

3. 抽象美与统一美

什么是抽象？抽象是天边的云，抽象是山上的雾，抽象是水中的月，抽象是镜中的花，抽象是康定斯基（1866—1944，俄裔法籍）的画，抽象是许德民的诗。的确，数学比较抽象，因此很多学生觉得它比较虚幻、难以捉摸，甚至有的学生对它望而生畏。所以，要学好数学，必须克服抽象恐惧症。

抽象其实也是一种美。事实上，所谓抽象在本质上就是一种归纳，意味着对于事物共同规律的把握，是一种高效的思维方法。数学因为抽象，所以显得纯粹，可

见抽象的数学展现出纯粹美；因为抽象，所以能够统一许多不同的事物，而统一代表着更普遍的意义。因此，数学的抽象其实也体现了统一美。我们不应该害怕数学的抽象，反而应该学会欣赏数学的抽象美和统一美。

用字母代表数其实就是一种抽象，它使得我们实现了从算术到代数的飞跃。一旦有了这种抽象，许多数字关系就可以通过代数公式来描述。这些代数公式相对于那些具体的数量来讲，具有抽象美和统一美。比如，平方差公式 $(a+b)(a-b) = a^2 - b^2$ 对于任意的实数 a 和 b 都成立。

$$4^2 - 3^2 = (4+3)(4-3) = 7，$$
$$5^2 - 4^2 = (5+4)(5-4) = 9，$$
$$6^2 - 5^2 = (6+5)(6-5) = 11，$$
$$\cdots\cdots$$
$$100^2 - 99^2 = (100+99)(100-99) = 199，$$
$$\cdots\cdots$$

如果我们对所有这些具体的表达式都逐一加以验证，是不是很麻烦呢？实际上也是不可能完成的，因为它们是无限的。通过代数方法验证平方差公式 $(a+b)(a-b) = a^2 - b^2$ 之后，是不是就相当于同时证明了所有这些具体的结论？这虽然是一个非常简单的例子，但是它足以说明代数公式的抽象美和统一美！

4. 动态美与静态美

什么是动态美和静态美？

当我们旅行时，经常会看到原野上的一些平行的电线就像五线谱一样，有时一些鸟儿静立在上面，宛如一个个音符。这是一种静态美。当我们从飞驰的列车上注视窗外的这一美景时，你会看到那些陪伴你一路前行的电线时而平行，时而交叉，时而你高我低，时而我高你低，就这样交织起伏，就这样分分合合，如流水、如波浪、如音乐、如舞蹈……此情此景，必定拨动你的心弦。这里不仅仅有动态美，也有静态美，是动静结合之美。

数学中也普遍存在这种动态美和静态美，我们要学会欣赏。

第 1 章的第 1、2 节谈到过动静之间的联系转化法，那是学习方法，其实也说明了数学的动态美和静态美。下面我们再举两个例子。

把每个整数翻倍后再加上 3，这当然是一个变化过程。请问，在这个过程中，有没有哪个数处于不动的状态呢？很简单，答案是 -3，这是因为 $-3 \times 2 + 3 = -3$。

下面的事情就没有那么简单了，不过其意思很简明。从任意一个自然数开始做如下一些简单的变换：如果是奇数，取其 3 倍后加上 1；如果是偶数，就除以 2，最后总能得到 1。这就是科拉茨猜想，它是德国数学家洛塔尔·科拉茨（1910—1990）在 1932 年发现并于 1937 年发表的，至今还没有得到证明。但是，我们可以通过一些简单的例子来体会其中的奥妙。

例如：3 是一个奇数，$3 \times 3 + 1 = 10$；10 是一个偶数，$10 \div 2 = 5$；5 是一个奇数，$5 \times 3 + 1 = 16$；16 是一个偶数，$16 \div 2 = 8$；8 是一个偶数，$8 \div 2 = 4$；4 是一个偶数，$4 \div 2 = 2$；2 是一个偶数，$2 \div 2 = 1$，至此我们得到了 1。

假如从 25 开始呢？你自己可以试验一下，看看能否得到 1。

你会发现，无论从哪个数开始进行上述操作，过程有繁有简，但最终都能够得到 1。是不是很奇妙？这就是数学的动态美和静态美！

5. 朦胧美与清晰美

数学之美还包括朦胧美与清晰美，这体现为悬念美与解决美，也体现在论证过程的复杂美与结论的简单美之上。

数学问题的提出与解决，对于数学的学习与发展有着重要的意义，其中展现出的悬念美与解决美让我们的学习过程变得有趣，也使得数学的发展充满戏剧性。德国著名数学家希尔伯特（1862—1943）在 1900 年的国际数学家大会上提出了 23 个著名问题，深刻地影响了 20 世纪数学的发展。一些猜想往往是人们对某类问题进行长期深入的思考后形成的一种直觉结论，它们像一种悬念，吸引人们的注意，也指引人们探索的方向。一旦证明了这种猜想，数学就前进了一大步，人们就会欢欣鼓舞，有一种如释重负的感觉。这就是解决美。

例如，费马大定理断言：对于大于 2 的正整数 n，关于 x, y, z 的方程 $x^n + y^n = z^n$ 没有正整数解。历经 358 年之久，无数数学家为证明这个定理而绞尽脑汁。终于在

1995 年，英国著名数学家安德鲁·怀尔斯（1953—　）证明了该定理，并因此在后来获得了阿贝尔奖与菲尔兹奖。

数学问题的许多结论往往具有简洁美，因为那是缘于对复杂现象中的美好规律的认识。但是，一些重要的、有意义的数学结论的论证过程往往没有那么简单，这是由数学结论的深刻性所决定的。因此，逻辑过程的复杂美与数学结论的简洁美交织在一起，形成数学的朦胧美和清晰美。就像上述例子一样，结论大家都可以明白，但是其证明过程用到了现代数学的许多专业知识，即便专家也未必能够完全看懂。

前文提到的科拉茨猜想的结论非常简单明了，具有无可挑剔的清晰美，但是其正确性至今还没有得到证明，或者说其证明过程还停留在朦胧阶段，等待人们去揭开其神秘的面纱。

6. 兴趣引导数学家成功

许多数学家都是在兴趣的引领之下进入数学的大门，长期深入地开展数学研究并取得成功的，而兴趣的取得与他们在孩童时代跟数学结下的缘分有很大的关系，其中好的数学书籍与数学老师往往起着重要作用。

法国著名数学家皮埃尔·德·费马（1601—1665）是一位业余数学家。他的本职工作是律师，如果不是由于对数学的浓厚兴趣，他不可能长期坚持在完成法律工作后还埋头研究数学。他对数学的兴趣得益于其好朋友艾蒂安·得帕涅，后者从其父亲那里继承了一个图书馆，其数学分部收藏了欧几里得、阿波罗尼奥斯、韦达等人的著作。费马如饥似渴地阅读这些书，深入研究其中所提供的材料，并在页边的空白处写下了自己的种种注释，其中包括费马大定理。

法国的皮埃尔-西蒙·拉普拉斯（1749—1827）是一位著名的数学家、物理学家。他的父亲想让他成为一名牧师，所以把他送到卡昂大学学习神学。拉普拉斯很快发现他对数学的兴趣远远超过对神学的兴趣。这种兴趣的转变在很大程度上是由卡昂大学的两位鼓舞人心的数学老师克里斯托夫·加德布雷德和皮埃尔·勒卡努激发的。他们认识到拉普拉斯的数学天赋并开始指导他。

挪威的尼尔斯·亨里克·阿贝尔（1802—1829）在短暂而悲惨的一生中做出了

深刻而有影响的数学发现，多个数学定理、方程、数学名词乃至月球上的一个环形山都以他的名字命名。挪威政府在 2001 年设立了阿贝尔奖，这与菲尔兹奖一起被视为数学家所能获得的最高荣誉。他所就读的天主教学校的数学老师伯恩特·霍尔姆伯（1795—1850）仅比他大 7 岁。在阿贝尔 15 岁时，霍尔姆伯认识到阿贝尔在数学方面的天赋和对数学的迷恋，开始辅导阿贝尔。他鼓励阿贝尔学习学校课程之外的大学水平的书籍，他们一起阅读莱昂哈德·欧拉、艾萨克·牛顿、让-勒朗·达朗贝尔、约瑟夫-路易·拉格朗日和皮埃尔-西蒙·拉普拉斯的著作。奥斯陆大学除了神学、医学和法律外，当时没有开设其他高等课程，因此阿贝尔只能通过从图书馆借阅数学书籍来自学数学。他读完了他能找到的所有数学书籍。

俄国的索菲娅·柯瓦列夫斯卡娅（1850—1891）是第一位获得现代意义上的数学博士学位的女性，也是世界上第一位被任命为数学教授的女性，在数学家中以柯西-柯瓦列夫斯卡娅定理而闻名。在她 8 岁时，她的父亲重建家族庄园的过程中，索菲娅的房间的壁纸不够用了，因此墙上贴满了从阁楼中找到的书页，这些实际上是她的父亲在学生时代留下的数学笔记。索菲娅对房间墙上的数学概念和公式很好奇，当她无意间听到自学成才、读过很多数学书的叔叔提到她在墙上看到的一些术语时，这些概念和公式就变得生动了。她的叔叔培养了她对数学的兴趣，并花时间和她讨论他正在阅读的数学专题文献。

库尔特·哥德尔（1906—1978）是著名的数学家、逻辑学家。哥德尔不完全性定理是 20 世纪最伟大的数学成就之一。1923 年，他进入维也纳大学学习理论物理。他的数学老师的讲座对他产生了很大的影响，导致他把主修科目改成了数学。他的哲学老师主持的一场关于伯特兰·罗素（1872—1970）的《数理哲学导论》一书的研讨会唤起了他对数理逻辑的兴趣。

7. 感受数学的力量

了解数学的用途并感受其力量，能够很好地激发人们对数学的兴趣。

古希腊数学家埃拉托色尼（约前 276—前 194）在大约公元前 230 年比较精确地测量了地球的周长，他运用了欧几里得几何。假设两地的太阳光线平行，根据平行线的内错角相等，他得到亚历山大城与塞伊尼两地在地球大圆周上形成的圆心角为 360°的 1/50。于是，他将亚历山大城与塞伊尼间的距离乘以 50，便得到了地球的周长约为 39690 千米。这个结果与现代计算结果 40076 千米只相差 386 千米，误差不到 1%。这在当时是了不起的成就。这个例子显示了数学的力量。

约瑟夫-路易·拉格朗日是一位著名的数学家、物理学家。他的父亲希望他成为一名律师，他毫不犹豫地接受了这个建议。他在都灵大学学习，古拉丁语是他最喜欢的科目。起初，他对数学没有表现出任何兴趣，觉得这门课很乏味。不过，当他偶然看到英国天文学家和数学家埃德蒙·哈雷（1656—1742）的一篇关于代数在光学中的应用的论文时，突然改变了想法。哈雷因计算他在 1682 年观测到的一颗彗星的周期而闻名。这颗彗星在 1758 年按哈雷的预计返回了，于是人们就以他的名字为这颗彗星命名。哈雷的事迹激起了拉格朗日对数学的兴趣，他开始自己阅读数学课本，其中包括玛丽亚·加埃塔纳·阿涅西（1718—1799，意大利）和莱昂哈德·欧拉（1707—1783，瑞士）的著作。经过一年的紧张学习，他基本上成为了一位自学成才的数学家。

德国著名的数学家伯恩哈德·黎曼（1826—1866）创立了黎曼几何，那是关于弯曲空间的理论，也是爱因斯坦的广义相对论所要用到的关键数学知识。然而爱因斯坦不是数学家，为了建立广义相对论，他与数学家马塞尔·格罗斯曼（1878—1936，瑞士）展开合作，后者在黎曼几何方面为爱因斯坦提供指导。

英国著名的数学家戈弗雷·哈罗德·哈代（1877—1947）毕生都在倡导一种这样的观念：数学应该因其美而被欣赏，而不一定是因为其有用。他在 1940 年写了一篇关于数学之美的文章，这篇文章如今以一本书的形式出版，书名是《一个数学家的辩白》，其主题是我们应该欣赏数学本身的美，而不是欣赏它对解决其他领域中的问题的有用性。

我们认为，数学不仅美好，而且有用。在现代社会中，数学被应用于自然科学、社会科学、艺术、经济等广泛的领域，成为科学发展和社会进步的关键因素。因此，我们应该让孩子既能欣赏数学的美，也能真切感受数学的意义和力量，并将这些作为培养他们的数学兴趣的有效手段。

第 3 节　初中数学的特点与学习策略

初中数学和小学数学既有相通之处，也有显著的不同之处。只有深入理解这一点，才能制定出有效的学习策略。

1. 初中数学的特点

前文说过，现在的初中数学基本上涵盖了代数、几何、函数、概率与统计等领域，而这些领域在小学阶段也有所涉及。但是，从深度和广度来看，初中数学都有了很大的飞跃。

先看数的概念的飞跃。如果说小数数学所涉及的数主要是自然数与正分数（概括地讲，就是非负有理数），那么中学数学就要涉及全部的有理数，进一步还要涉及无理数。因此，中学数学所涉及的数的范围扩大到了全部的实数。从整数到分数，从正数到负数，从有理数到无理数，数的概念不断演化，最终实现了从自然数到实数的飞跃。如果允许用字母表示数，并让其与数一起进行算术运算，那么就可以得到各种代数式，比如单项式与多项式、整式与分式、有理式与根式，等等。这也可以看成数的概念的另一种形式的深化与推广。

虽然说小学也可能涉及含有一个未知量的简单方程问题，但是初中阶段会比较深入地讨论这类问题。不仅如此，初中数学还会涉及含有两个未知量的方程。总之，初中数学会更加强调系统的代数方法，这与小学强调算术方法明显不同。

鸡兔同笼问题能较好地说明这个问题。这是我国古代重要的数学著作《孙子算经》中的一道趣题，书中说道："今有雉兔同笼，上有三十五头，下有九十四足，问雉兔各几何？"解决该问题可以用不同的方法。

《孙子算经》中有这样一种解法："上置头，下置足，半其足，以头除足，以足除头，即得。"也就是说，兔子的只数 = 总足数 ÷ 2 − 总只数 = 94 ÷ 2 − 35 = 12，鸡的只数 = 35 − 12 = 23。这种解法在今天也被称为"抬腿法"。

我们也可以用一元一次方程来解决该问题。设兔子为 x 只，则鸡为 $(35 - x)$ 只。

根据总足数得到以下方程：

$$4x + 2(35 - x) = 94 。$$

解得 $x = 12$，于是 $35 - x = 35 - 12 = 23$。因此，兔子为 12 只，鸡为 23 只。

我们还可以用二元一次方程来解该题。设鸡与兔子的只数分别为 x 与 y。根据总头数与总足数，容易列出下列二元一次方程组：

$$\begin{cases} x + y = 35, \\ 2x + 4y = 94。 \end{cases}$$

解得 $x = 23$，$y = 12$，即鸡为 23 只，兔子为 12 只。

在以上 3 种解法中，第一种属于小学数学，第三种属于初中数学，而第二种则可以视为从小学数学到初中数学的一种过渡。

从常量到变量的飞跃，除了体现在代数方面，还特别体现在函数上。函数就是变量与变量之间的一种对应关系。在上述例子中，我们假设并不知道足数。设兔子为 x 只，则鸡为 $(35 - x)$ 只，而总足数 y 就可以表示为

$$y = 4x + 2(35 - x)，$$

整理后得到

$$y = 2x + 70。$$

如果 x 分别等于 0，1，2，3，$\cdots$，35，则 y 分别等于 70，72，74，76，$\cdots$，140。这里的 y 是完全依赖 x 而变化的，这就是函数的概念。

在小学阶段，我们学过数量之间的正比例与反比例关系，这部分内容实际上就是在含蓄地介绍正比例函数与反比例函数。在小学阶段，我们并不明确地提到函数的概念，但是到了初中阶段，我们就要明确地讨论这两类函数以及一般的一、二次函数。通过建立坐标系，可以将代数与几何紧密地结合起来，这就是解析几何的思想。在研究函数的时候，我们运用解析几何的方法。研究函数，从常数到函数，这是从小学数学到初中数学的一大飞跃。

再看几何方面的飞跃。如果说小学几何仅仅涉及一些简单图形的长度、面积、体积等度量计算，那么初中数学会涉及较为复杂的图形，虽然也有计算，但是更多的将是关于图形的构件之间的一些关系的论证。例如，任意一个直角三角形的 3 条

边之间有什么关系？它们之间的关系是，两条直角边的平方和等于斜边的平方。这就是著名的勾股定理，也叫作毕达哥拉斯定理。又如，两条直线什么时候平行？平行有什么性质？两个三角形什么时候全等或相似？全等与相似分别有哪些性质？诸如此类的问题都属于欧几里得的名著《几何原本》中的内容，都要在初中几何中进行详细的介绍。注意，初中几何中更多的是关于图形或其构件之间的关系的论证，因此更注重逻辑推理，也更为抽象。从具象到抽象的转变，是从小学数学到初中数学的一个极大的飞跃。

2. 学习策略

根据初中数学的特点，我们应该采取更为积极有效的学习策略。如果还是采用小学的被动式学习方式，那么在学习上很快就会落伍。

第一，要特别注重自主学习。要开始尝试规划自己的学习和生活，做到有条不紊、劳逸结合；合理分配学习时间，各个科目要做到六龙飞天、齐头并进。要善于自我控制、自我管理，能够自觉自愿地学习，并且培养独立思考的习惯。子曰："学而不思则罔，思而不学则殆。"学习数学尤其应该注重独立思考，要特别重视解答数学题目。在解答之前，可以先复习有关知识要点，然后充分进行独立思考，寻找解决问题的途径。除了具体学习过程中的微观思考外，也应该做一些关于学习方法和策略的宏观思考。总之，一切以自觉为主。

第二，要培养良好的学习习惯。这些习惯至少包括勤奋、专注、仔细和敏捷。勤奋就是多用功，要明白初中数学需要花费更多的课外时间来进行学习。专注就是集中注意力。《三字经》讲"学之道，贵以专"，也就是说学习要专注、专心，注意力要集中，要全神贯注。此外，还应该注意"此未终，彼勿起"，也就是说一个问题还没有处理完，不要急着解决下一个问题，否则一切都是浅尝辄止，学习难以深入、透彻。仔细就是要认真，思维过程要严谨，要丝丝入扣、滴水不漏，不可无端跳跃，尽量避免因为不严谨而出现计算和推理错误。所谓的马虎正是思维不严谨的表现。但是，也不能让自己的思维僵化，要始终保持头脑灵活、书写快捷。当需要开阔思路的时候，就要大胆放开思绪，张开想象的翅膀自由地翱翔。华罗庚先生所谓的"大胆猜想，小心求证"，说的正是一张一弛、严谨与灵活并举的思维习惯吧。

第三，要善于抓重点，就是要迅速明确所学知识内容的要点是什么。比如，概念、公式、定理、命题、计算和推理的关键步骤、习题的重要类型往往是最为重要的。此外，对于哪些该理解，哪些该记忆，也应该做到心中有数。该理解的就去理解，该记忆的就去记忆。

第四，要善于找联系。每当学到新知识，就要寻找它与旧知识之间的联系，以便更为深入地理解新知识。应该学会复习总结。复习的过程不应该只是简单的重复，而应该对所有的知识进行归纳总结，以求深入理解、融会贯通、整体把握。

第五，注重抽象思维能力的培养。为此，应该将抽象思维与形象思维有机地结合起来。要善于通过具体生动的例子来理解抽象概念，更要善于通过分析定理和例题的证明过程以及解答一些习题来训练抽象的逻辑推理尤其是演绎推理能力。既要注重形式逻辑的严谨，又要善于把握思维的大方向，提升思维的灵活度。初中数学学习的成败，在很大程度上取决于抽象思维能力的强弱。

第六，要适当进行探索型学习。所谓探索型学习就是思考型、研究型学习，也就是像数学家那样探究一点数学问题。可以就课本上的某个知识点进行独立思考，多问问为什么；也可以进行一些课外阅读，从课外书籍中寻找一些问题并加以探索，以培养自己的创新精神和创新能力。探索型学习能够极大地激发孩子的学习兴趣，当然也能在很大程度上改善学习效果。

第 4 节　培养孩子良好的学习习惯

好的学习成绩在很大程度上取决于学习者良好的学习习惯。良好的学习习惯包括锻炼强大的意志力、保持充沛的精力、科学管理注意力、养成良好的思维习惯等。下面分别加以讨论。

1. 培育并坚守好"五心"

"五心"是指决心、信心、细心、耐心与恒心，培育并坚守好"五心"是培养良好的学习习惯的重要前提。

首先，我们必须有一定要学好数学的决心，因为数学学科很重要、很美好、很有用。同时，我们必须有一定能够学好数学的信心，因为我们所学习的不过是一些基础的数学知识，任何拥有正常智力的人都能够理解和掌握。数学家们辛辛苦苦地创造了它们，而我们只需坐享其成——欣赏和学习。

其次，数学学习特别需要细心，因为计算必须准确，推理必须严谨，任何马虎都可能造成错误，正所谓"失之毫厘，谬以千里"。

耐心和恒心其实是指我们的意志力或毅力。短暂的毅力就是耐心，长久的毅力就是恒心。数学经过了两千多年的发展，如今已经是树大根深、枝繁叶茂，即使初等数学的内容也可以说是博大精深、绚丽多姿。因此，要完全学好数学，绝非一朝一夕之事，不能指望一蹴而就。我们必须以极大的耐心，长期不懈地坚持努力，才能够学有所获、学有所成。在学习过程中，不要怕烦琐，不要怕困难，更不能因为稍遇挫折就心灰意冷、半途而废。

2. 保持充沛的精力

学习尤其是数学学习特别需要脑力强大。脑力以体力为基础，只有体力旺盛、精力充沛，头脑才能高效地运转。因此，良好的学习习惯包括总是能够以充沛的精力投入学习之中。为此，一要加强体育锻炼，二要保证足够的睡眠，三要劳逸结合。在这些前提下进行学习就是良好的学习习惯，否则就是打疲劳战、消耗战，是低效、徒劳乃至有害的坏习惯。

3. 科学管理注意力

学习需要集中注意力，学习的艺术实际上也是注意力分配的艺术。优良的学习习惯要求我们能够有效地管理并合理地分配自己的注意力。

首先，我们的注意力要集中，要高度集中在学习内容与活动上。必须心无旁骛、专心致志地学习，不要有任何杂念。在每次开始学习时，可以用几分钟时间调整呼吸并进行冥想，或者读一段《三字经》《弟子规》《道德经》或者其他文化经典，这对于集中注意力是非常有效的方法。

其次，要特别注意细致与粗放并重的学习方法，这是管理注意力的重要技巧。心理学研究表明，人的注意力是在波动和变化的。下面有两个图形，请你注视左边的图一小会儿，你会发现它时而凸起，时而凹下。这是因为你的注意力一会儿偏向内，一会儿偏向外。再请你注视右图中的梯子。假如你站在点 P 处，你是否发现这把梯子时而朝上，时而朝下？这是因为你的注意力一会儿在上，一会儿在下。

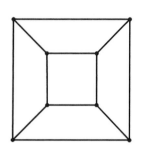 

请你看下面的图案，你看到了什么？如果注意细节，你就能看到字母 E；如果注意整体，你就能看到 F。只有既注意细节又注意整体，你才能同时看到 E 和 F。

E E E
E
E E E
E
E

也就是说，我们不能一味地仔细，有时也需要粗放的思维，要做到细中带粗、粗中有细。如果只有细而没有粗，就会被细枝末节缠绕，以至于只见树木而不见森林，看不到整体和全局，没有宏观思维和战略思维；如果只有粗而没有细，就会落入马虎的旋涡，以致不能体会数学的精微之处。

最后，学习要善于抓重点，要善于随时将主要精力放在重点知识的学习上，这是分配注意力的一个极其重要的策略。数学的重点，就是那些基本概念、基本公式、主要定理、典型方法、典型例题以及典型习题。此外，我们要养成复习的良好习惯，通过复习寻找主要线索，归纳主要知识点，并将注意力放在知识的整体框架上，以便从整体上把握相关内容。

4. 有条不紊

"物有本末，事有终始，知所先后，则近道矣。"做事情必须有条理，有条理才不至于紊乱；学习也是一样，有条理才能有效率。

很多家长朋友都有这样的生活经验，就是用完某个工具（比如螺丝刀、小剪刀等）后随手一放，等再次需要使用时，怎么也找不到，或者找了半天才找到，其实它就在很显眼的地方。这就是不注意条理的后果。有条不紊，不仅是生活中的好习惯，也是学习中的好习惯。为什么宫殿记忆法有助于记忆长篇内容，正是因为它提倡有条理地将事物按顺序放入大脑中。

条理性可以从生活中开始培养。要养成不随便乱放东西的习惯，要善于分类、整理个人物品（包括衣服、鞋帽等）。对于书本、学习用具等，也要注意随时整理，切勿乱扔乱放。初中生要自己管理好自己的物品，不能还像小学生那样依靠家长。

学习方面的条理性，大的方面包括有计划、按部就班地进行学习，小的方面包括思维有条理、善于归纳整理所学的东西、讲究逻辑、写作文或者解答数学问题时要明确并遵从大大小小的步骤。例如，在复习某一章节的内容时，可以借助思维导图将该章节的内容概括出来，这就是条理化的过程。又如，在证明两个三角形全等时，由于一般需要 3 组对应相等的条件，思考的过程当然就是 3 个较大的步骤，书写也是这 3 个大步骤。而每个大步骤可能又分解成一些小步骤，比如条件是什么，根据是什么，小结论是什么，等等。做到了有条理，思维就比较清晰；做到了有条理，别人就比较容易明白你的表述。学习不好的孩子往往缺乏条理性。

5. 重视理解，适当记忆

以理解为主、记忆为辅，这是学习数学的良好习惯之一。对于数学知识，我们首先要加以理解。理解了，一般也就记住了。对于实在记不住的个别内容，可以单独进行记忆。理解和记忆的方法，我们在第 1 章中讲过，就是要善于寻找和建立联系。因此，联系法是普遍的学习方法，善于联系也是良好的学习习惯。我们要合理运用归纳、演绎、类比、转换推理、联想、想象等各种思维方式，多方面地寻找和建立知识间的链接，以达到不断深入理解并牢固掌握的目的。

6. 良好的思考习惯

学习必须有良好的思考习惯。首先，要勤于思考，要敢于提出问题，多问为什么，多联想，多猜测。其次，要善于思考。除了有条理外，在这里我们主要谈思维的灵活度。我们常说"开动脑筋"，这里主要强调一个"动"字。思维要动起来，万万不可僵化。动就是改变，就是变化，就是变换。这种方法不行，换一种方法试试；这个模式不好用，换一个模式试试；这个公式用不上，换一个公式试试……总之，我们要善于从常规、非常规、抽象、具体、正面、反面、侧面等不同角度看待问题，多方面地寻找能够沟通已知与未知的桥梁和线索，不断提高分析问题和解决问题的能力。

最后，在可能的情况下，可以适当地做一些探究工作，看看能不能有所发现，哪怕是一丁点儿的发现也好。倘若如此，你一定会享受到创造的乐趣并由此更加热爱数学。当拉普拉斯还是卡昂大学的一名学生时，他就写出了他的第一篇数学论文，并把它寄给了著名的意大利数学家拉格朗日，拉格朗日随后将其发表在他负责的期刊《都灵科学论丛》上。这极大地鼓舞了拉普拉斯，他那时已下定决心要成为一名职业数学家。大学生能够创造，中学生也能。

第 5 节　新题型与创新能力的培养*

现在的中考和高考中都会出现所谓的新题型。什么是新题型？这没有严格的定义，也并非一成不变。大致说来，形式比较新颖、非常规、没有现成例题模式的题型都可以叫作新题型，其特点是新奇，相对于常规题型有较大的变化，其目的是考查学生分析问题和解决问题的能力以及创新能力。就学习考试而言，对付新题型是目的，平时的创新能力培养是手段；然而就数学教育而言，新题型是手段，创新能力培养才是目的。

有些新题型中包含新定义、新概念。这些新概念可能是新的代数运算，也可能是新的几何概念，还可能是某种新的函数。但是，不管怎么新，新概念必然与一些旧概念相关联。我们应该善于找到与之最为密切的旧概念，并且借此来理解新概念。由于任何概念都具有抽象的特点，理解它们的有效方法之一就是具体法或特例法。看到新定义后，首先通过几个特殊例子来看看它代表什么。此外，还要善于归纳，以便从这些特例中总结出其抽象含义或一般意义。例如，我们的梅花积概念就是一种新运算。两个整数 a 与 b 的梅花积（记为 $a \otimes b$）可以定义为介于 -6 与 3 之间且与这两个数的普通乘积 $a \times b$ 相差 10 的整数倍的数。为了理解这个概念，我们可以先看几个例子，比如 $3 \otimes 7 = 21 - 20 = 1$，$7 \otimes 7 = 49 - 50 = -1$，$7 \otimes 8 = 56 - 60 = -4$，$7 \otimes 9 = 63 - 60 = 3$。经过归纳，我们可以总结出如下规律：当普通乘积的个位数不超过 3 的时候，$a \otimes b$ 就等于 $a \times b$ 的个位数；而当个位数超过 3 的时候，$a \otimes b$ 就等于 $a \times b$ 的个位数减去 10。

有些新题型中包含比较新颖的叙述方式。同样的事情可以用不同的语言来表述。当表述的方式比较新奇的时候，题目就变得比较新颖。突破这样的新题型的方法主要是要善于变换角度思考问题，正所谓"横看成岭侧成峰，远近高低各不同"。一旦找准了视角，心中就会豁然开朗。在平时的学习中，我们要经常练习用不同的方式叙述或描述同样的对象，并且经常练习变换角度看待同一个问题。举个很简单的例子，问抛物线上有没有共线的三点？如果机械地理解这个问题，就是对于抛物线上任意给定的三点，试图证明它们不共线，但这样做似乎比较麻烦。如果我们换一种叙述方式，问任何直线与抛物线会不会有 3 个不同的交点，那么问题就变得简单明了，因为只要联立方程，然后看看一元二次方程是否有 3 个不同的根即可。答案显然是否定的。

有些新题型具有开放的特点。提问的方式不是让你直接证明固定的结论，而是让你自己探索应有的结论，然后给出逻辑上的证明或者精确的计算。这有点儿像填空题，但它往往要比普通的填空题难，而且解决方法往往都不是唯一的，需要学生具有探索精神。这里可能需要合理的猜想并不断加以验证。为了准确地猜想结论，可以依靠几何直观，更需要借助逻辑推理。前者要求我们将图形画得准确一些，后者要求我们结合题目给出的其他条件进行分析，可以综合运用特例法、综合法、分析法、转换法、反证法等。下面看一道这样的中考真题。

【例】如图 1 所示，在正方形 $ABCD$ 中，$AB=4$，点 E 在 AC 上，且 $AE=\sqrt{2}$。过点 E 作 $EF\perp AC$ 于点 E，交 AB 于点 F，连接 CF 和 DE。

[问题发现]

（1）线段 DE 与 CF 的数量关系是_____，直线 DE 与 AD、CF 与 BC 所夹锐角的度数的关系是_____。

[拓展研究]

（2）当 $\triangle AEF$ 绕点 A 沿顺时针方向旋转时，上述结论是否成立？若成立，请写出结论，并结合图 2 给出证明；若不成立，请说明理由。

[问题解决]

（3）在（2）的条件下，当点 E 到直线 AD 的距离为 1 时，请直接写出 CF 的长度。（2022 年广东省中考真题）

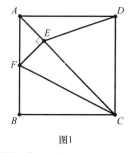

图1

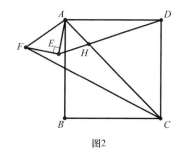

图2

解题思路：（1）$CF:DE=\sqrt{2}$（勾股定理）。所要求的角度 $=\angle ADE+\angle BCF=45°$。由于 $\angle ADE$ 与 $\angle BCF$ 是分离的，无法相加，我们设法将它们转移到一起。事实上，可以证明 $\angle ADE=\angle ECF$。为此，可以证明 $\triangle AED\cong\triangle AEB$，且 E，F，B，C 四点共圆；亦可延长 FE 交 AD 于点 G，从而看出 E，G，D，C 四点共圆，见图 3；亦可直接证明 $\triangle FAC\backsim\triangle EAD$，此时只需注意 F 是 AB 边的中点。

（2）结论仍然有效，因为 $\triangle FAC\backsim\triangle EAD$，如图 4 所示。

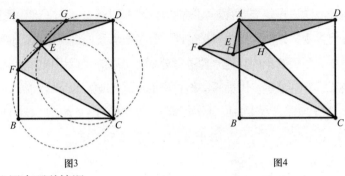

图3   图4

（3）这里有两种情况。

第一种情况是 F，A，D 三点共线且 F 在正方形 $ABCD$ 之外，如图 5 所示；第二种情况是 A, F, D 三点共线且 F 恰好是边 AD 的中点，如图 6 所示。注意 $AF = 2$，在 Rt$\triangle FDC$ 中，根据勾股定理计算可得 $CF = 2\sqrt{13}$ 或者 $2\sqrt{5}$。分析完毕。

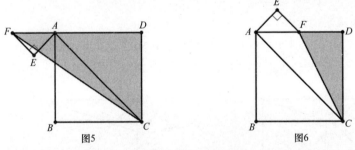

图5   图6

当然还有许多其他类型的新题型，我们不可能一一列举，否则还有什么新奇可言呢？但是，万变不离其宗。不管怎么新、怎么奇，所涉及的知识点都应该是大纲所要求的知识点；思想方法总是不外乎归纳、演绎、分析、综合、类比、数形结合、分类讨论、联系、转化等。只要善于把握知识点，并注重思维方法的训练，尤其是注重创新能力的培养，善于具体问题具体分析，就一定能够对付新题型。